现代设施园艺装备与技术丛书

温室物联网系统设计与应用

王纪章　李萍萍　张西良　著

科学出版社

北京

内 容 简 介

本书系统地介绍物联网技术在温室环境监测中的设计与应用的关键技术。书中分析温室环境测控系统的发展历程；介绍无线传感器网络结构模型的构建和三层次温室环境测控无线传感网络的开发过程、2.4GHz 无线电波在温室大棚中的传播特性与基于事件驱动和数据融合的数据传输模型、面向温室环境测控的智能网关、数据同步和通用管理系统开发过程，以及基于温室环境时空特性的温室环境测控系统故障识别和诊断技术与方法。其研究结果可以为温室环境测控物联网的部署、设计和应用提供理论基础和技术支撑。

本书可作为农业工程、设施园艺和物联网工程等专业技术人员和科研工作者的参考用书，也可作为大专院校、科研单位相关专业本科生及研究生的课外读物。

图书在版编目(CIP)数据

温室物联网系统设计与应用/王纪章，李萍萍，张西良著. —北京：科学出版社，2018.11

(现代设施园艺装备与技术丛书)

ISBN 978-7-03-059301-6

Ⅰ. ①温… Ⅱ. ①王… ②李… ③张… Ⅲ. ①互联网络-应用-温室-研究 ②智能技术-应用-温室-研究 Ⅳ. ①S625-39

中国版本图书馆 CIP 数据核字(2018) 第 251025 号

责任编辑：惠 雪 沈 旭／责任校对：彭 涛

责任印制：张克忠／封面设计：许 瑞

科学出版社 出版

北京东黄城根北街 16 号

邮政编码：100717

http://www.sciencep.com

北京通州皇家印刷厂 印刷

科学出版社发行 各地新华书店经销

*

2018 年 11 月第 一 版 开本：720 × 1000 1/16

2018 年 11 月第一次印刷 印张：15

字数:300 000

定价：129.00 元

《现代设施园艺装备与技术丛书》编辑委员会

丛 书 序

近 40 年来，我国设施园艺发展迅猛，成就巨大，目前已成为全球设施园艺生产最大的国家。设施园艺产业的发展，不仅极大地丰富了我国城乡人民的“菜篮子”，摆脱了千百年来冬季南方地区只有绿叶菜、北方地区只有耐贮蔬菜供应的困境，而且也充分利用了农业资源和自然光热资源，促进了农民增收，增加了就业岗位。可以说设施园艺产业是一个一举多得的产业，是人们摆脱自然环境和传统生产方式束缚，实现高产、优质、高效、安全、全季节生产的重要方式。设施园艺对于具有近 14 亿人口的中国来说必不可少。

然而，由于设施园艺是一个集工程、环境、信息、材料、生物、园艺、植保、土壤等多学科科学技术于一体的技术集合体，也就是设施园艺产业的发展水平取决于这些学科的科学技术发展水平，而我国在这些学科的许多领域仍落后于部分发达国家，因此我国设施园艺产业的发展水平与部分发达国家相比还有很大差距，距离设施园艺现代化还相差甚远。缩小这一差距并赶上和超过发达国家设施园艺产业发展水平是今后一段时期内的重要任务。要完成好这一重任，必须联合多学科的科技人员协同攻关，以实现设施园艺产业发展水平的大幅度提升，加快推进设施园艺的现代化。

自 20 世纪 90 年代起，李萍萍教授就以江苏大学特色重点学科——农业工程学科为依托，利用综合性大学的多学科优势，组建了一个集园艺学、生物学、生态学、环境科学、农业机械学、信息技术、测控技术等多个学科领域于一体的科技创新团队，在设施园艺装备与技术的诸多领域开展了创新性研究，取得了一系列研究成果。一是以废弃物为原料研制出园艺植物栽培基质，并开发出基质实时检测技术与设备；二是研制出温室环境调控技术及物联网在温室环境测控中的应用技术；三是深入分析温室种植业的生态经济，研究建立温室作物与环境的模拟模型；四是明确设施果菜的力学特性，研制出采摘机器人快速无损作业技术，并研发果蔬立柱和高架栽培的相应机械化作业装备；五是研制出茶果园防霜技术和智能化防霜装备以及田间作业管理中的智能化装备。这些研究成果，无不体现了多学科的交叉融合，已经完全超越了传统意义上的“农机与农艺结合”。近年来，她又利用南京林业大学大生态、大环境的办学特色和优势，在设施园艺精准施药技术与装备、设施土壤物理消毒技术与装备等领域开展了多校协同的创新性研究。这些研究不仅体现了李萍萍教授的科技创新能力，也充分体现了她的组织协调能力和团结协作精神。这些创新成果已与许多生产应用企业合作，通过技术熟化和成果转化后，开展了大规模的推广应用，其中基质配制与栽培模式、温室环境检测控制、清洁生产技术、自动生产作业的完整技术链，已成为设施园艺工程领域的样板。

为深入总结上述研究成果，李萍萍教授组织她的科技创新团队成员编著了一套《现代设施园艺装备与技术丛书》，丛书共包括《园艺植物有机栽培基质的开发与应用》《温室作物模拟与环境调控》《温室物联网系统设计与应用》《设施土壤物理消毒技术与装备》《番茄采摘机器人快速无损作业研究》《温室垂直栽培自动作业装备与技术》《果园田间作业智能化装备与技术》《茶果园机械化防霜技术与装备》八部。这套丛书既体现了设施园艺领域理论与方法上的研究成果，又体现了应用技术和装备方面的研发成果，其中的一些研究成果已在学术界和产业界产生了较大影响，可以说，这套丛书是李萍萍教授带领团队 20 余年不懈努力工作的结晶。相信这套丛书的问世，将成为广大设施园艺及其相关领域的科技工作者和生产者的重要参考书，也将对促进我国设施园艺产业的技术进步发挥积极的推动作用。

这套丛书问世之际，我受作者之约，很荣幸为丛书作序。说实话，丛书中的有些部分对我来说也是学习，本无资格为其作序。但无奈作者是我多年朋友，她多年来带领团队努力拼搏开展设施园艺生产技术创新研究令我钦佩，所以当她提出让我作序之时，我欣然接受了。写了上述不一定准确的话，敬请批评指正。

中国工程院院士

2017 年 9 月

序

物联网技术是通过各种信息传感设备，按约定的协议，将任何物品与互联网相连接，进行信息交换和通信，以实现智能化识别、定位、追踪、监控和管理的一种网络技术。近十年来，随着物联网技术快速发展，特别是应用成本的大幅度降低，物联网技术在农业中得到广泛应用。

设施农业是我国重要的一种农业生产类型，目前总面积为世界第一，在我国农业生产中占有重要地位。设施农业是通过人为设施以实现作物（动物）生长发育所需最佳环境的一种农业，需要解决最佳环境控制和精细管理的问题，是物联网技术农业应用需求最突出的一个领域。通过物联网技术的传感监测、数据采集、数据传输、智能分析决策和自动化控制，可以实现温室生产过程的全程智能化管控，从而实现设施农业生产高产、优质、低耗、高效。

该书是江苏大学王纪章博士及其团队在我国农业工程领域的老一辈专家指导下，协同李萍萍教授团队共同努力，经过近十年的研究所取得的成果。全书围绕物联网技术在温室环境测控中的应用问题，系统分析了温室环境测控无线传感器网络的体系结构、无线电波的传播和传输特性，开发了面向温室环境测控的智能网关、数据同步和通用管理平台，提出了基于温室环境时空特性的物联网测控系统故障识别和诊断方法。

设施农业温室物联网是信息科学技术与农业的交叉学科方向，该书作者是一位很有造诣的青年专家，其敢于探索的精神值得鼓励。书中所介绍的科研成果对从事温室环境测控系统设计、部署和应用的研发、教学和应用人员有很高的参考价值。

中国工程院　院士

国家农业信息化工程技术研究中心　主任、研究员

2018 年 9 月 22 日

前　言

自 2009 年时任国务院总理温家宝视察无锡时提出“感知中国”之后，物联网技术在中国得到了快速发展。国家《物联网“十二五”发展规划》中将智能农业作为 9 大重点应用领域，其中“农业生产精细化管理、生产养殖环境监控”作为一个重要内容。同时设施农业技术在我国得到了快速的发展，特别是现代化温室技术的发展也对温室环境智能测控技术的发展提出了新的需求。正是因为物联网技术和设施农业产业的发展，作为两者的交叉，我们课题组开展了温室物联网系统设计及应用研究工作。

我于 2002 年开始师从李萍萍老师从事设施农业环境调控技术的研究工作，张西良教授从 2006 年开始从事无线传感器网络在农业中的应用研究工作。2010 年，我们课题组结合前期在温室环境调控和无线传感器应用相关研究的基础，开展基于物联网的温室环境调控技术的研究工作，并与镇江江大科茂信息系统有限责任公司 (现江苏科茂信息系统有限公司)、南京农业大学联合申报江苏省科技支撑计划项目并获江苏省科技厅立项。2011 年 1 月，中国农业大学汪懋华院士来江苏大学参加现代农业装备技术省部共建教育部重点实验室验收时，李萍萍教授向汪院士汇报我们课题组正在从事温室物联网系统的研究工作，汪院士指出我们具有很好的温室环境智能调控的研究基础，开展物联网技术的应用研究也应该结合我们的特色，开展物联网技术如何在温室中的应用研究。正是在汪院士的指导下，我们先后开展了温室无线传感器网络部署优化、温室无线传感器网络通信性能研究、温室物联网通用系统开发以及温室环境测控无线传感器网络故障诊断等研究工作，为温室物联网系统的设计、部署和应用提供了良好的基础。课题组先后获得了国家星火计划项目、中国博士后科学基金、江苏省博士后科学基金、江苏省产学研联合创新资金前瞻性联合研究项目、江苏省农业科技支撑计划项目、江苏省重点研发计划 (现代农业) 项目、江苏省农业科技自主创新资金项目、江苏省高校自然科学基金重大项目等的支持。

本研究相关工作是在李萍萍教授和张西良教授领导的团队协同合作下完成的，我只是开展了相关研究工作，但是两位教授高风亮节，让我作为第一著作者整理本书，在此对两位教授表示最衷心的感谢。在研究过程中，课题组张卫华、彭玉礼、陈美镇、周金生等研究生在项目研究过程中开展了大量的试验研究和系统开发工作，江苏科茂信息系统有限公司盛平总经理、刘晓梅主任及公司工程部工程师和相关研究生也为本研究的相关技术示范应用做出了很大的贡献。江苏省农业科学院果树研究所赵密珍研究员、蔡伟建博士，镇江市京口区农委陈兰芳副主任、刘卫红副主任为我们提供了良好的实验条件。在整个研究过程中，江苏省农委信息中心吴建强研究员、林初有研究员，镇江市农委马国进主任，农业部南京农业机械化研究所肖宏儒研究员，镇江市瑞京农业科技示范园朱忠贵研究员，江苏大学毛罕平教授、王新忠教授、胡永光教授和刘继展研究员等专家也给予我们很多的关心和指导。本书的出版得到了江苏省高校优势学科建设工程、江苏大学及农业装备工程学院“青年骨干教师培养工程”项目的资助。在本书初稿完成后，赵春江院士给本书提供了很多建议和意见，并欣然为本书作序，在此一并表示感谢。

本书涉及的主要为温室物联网系统的设计相关内容，主要集中在信息传输相关内容，而关于温室作物环境信息感知和信息处理方面，尤其是温室环境优化调控的相关内容并未涉及，将在本丛书的《温室作物模拟与环境调控》一书中详细介绍。

王纪章

2018 年 1 月于江苏镇江

目　　录

第1章　绪　　论

1.1　温室环境测控系统发展

温室环境测控系统是利用覆盖材料与维护结构将温室和露地隔开的一个半封闭的系统。这个系统时刻与外界进行物质和能量的交换，温室内的环境条件同时受到外界气候和内部设施的影响。作物的生长发育对环境条件都有一定的要求，但是温室内的环境条件因为受到外界气象条件的影响和设施所能提供的条件的限制，因此在作物整个生育期中，温室设施的条件往往不可能完全满足作物的需要。这就要求在进行温室环境调控的过程中必须根据作物需要的综合的动态环境和外界的气象条件，采取必要的综合环境调节措施，把多种环境因素，如光照、温度、湿度、CO_2 浓度等都维持在适合作物生长发育的水平，从而达到优质、高产和高效的目的 (李萍萍和李冬生，2011)。

计算机技术、网络通信技术和微电子技术的不断发展，促进了测控系统在体系结构、单元部件和测控技术方面的一系列变革，使得测控系统从单机控制系统向网络化、集成化、分布式和节点智能化发展。温室环境测控系统的发展与计算机控制系统发展历程相似，先后经历了直接数字控制 (direct digital control，DDC) 系统、分布式控制系统 (distributed control system，DCS) 和网络化控制系统 (network control system，NCS) 三个主要控制方式 (俞立和张文安，2012)。

1.1.1　直接数字控制系统

直接数字控制 (DDC) 是用一台计算机对被控参数进行检测，再根据设定值和控制算法进行运算，然后输出到执行机构对生产进行控制，使被控参数稳定在给定值上。利用计算机的分时处理功能直接对多个控制回路实现多种形式控制的多功能数字控制系统，在温室环境测控系统中，主要是通过温室环境参数传感器采集温室内温度、湿度、光照强度、CO_2 浓度、土壤温度、含水量以及室外气象数据，通过计算机对温室的通风系统、遮阳系统、降温系统、加温系统以及灌溉设备等执行机构进行控制，从而实现对温室环境的控制。其中核心的计算机系统主要包括单片机系统、可编程逻辑控制系统和工业控制计算机等 (周祖德，2004)。

1.1.1.1　单片机测控系统

单片机 (microcontrollers) 是一种集成电路芯片，是采用超大规模集成电路技术把具有数据处理能力的中央处理器 (CPU)、随机存储器 (RAM)、只读存储器 (ROM)、多种 I/O 口和中断系统、定时器/计数器等功能集成到一块硅片上构成一个小而完善的微型计算机系统，在工业控制领域广泛应用。从 20 世纪 80 年代，由当时的 4 位、8 位单片机，发展到现在的 300M 的高速单片机。

图 1.1 为中国知网 (CNKI) 中用关键词 “温室” 和 “单片机” 检索的结果，1986 年开始出现第 1 篇相关文献 (崔绍荣和姚庆祥，1986)，从 2007 年到 2017 年相关文献均在 50 篇以上，表明基于单片机的温室环境测控技术在近 10 年来一直伴随着单片机技术的发展而发展。

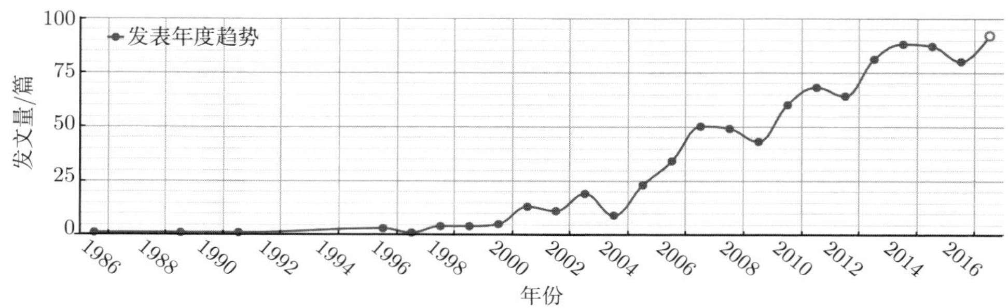

图 1.1 “温室” 和 “单片机” 文献检索结果

单片机经历了单片微型计算机 (single chip microcomputer，SCM)、微控制器 (microcontroller unit，MCU) 和片上系统 (system on chip，SoC) 三大阶段。早期的 SCM 都是 4 位或 8 位的，其中最成功的是 Intel 的 8051，此后在 8051 的基础上发展出了 MCS51 系列 MCU 系统。基于单片机的温室环境测控系统也是从 51 系列单片机的基础上发展和应用的 (王遗宝等，1986；任振辉等，2001；郭茂龙和徐学华，2003；李俊和杜尚丰，2006；张智和邹志荣，2006；李喜武等，2007；Santamouris and Lefas，1986)，目前仍然在温室控制系统中应用。其基本结构如图 1.2 所示，核心是单片机芯片及其配套的存储器、键盘输入输出、显示输出和通信模块等，由于早期的传感器大多为模拟量，因此在采集数据时需要通过数据转换模块和 A/D 转换将传感器采集的模拟量信号转换为数字量信号；单片机根据采集的环境参数进行决策控制，通过 I/O 接口输出控制信号，以实现执行机构的控制。

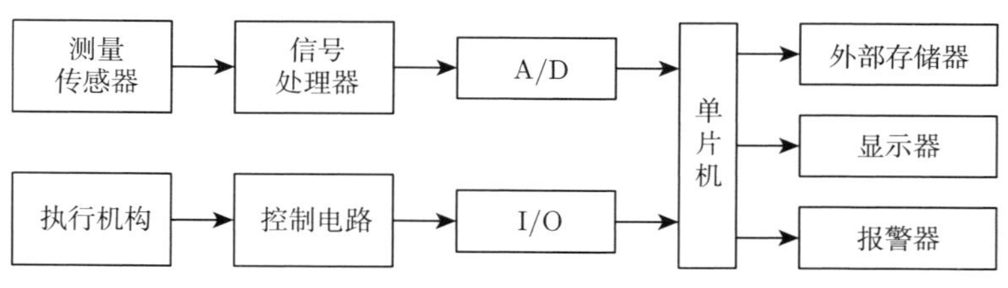

图 1.2 基于单片机的温室环境测控系统结构框图

利用计算机进行数据管理和参数设定，利用单片机与微型计算机之间的通信，从而实现了主从式的温室环境控制，扩展了温室环境测控的功能，并通过计算机进行复杂的智能控制算法和基于模型的决策等功能，将控制参数发送给单片机实现智能控制 (李俊和杜尚丰，2006；纪建伟，2001；郭改枝等，2003；汪小旵和丁为民，2001)。

随着 Intel i960 系列，特别是后来的 ARM 系列的广泛应用，32 位单片机迅速取代 16 位单片机的高端地位，并且进入主流市场。这一阶段，温室环境测控系统也得到快速发展，ARM 单片机系统可以实现复杂的模型和算法技术，提升了温室环境测控系统的功能，可以实现温室环境的智能测控 (焦哲勇和程友联，2007；王石磊等，2008；刘宝钊等，2014；王立舒等，2014；苗凤娟等，2015)。当代单片机系统已经不只在裸机环境下开发和使用，大量专用的嵌入式操作系统被广泛应用在全系列的单片机上，甚至可以直接使用专用的 Windows 和 Linux 操作系统，也就是片上系统 (SoC)。片上系统可以独立运行，并可以实现基于 Web 的远程测控功能 (张艳鹏和张博阳，2015；贺婷婷等，2013；Gao and Du，2011)。近年来快速发展的无线传感器网络技术也是以单片机为核心进行数据采集和环境控制的 (李鹏飞等，2012；魏丽静等，2013；李墨雪等，2006；王银玲和孙涛，2011；张西良等，2007b)。

1.1.1.2 可编程逻辑测控系统

可编程逻辑控制器 (programmable logic controller，PLC) 是种专门为在工业环境下应用而设计的数字运算操作电子系统。它采用一种可编程的存储器，在其内部存储执行逻辑运算、顺序控制、定时、计数和算术运算等操作的指令，通过数字式或模拟式的输入输出来控制各种类型的设备或生产过程 —— 可编程逻辑控制器 (可编程控制器件)。PLC 编程多采用继电器控制梯形图及命令语句，具有编程简单、逻辑性和可靠性高、输入/输出功能模块齐全等优点，而温室环境控制设备主要是继电器控制，因此基于 PLC 的温室环境控制系统得到实际生产应用。图 1.3 为中国知网 (CNKI) 中用关键词 “温室” 和 “PLC” 检索的结果，自 2000 年开始出现利用 PLC 进行温室控制的研究工作 (何世钧等，2000)。

图 1.4 为基于 PLC 的温室环境测控系统架构，其核心为可编程逻辑控制器，通过数据采集模块实现环境参数的采集，通过核心计算模块实现环境控制，通过 I/O 输出模块驱动执行机构动作，实现温室环境参数的自动控制。早期的 PLC 只有开关量逻辑控制，以存储执行逻辑运算、顺序控制、定时、计数和运算等操作的指令，并通过数字输入和输出操作来控制各类设备的动作。为了实现温室环境信息采集，把所有的输入都当成开关量处理，在输入时将输入 16 位 (也有 32 位的) 为一个模拟量，大型 PLC 使用另外一个 CPU 来完成模拟量的运算，把计算结果

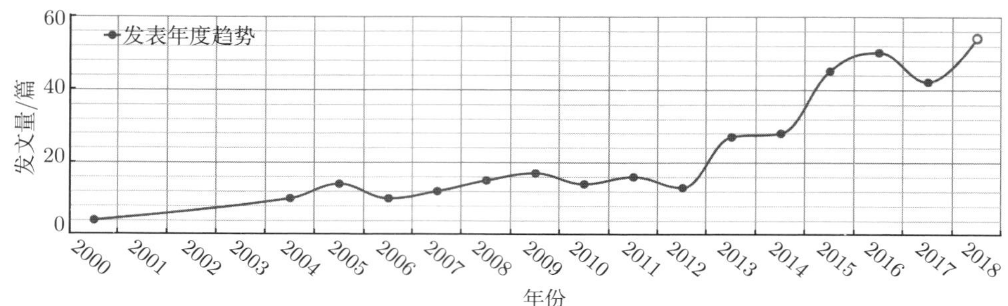

图 1.3　“温室”和“PLC”文献检索结果 (空心圈表示预测值)

送给 PLC 的控制器 (宋健，2004；陈国辉和郭艳玲，2005；吴洪涛，2006；王志国等，2013；谢向花，2009)。

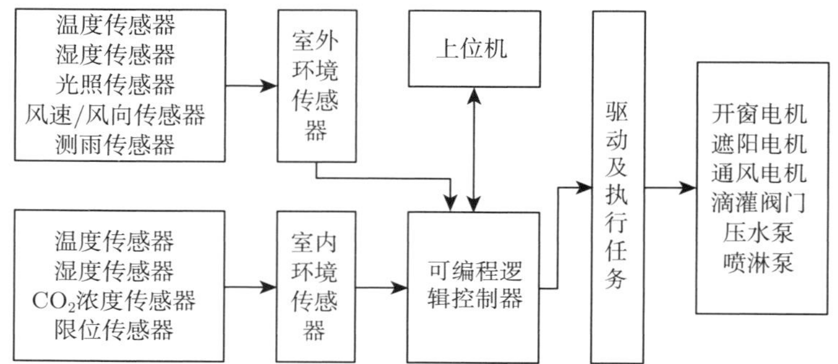

图 1.4　基于 PLC 的温室环境测控系统架构 (何世钧等，2000)

近年来，PLC 系统的硬件价格逐年降低，特别是在组态软件与 PLC 结合后，降低了软件开发成本，基于 PLC 的温室环境测控系统开发变得更为简单方便 (张馨等，2010；张西良等，2007c；郭东平和赵媛，2016；张伏等，2014；于足恩和卢金满，2005；冯毅和吴必瑞，2015；薛文英等，2011；谢守勇等，2007)。随着网络技术的发展，可编程控制器和计算机组网构成大型的控制系统是可编程控制器技术的发展方向，可以实现大规模温室群的分布式网络化控制 (Sørensen et al., 2011；Wang et al., 2016；汤泽锋等，2017；姚琦和赖忠喜，2015；康东等，2009)。

1.1.1.3　计算机测控系统

计算机控制系统 (computer control system，CCS) 是计算机参与控制并借助一些辅助部件与被控对象相联系，以获得一定控制目的而构成的系统。目前用于温室环境控制的计算机以微型计算机为主，辅助部件主要指输入输出接口、检测装置和执行装置等。与被控对象的联系和部件间的联系，可以是有线方式，如通过电缆的模拟信号或数字信号进行联系；也可以是无线方式，如用红外线、微波、无线电波、光波等进行联系，其架构如图 1.5 所示。由于计算机的输入和输出是数字信号，而现场采集到的信号或执行机构的信号大多是模拟信号，因此计算机控制系统需要有数/模转换器和模/数转换器这两个环节。

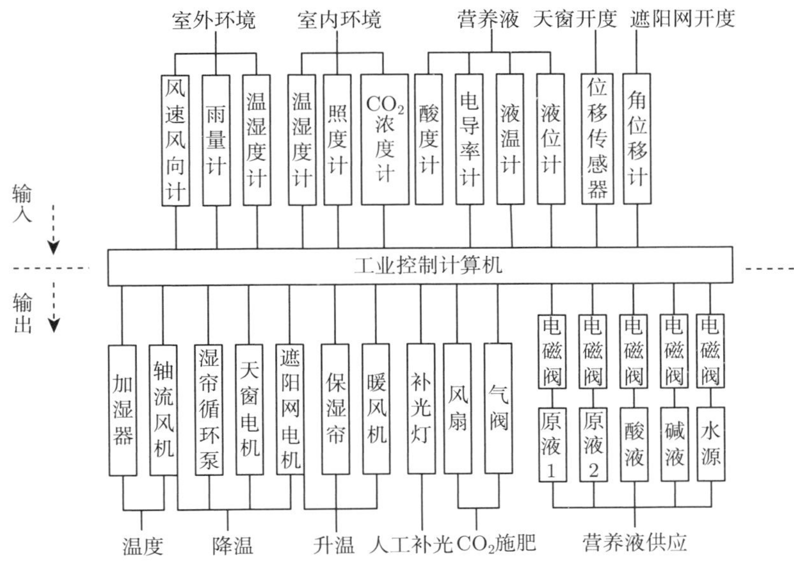

图 1.5 基于计算机的温室环境测控系统架构图 (毛罕平和李萍萍，1996)

早期的计算机控制系统主要是利用微型计算机，如工业控制计算机或者个人计算机，通过计算机插槽型数据采集和控制卡直接实现温室环境参数采集与控制 (毛罕平和李萍萍，1996；崔作龙等，2003；冯磊等，2006；滕华强等，2008)；或者是计算机作为上位机，与单片机、PLC 等现场测控单元通信，根据现场终端采集的环境参数，计算机基于模型和智能算法实现温室环境参数的智能控制 (纪建伟，2001；汤泽锋等，2017；裘正军等，2002；彭桂兰等，2002；张梦麟和李念强，2007；任玉灿等，2012)。随着以 LabView 为主的虚拟仪器技术的发展，基于虚拟仪器的温室环境测控系统开发使得基于计算机的温室环境测控系统的开发更为简单快捷 (王文娣等，2007；刘义飞等，2015；张为，2010；陈海生等，2005)。

1.1.2 分布式控制系统

分布式控制系统 (DCS) 也称集散控制系统，是对生产过程进行集中管理和分散控制的计算机控制系统，是随着现代大型工业生产自动化水平的不断提高和过程控制要求日益复杂，应运而生的综合控制系统。它集成了计算机技术、网络技术、通信技术和自动控制技术，系统采用分散控制和集中管理的设计思想、分而自治和综合协调的设计原则，具有层次化的体系结构。它是一个由过程控制级和过程监控级组成的以通信网络为纽带的多级计算机系统，综合了计算机 (computer)、通信 (communication)、显示 (CRT) 和控制 (control) 等 4C 技术，其基本思想是分散控制、集中操作、分级管理、配置灵活、组态方便。图 1.6 为中国知网 (CNKI) 中用关键词 “温室” 和 “分布式” 或 “温室” 和 “集散” 检索的结果，1999 年开始出现温室分布式测控系统的研究工作，到 2006 年，这一期间针对分布式系统的研究较多，由于无线传感器网络系统架构的引入，结合分布式系统与无线传感器网络的优点实现了温室环境分布式测控系统 (孙茂泽，2016；应新永，2006；丁飞等，2010；鲍军民，2007；王书志等，2006；张西良等，2007a；戚山豹，2015)。

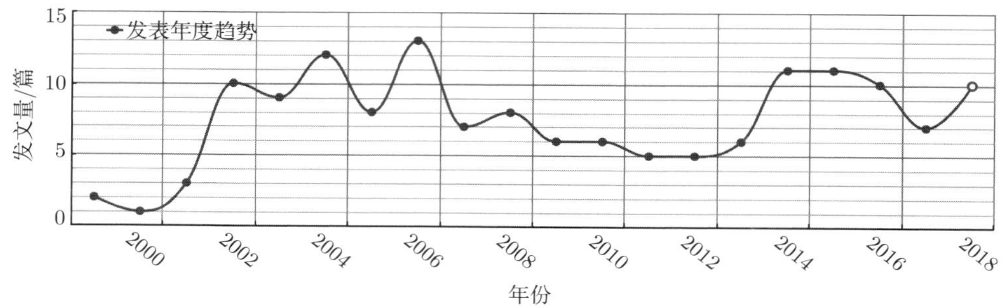

图 1.6　关键词 “温室” 和 “分布式” 检索文献结果

温室环境分布式测控系统早期是以 RS-232 (李星恕，2003) 或 RS-422 (朱伟兴等，1999) 总线与计算机连接实现数据传输。RS-485 总线采用平衡发送和差分接收方式实现通信，由于传输线通常使用双绞线，又是差分传输，所以有极强的抗共模干扰的能力；同时，RS-485 总线采用半双工工作方式，支持多点数据通信，这样的传输距离、速率和组网模式对于大规模的温室群的测控具有较好的优势 (梁春英等，2010；冀红举等，2012；杜尚丰等，2003；付占稳等，2006；韩慧，2012；李俊和毛罕平，2003)。基于 RS-485 总线的温室环境测控新系统架构如图 1.7 所示，系统由上位机、智能控制器和环境采集节点组成，采用 RS-485 总线作为层间通信网络，各环境采集和控制节点之间独立工作，通过 RS-485 总线将信息传输至计算机进行信息处理和控制。为了避免计算机控制集中管理时因核心计算机系统出现故障导致整个系统瘫痪，结合 RS-485 总线的长距离传输和单片机的信息处理功能，将每个温室作为一个独立的基于单片机的现场测控节点，每个现场终端可以独立实现温室环境参数采集和离线控制，同时现场节点可以通过 RS-485 总线与上位机联机实现在线控制，这样的控制模式可以提高系统的稳定性，适用于大规模温室群的控制 (董乔雪和王一鸣，2002；滕光辉和李长缨，2002；齐文新和周学文，2004；周增产等，2002)。

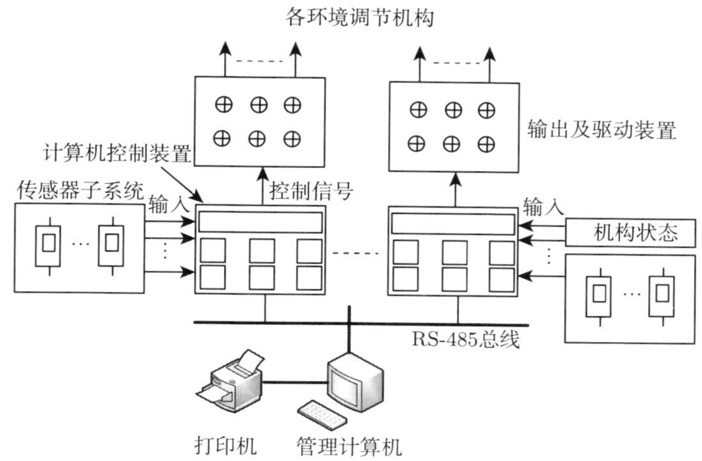

图 1.7 基于 RS-485 总线的温室环境分布式测控系统 (董乔雪和王一鸣，2002)

1.1.3 网络化控制系统

随着传感器、执行机构和驱动装置等现场设备的智能化和通信技术的发展，通过网络技术可以实现用户的远程数据传输与交互操作，并且其成本、在线复杂性、维护难度等大大降低，网络化控制是复杂控制系统和远程控制系统发展的结果。通常一个典型的网络化控制系统 (NCS) 包括传感器、控制性和执行机构，是利用数据网络连接控制组件形成闭环控制回路的实时反馈控制系统，网络化控制系统中的设备均为网络节点。根据数据通信技术和网络化控制系统的发展，目前应用于温室环境的网络化控制系统主要有现场总线、以太网和无线网络。

1.1.3.1 现场总线控制系统

现场总线控制系统 (fieldbus control system，FCS) 是分布式控制系统 (DCS) 的更新换代产品，并且已经成为工业生产过程自动化领域中一个新的热点。它是控制技术、仪表工业技术和计算机网络技术三者的结合，具有现场通信网络、现场设备互连、互操作性、分散的功能块、通信线供电和开放式互连网络等技术特点。现场总线是顺应智能现场仪表而发展起来的一种开放型的数字通信技术，其发展的初衷是用数字通信代替一对一的 I/O 连接方式，把数字通信网络延伸到工业过程现场。FCS 采用了基于开放式、标准化的通信技术，突破了 DCS 采用专用通信网络的局限；同时还进一步变革了 DCS 中 “集散” 系统结构，形成了全分布式系统架构，把控制功能彻底下放到现场。1999 年形成了一个由 8 个类型组成的 IEC61158 现场总线国际标准，分别是 TS61158、ControlNet、PROFIBUS、P-Net、FF-HSE、SwiftNet、WorldFIP 和 Interbus。其中 P-Net 和 SwiftNet 是用于有限领域的专用现场总线，如张教 (2015) 开发了基于 P-Net 的温室环境现场总线的分布式测控网络系统。ControlNet、PROFIBUS、WorldFIP 和 Interbus 是由以 PLC 为基础的控制系统发展起来的现场总线，如陈庆文等 (2005) 和王芳 (2008) 采用 PROFIBUS 协议开发了以 PLC 为现场控制器的温室现场总线控制系统。FF H1 和 HSE 是由传统 DCS 发展起来的现场总线，它们是国际电工委员会 (IEC) 推荐的国际现场总线标准，如王定成等 (2002) 采用 FF 总线协议构建温室环境智能控制器，控制器接收来自智能变送器的数据，同时接收来自 PC 机的控制设定值修改、控制命令；在 PC 机出现故障时，可以脱离 PC 机进行自动控制。目前在温室环境测控系统领域，Lonworks 和 CAN 总线由于其优势被应用于温室环境测控系统中，钟丽媛 (2005) 设计了基于 Lonworks 的温室模糊控制系统；何鹏和孙立君 (2008) 设计了基于 Lonworks 的温室环境智能控制器系统；Metrolho 等 (1999)、刘军和张侃谕 (2002)、祁睿等 (2005)、徐津等 (2004)、李晓静和张侃谕 (2010)、Puri 和 Nayse (2013) 开发了基于 CAN 总线的温室环境测控系统。图 1.8 为基于 CAN 总线的温室环境测控系统结构框图。随着嵌入式技术的发展，何世均等 (2004) 采用 CAN 总线与嵌入式技术，基于自适应模糊控制的智能解耦控制算法实现了对温室环境温度、湿度、光强度的智能解耦控制。善挺璧和汪懋华 (2007) 设计开发了一个基于现场总线网络和以太网，能够对温室信息进行实时采集，实现多种数据融合、存储、

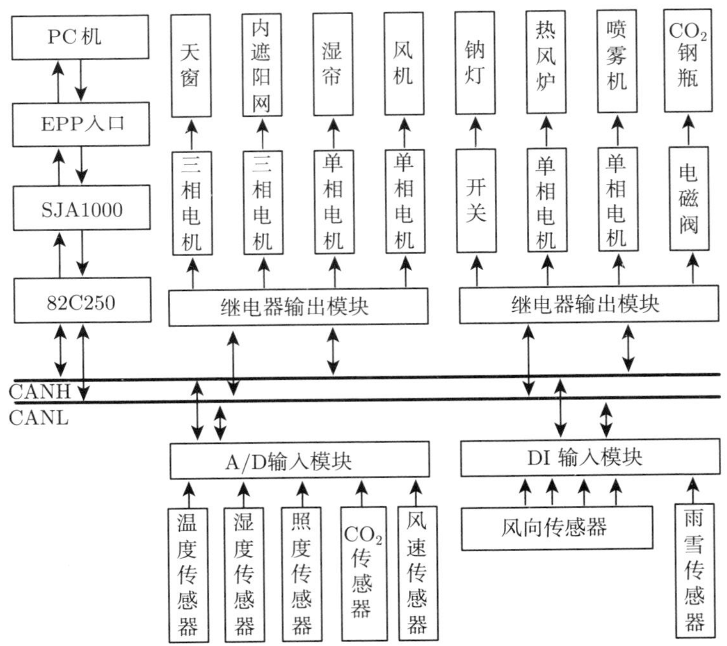

图 1.8　基于 CAN 总线的温室环境测控系统结构框图 (祁睿等，2005)

传输的嵌入式采集终端。李霜等 (2008) 采用 CAN 总线构建现场检测与控制，通过 Internet 实现远程的监控与管理。丁炀超等 (2013) 设计了基于 CAN 总线和 STM32 的高可靠、低成本的分布式单体大棚群控系统，实现了温室灌溉和环境调控。

1.1.3.2 以太网控制系统

以太网 (Ethernet) 指的是由 Xerox 公司创建并由 Xerox、Intel 和 DEC 公司联合开发的基带局域网规范，是当今现有局域网采用的最通用的通信协议标准。以太网控制技术是一种适用于工业现场设备的开放性实时以太网标准，它将大量成熟的 IT 技术应用于工业控制系统，利用了高效、稳定、标准的以太网、TCP/IP、UDP/IP 协议的确定性通信调度策略。基于以太网的温室环境测控系统就是利用标准的以太网、TCP/IP、UDP/IP 协议实现温室现场数据的远程采集与传输，利用数据服务器实现温室远程管理。陈建恩等 (2003) 将 TCP/IP 协议作为一种嵌入式应用，采用 8 位普通微控制器与以太网控制芯片相结合，设计开发了温室数据采集系统的远程通信接口，与现场总线技术结合，开发了基于以太网的温室环境测控系统，其系统架构如图 1.9 所示。Hoshi 等 (2004) 开发了基于 Internet 的温室环境和实时视频监控系统。刘忠超等 (2006) 以单片机和以太网控制芯片 RTL8019AS 为核心的温室远程监控系统，通过将嵌入 TCP/IP 协议的温室控制单片机接入以太网，使用户通过网络中任一台 PC 机的浏览器实现与大棚终端设备的远程实时通信和控制。随着嵌入式系统和实时操作系统的发展，嵌入式 Web 系统被应用于温室远程测控，Stipaničev 等 (2003) 开发了基于嵌入式 Web 服务器的温室环境测控系统。王亚哲 (2006) 设计了采用 32 位高性能微处理器和实时操作系统的温室智能测控节点，实现温室的远程管理。

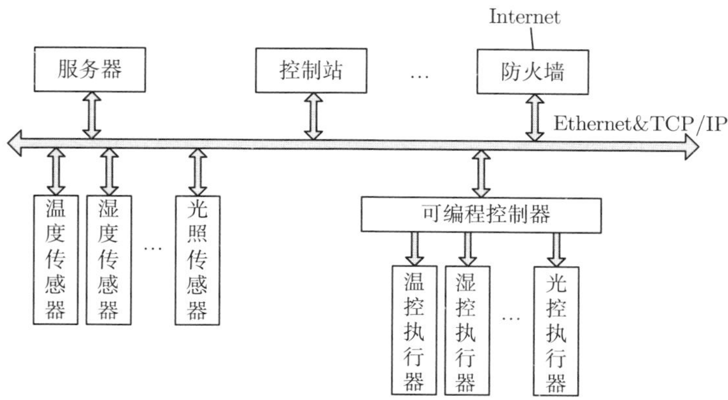

图 1.9 基于以太网的温室环境测控系统 (陈建恩等，2003)

1.1.3.3 无线网络控制系统

随着无线通信和传感器技术的发展，无线网络在温室环境测控中的应用得到迅速发展。图 1.10 为中国知网 (CNKI) 中用关键词 “温室” 和 “无线” 检索结果分析，从图中可以看出无线网络技术在在温室中的应用主要集中在采用 GSM、2G、3G、4G 网络通信技术、Zigbee、蓝牙 (Bluetooth)、WiFi 等无线网络方式进行温室环境信息的无线传输。其中 GSM、2G、3G 网络通信技术主要适用于远距离的信息传输，Zigbee、蓝牙、WiFi 和 RFID 技术用于短距离信息传输领域 (Ruiz-Garcia et al., 2009；Sakthipriya，2014；杨玮等，2008)，且基于 Zigbee 无线传感器网络技术的温室环境测控系统是温室环境测控的研究热点。表 1.1 为不同通信方式的参数比较。

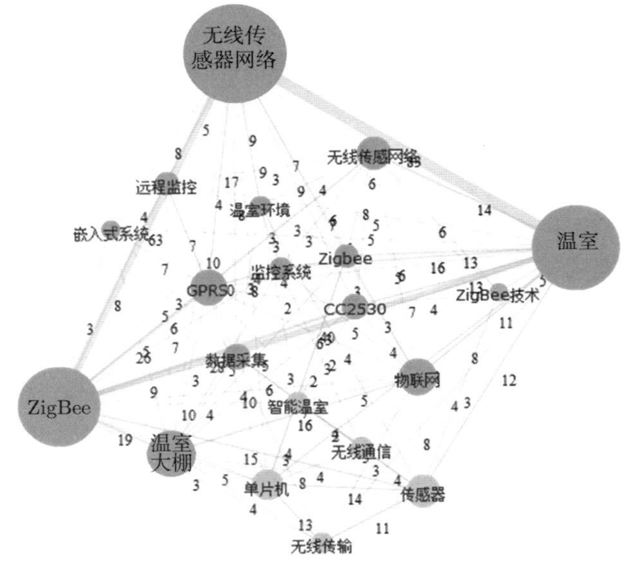

图 1.10 温室无线通信技术关键词网络分析结果

表 1.1 不同通信方式比较(Ojha et al., 2015)

参数	Zigbee	WiFi	Bluetooth	GPRS/3G/4G
标准	IEEE 802.15.4	IEEE 802.11a，b，g，n	IEEE 802.15.1	—
频率范围	868/915MHz，2.4GHz	2.4GHz、5GHz	2.4GHz	865MHz，2.4GHz
数据传输速度	20～250Kb/s	2～54Mb/s	1～24Mb/s	5～100Kb/s/200Kb/s/0.1～1Gb/s
传输范围	10～20m	20～100m	8～10m	整个 GSM 覆盖范围
能耗	低	高	中等	中等
成本	低	高	低	中等

1. 远距离信息传输

远距离无线网络通信技术在温室环境测控应用方面是随着移动通信技术的发展而发展的，从早期的基于 GSM 的短消息接收和发送方式到利用 GPRS 网络以及后续发展的 3G、4G 网络进行信息采集和控制。

1) 全球移动通信系统 (GSM)

GSM是一种广泛应用的数字移动电话系统。GSM 使用的是时分多址的变体，并且是三种数字无线电话技术 (TDMA、GSM 和 CDMA) 中使用最为广泛的一种。GSM 将资料数字化，并将数据进行压缩，然后与其他的两个用户数据流一起从信道发送出去，另外的两个用户数据流都有各自的时隙，即短消息接收和发送方式。GSM 在温室中的应用主要是通过数据采集装置采集温室内的环境参数，并利用 GSM 模块将采集的数据通过移动网络发送到用户手机，用户可以用短消息方式根据约定的数据向现场控制终端发送控制指令 (乔俊等，2008；张西良等，2010；吴婷婷等，2012；句荣辉和沈佐锐，2004)。句荣辉和沈佐锐 (2004) 开发的基于短信息的温室生态健康呼叫系统，其结构如图 1.11 所示。王簃和周杰 (2008) 开发的基于 GSM 的远程温室环境监控系统是利用单片机进行多参数的数据采集和指令响应，利用 GSM 网络将各数据采集终端的农业监测数据发送到监控中心，并进行相应的数据处理，决策结果可以以短消息方式发送到用户手机上。赵立燕和许亮 (2009) 设计了一种基于 MSP430F149 和 TC35i 的温室环境短信监测系统，实现对温度、湿度、光照强度、CO_2 浓度等参数的实时采集与处理功能。

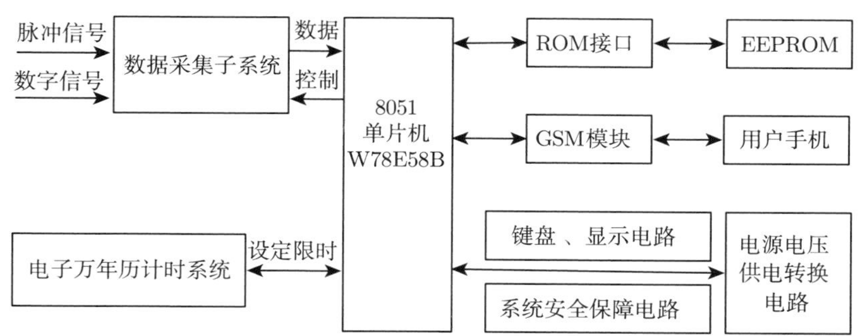

图 1.11 基于 GSM 的温室生态健康呼叫系统结构图 (句荣辉和沈佐锐，2004)

2）通用分组无线业务 (general packet radio service，GPRS)

GPRS是移动环境中高速数据传输的解决方案，GPRS 技术作为 GSM 向第三代移动通信发展的过渡技术，可以充分利用现有的 GSM 系统设备，为用户提供移动数据传输服务，并可为因特网/ISP 和企业内部网提供基于分组的高速、安全的无线接入。GPRS 技术作为数据传输方式，在温室环境无线测控中得到较好应用，通过现场采集系统采集环境参数，利用 GPRS 网络将数据发送至服务器，服务器端通过决策将控制信号发送给现场控制端进行执行器控制。如孙忠富等 (2006) 开发了基于 GPRS 和 Web 技术的远程数据采集和信息发布系统，系统通过 GPRS 无线通信技术建立现场监控系统与互联网的连接，将实时采集的信息发送到 Web 数据服务器，其结构如图 1.12 所示；李莉等 (2009) 设计了基于 ARM9 和嵌入式 Linux 操作系统，实现温室环境数据的接收、实时显示和存储，并通过 GPRS 方式实现与远程管理中心的通信；王斌等 (2012) 采用以温度为主参量的日光温室综合环境调控模式，运用单片机控制技术和 GPRS 技术实现日光温室群环境因子的采集、无线数据传输以及控制信号的无线传输和日光温室群综合环境的集散控制。

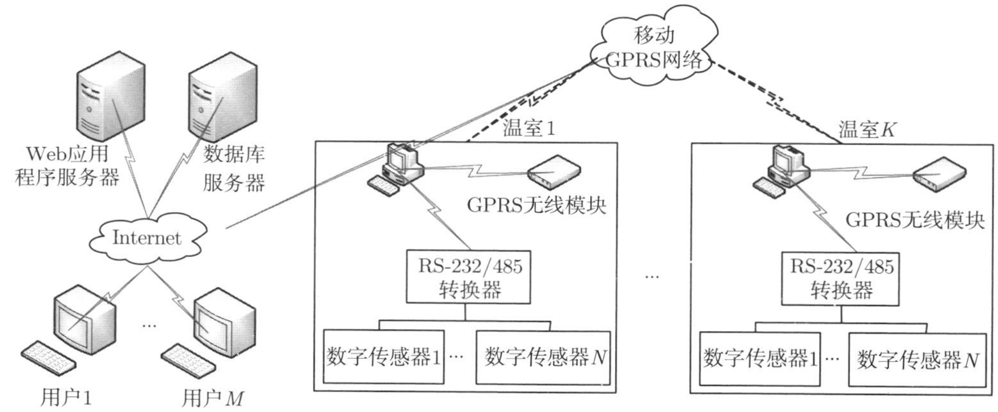

图 1.12　基于 GPRS 的温室环境测控系统结构图 (孙忠富等，2006)

3) 3G、4G 网络

3G、4G 网络是指使用支持高速数据传输的第三代和第四代移动通信技术的线路和设备铺设而成的通信网络。3G 服务能够同时传送声音 (通话) 及数据信息 (电子邮件、即时通信等)，4G 网络是集 3G 与 WLAN 于一体，并能够快速传输数据、高质量音频、视频和图像等。因此，3G 和 4G 网络技术除了实现温室环境测控参数的实时传输之外，还可以实现现场视频的实时传输，从而为手持式终端 (手机、PDA 等) 应用以及实时监测作物生长状况和病虫害情况。如梁居宝等 (2011) 开发了基于 3G 无线通信技术和虚拟专网 (virtual private network, VPN) 技术的温室远程监控系统。刘佩勋 (2013) 和孙健 (2014) 开发了基于 3G 的温室环境测控系统。焦洋 (2016) 开发了基于 4G 网络的温室环境测控系统。刘青 (2016) 开发了基于 Android 的温室智能视频监控系统，在 4G 网络环境下测试了远程视频监控功能。

2. 短距离信息传输技术

1) 蓝牙 (Bluetooth) 技术

蓝牙 (Bluetooth) 是一种无线技术标准，可实现固定设备、移动设备和楼宇个人域网之间的短距离数据交换 (使用 2.4~2.485GHz 的 ISM 波段的 UHF 无线电波)。蓝牙是基于数据包、有着主从架构的协议，一个主设备最多可和同一微微网中的 7 个从设备通信，所有设备共享主设备的时钟。蓝牙是无线数据和语音传输的开放式标准，它将各种通信设备、计算机及其终端设备、各种数字数据系统，甚至家用电器采用无线方式连接起来，它的传输距离为 10cm~10m。由于蓝牙技术的传输距离限制，目前蓝牙技术在温室中的应用主要是温室内环境参数无线采集 (柳桂国和应义斌，2003) 或现场传感器与手持式终端之间的连接实现数据的获取 (Pesko et al., 2014)，如李莉和刘刚 (2006) 利用蓝牙技术设计了无线温室环境信息采集系统的软硬件，其结构框图如图 1.13 所示，可以解决传统温室现场布线繁琐的问题。李民赞等 (2008) 开发了一种具有无线通信功能的便携式土壤电导率测试仪，测试仪通过蓝牙将土壤含水量数据实时传输给 PDA(掌上电脑)。

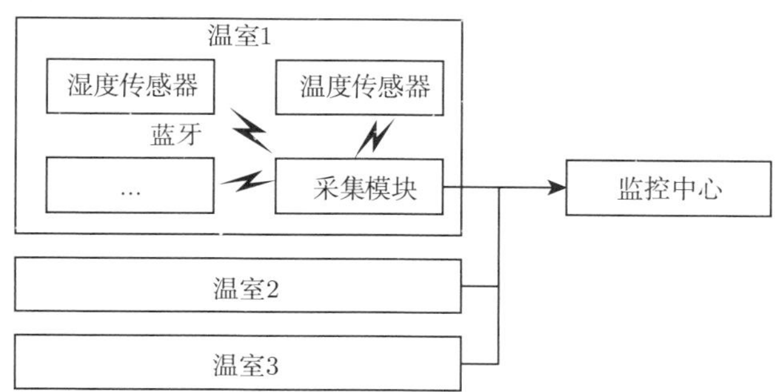

图 1.13 基于蓝牙的温室环境信息采集系统结构框图 (李莉和刘刚，2006)

2) Zigbee 技术

Zigbee 技术是建立在 IEEE 802.15.4 的标准之上，确定了可以在不同的制造商之间共享的应用纲要，Zigbee 对其网络里层协议和 API 进行了标准化，低功耗是 Zigbee 技术最具优势的地方。Zigbee 是为了满足小型和廉价设备的无线联网和控制而制定的，用于替代数字设备和计算机外设间的电缆连接以及实现数字设备间的无线组网，Zigbee 技术由于前期在组网、成本和功耗等方面的优势，被广泛应用于温室的环境采集和控制 (Ruiz-Garcia et al., 2009；Manjhi et al., 2016；Kalaivani et al., 2011)。如 Zhang 等 (2007)、Andrzej 等 (2009)、Chaudhary 等 (2011)、韩华峰等 (2009)、郭文川等 (2010)、Salleh 等 (2013)、Jahnavi 和 Ahamecl (2015)、Manjhi 等 (2016) 开发了基于 Zigbee 的温室环境测控系统，可以实现温室内环境参数的监测和控制，其结构框图如图 1.14 所示。为了进一步扩展 Zigbee 技术在温室中的应用，Park 等 (2011) 采用 Zigbee 开发了温室内作物叶片温湿度、环境信息和露点测控制系统，为温室病虫害监测和预警提供依据。赵春江等 (2012) 开发的基于 Zigbee 的温室环境监测图像传输节点，可以实现图像的实时传输。

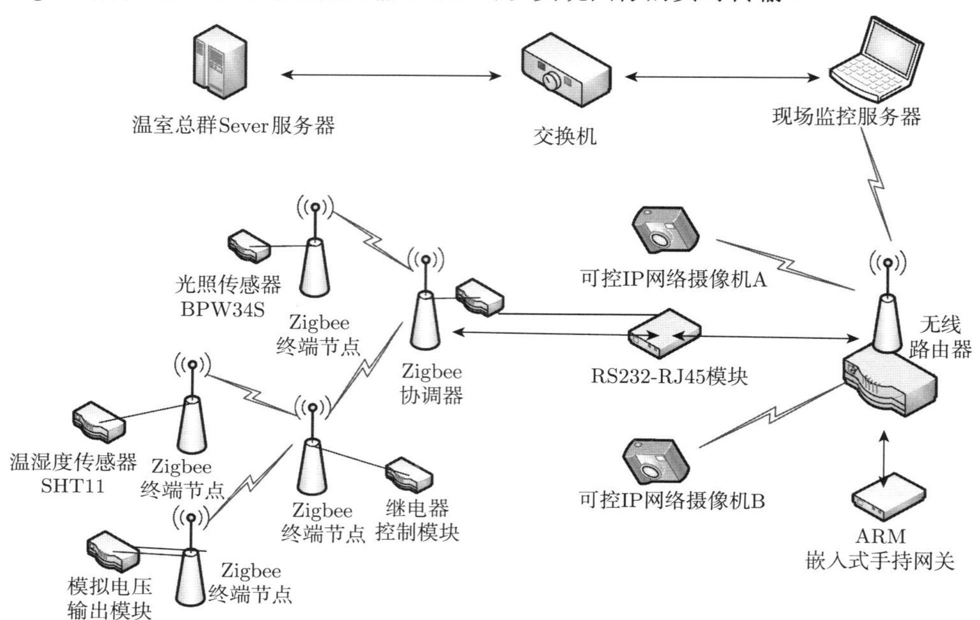

图 1.14　基于 Zigbee 的温室环境测控系统结构框图 (郭文川等，2010)

3) WiFi 技术

WiFi又称 802.11b 标准，是一种允许电子设备连接到一个无线局域网 (WLAN) 的技术，通常使用 2.4GHz UHF 或 5GHz SHF ISM 射频频段；WiFi 是一种无线联网技术，是当今使用最广的一种无线网络传输技术，实际上就是把有线网络信号转换成无线信号，智能设备可以通过 WiFi 连接网络。WiFi 的主要特征是速度快、可靠性高，在开放性区域通信距离可以达到 300m，在封闭区域通信区里则为 76～122m (曾欢和刘毅，2008)，因此 WiFi 技术可以用于温室环境测控系统。如曾欢和刘毅 (2008) 开发了基于嵌入式 WiFi 的温室环境监控系统，实现了温室环境的远程监控；马增炜等 (2011) 以集成了 WiFi 功能和 ARM 内核的 SoC 芯片 GS1010 为核心的智能温室环境控制系统，实现了通过无线网络对智能温室内温湿度、光照和 CO_2 浓度的监测与调控。刘士敏和杨顺 (2013) 设计了针对温室大棚中温湿度、CO_2 浓度、光照强度和土壤温度等参数的无线实时监控系统，系统采用 WiFi 技术的无线传感器网络对检测到的大棚中环境参数进行采集、分析、处理和传输，并将数据在监控中心 PC 机上显示，其结构框图如图 1.15 所示。

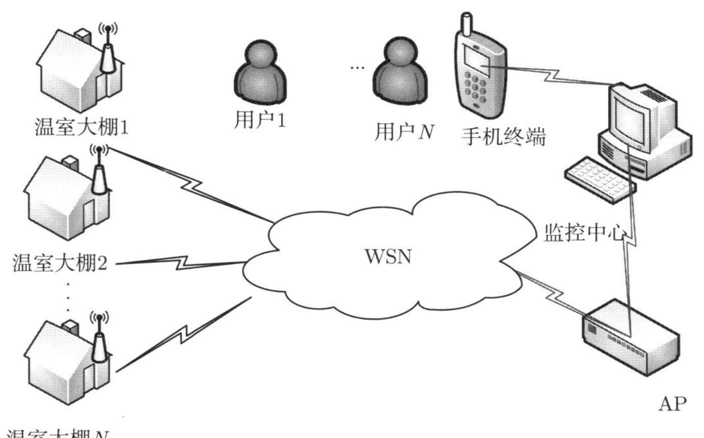

图 1.15 基于 WiFi 的温室环境监测系统结构框图 (刘士敏和杨顺，2013)

4) 其他无线通信方式

在无线网络中，除了常见的 WiFi、Zigbee、蓝牙等技术之外，其他无线通信频率和通信协议也被应用于温室环境测控，如张荣标等 (2008) 设计了一种基于 IEEE802.15.4 的无线温室监控系统，通过对传感器 (控制) 节点和移动式汇聚节点短距离动态组网形成自组织星形网络，以降低传感器 (控制) 节点能耗，延长网络寿命，汇聚节点以多跳方式与监控中心实现通信，合理高效的时槽设计确保了信息及时、安全、通畅地传送；陈晓栋等 (2014) 针对以往农用无线传感器网络能耗与成本较高、传输性能不理想等问题，选用无线射频器件 AT86RF212、单片机 C8051F920 等，设计了一种工作在 780MHz 中国专用频段且与 IEEE802.15.4c 标准兼容的无线传感器网络。干开峰等 (2014)、Caicedo-Ortiz 等 (2018) 针对 6LoWPAN 无线传感网络作为 IPv6 在 IEEE802.15.4 链路上的无缝连接的特点，构建了基于 6LoWPAN 无线传感网络农业温室大棚环境监测系统。张传帅等 (2014) 针对温室环境监测中存在的信号遮挡物多、监测范围大、管理不便等问题，设计了一种基于 433MHz 无线传感器网络的温室环境信息远程监测系统，该系统具有低功耗、高稳定性等优点，节点平均丢包率仅为 1.1%。

3. 短距离与长距离的结合

由于 2G/3G/4G 网络进行远程测控，运行成本较高，而短距离传输方法传输距离短。为了实现温室环境的远程测控，同时降低成本，研究者将远程距离传输和短距离传输结合，采用感知–汇聚–服务三层技术体系，建立温室环境远程测控系统，如张西良等 (2010) 开发了基于 GSM 的室内无线传感器网络簇头节点，用于与 Zigbee 网络连接实现远程测控；李莉等 (2009)、武风波和强云霄 (2008)、苗连强和胡会萍 (2010)、王纪章等 (2012)、陈辉 (2013) 采用 Zigbee+GPRS 开发了温室环境远程测控系统；杨玮和李民赞 (2011)、盛平等 (2012)、杨信廷等 (2013)、吴新生 (2013) 开发了基于 Zigbee/3G 的温室环境远程测控系统，如图 1.16 所示；姜新华和张丽娜 (2011)、仲伟波等 (2014)、许童羽等 (2016) 开发了基于 Zigbee 与 WiFi 的温室环境远程测控系统，利用 WiFi 实现现场数据与 Internet 之间的连接与传输。

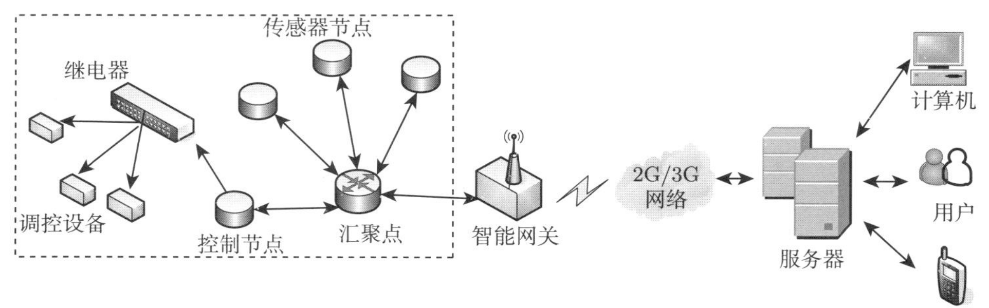

图 1.16 基于 Zigbee+3G 的温室环境测控系统结构框图

1.2 温室物联网系统

1.2.1 温室物联网系统技术体系

1.2.1.1 物联网及其发展

物联网是新一代信息技术的重要组成部分，也是 “信息化” 时代的重要发展阶段。其英文名称是 “Internet of things (IoT)”，顾名思义，物联网就是物物相连的互联网。这有两层意思：其一，物联网的核心和基础仍然是互联网，是在互联网的基础上延伸和扩展的网络；其二，其用户端延伸和扩展到任何物品与物品之间，进行信息交换和通信，也就是物物相连。物联网通过智能感知、识别技术与普适计算等通信感知技术，广泛应用于网络的融合，也因此被称为继计算机、互联网之后世界信息产业发展的第三次浪潮。物联网是互联网的应用拓展，与其说物联网是网络，不如说物联网是业务和应用。因此，应用创新是物联网发展的核心，以用户体验为核心的创新 2.0 是物联网发展的灵魂。

物联网概念由 1999 年美国麻省理工学院 (MIT) 的 Kevin Ashton 教授首次提出。2005 年，国际电信联盟 (ITU) 发布《ITU 互联网报告 2005：物联网》，引用了 “物联网” 的概念，对物联网概念进行定义。美国、澳大利亚、法国、加拿大等一些国家在大田粮食作物种植精准作业、设施农业环境监测和灌溉施肥控制、果园生产不同尺度的信息采集和灌溉控制、畜禽水产精细化养殖监测网络和精细养殖等方面应用广泛。2009 年 8 月，温家宝总理在视察中科院无锡物联网产业研究所时提出感知中国，建立中国传感信息中心的战略设想，物联网成为热点，为中国发展农业物联网发展提供了契机和动力，《全国现代农业发展规划 (2011—2015 年)》中明确提出推动物联网技术在农业农村中的应用。

1.2.1.2 温室物联网及其关键技术

1. 温室物联网概念

温室物联网是物联网技术在温室中的应用，是通过物联网技术的智能监控、数据采集、数据传输、智能分析决策和自动化控制，实现温室生产过程全程监控与管理，温室生产过程的科学组织与标准化管理，从而实现植物生长是在最适宜生态条件下进行。

温室物联网技术是以引领温室作物向高产出、高效益、安全优质、低碳环保方向发展为宗旨，以现代物联网技术应用为手段，通过解决与完善作物生长环境因子的传感器检测与网络化传输、作物生长过程的优化控制、作物生产过程的现代化管理、溯源数据的标准化等关键技术，构建温室生产管理物联网技术与服务体系。

通过物联网技术监控温室产环境因素，可为温室作物生产提供科学依据，优化农作物生长环境，达到温室生产的标准化、工厂化生产。不仅可获得作物生长的最佳条件，提高产量和品质，同时可提高水资源、化肥等农业投入品的利用率和产出率，实现温室生产的高产、高效、优质生产。

2. 温室物联网关键技术

1) 温室作物环境信息感知技术

主要是利用智能传感、视觉图像、生物化学传感等方法感知温室作物生理生态和环境信息。

2) 温室作物环境模拟模型技术

主要是通过计算机模拟、数学模型等方法开展温室作物生长发育过程、温室环境变化过程。

3) 信息传输技术

主要是构建现场控制、厂级监控、智能农业物联网平台三级信息传输网络体系，实现温室作物生产的远程监管，确保信息传输实时、安全、稳定。

4) 温室环境智能控制技术

主要利用智能控制、智能分析决策、控制理论等理论与方法研究面向温室高产、高效、优质的智能控制。

5) 信息处理技术

主要针对温室海量数据，利用专家推理、智能决策、云计算、深度学习、大数据等方法对设施作物、环境、病虫害、土壤和水肥等进行处理，为温室作物生长和环境控制提供支持。

1.2.2　温室物联网系统应用

图 1.17 为中国知网 (CNKI) 中用关键词 “温室” 和 “物联网” 检索结果，从 2010 年开始，物联网技术相关文献出现，并且快速增长；2014 年物联网技术在温室中应用的相关文献超过 100 篇，根据 CNKI 系统的计量可视化分析预测结果，2018 年预期相关文献将会超过 150 篇。

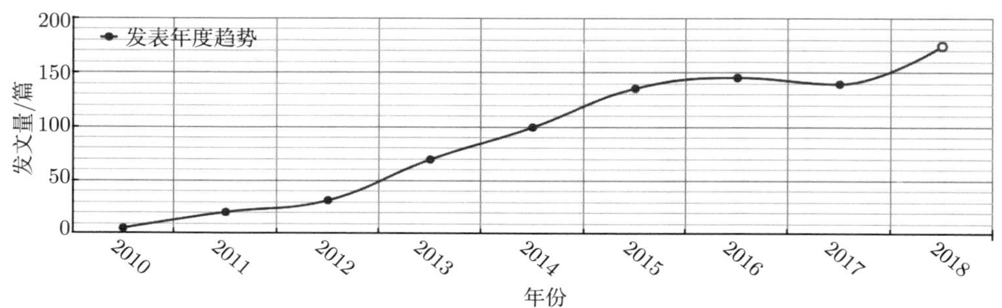

图 1.17　“温室” 和 “物联网” 文献检索结果

1.2.2.1　温室物联网系统架构

结合物联网的技术体系和温室环境测控系统的特点，基于温室物联网系统的基本架构如图 1.18 所示，包括感知层、传输层、应用层三层。

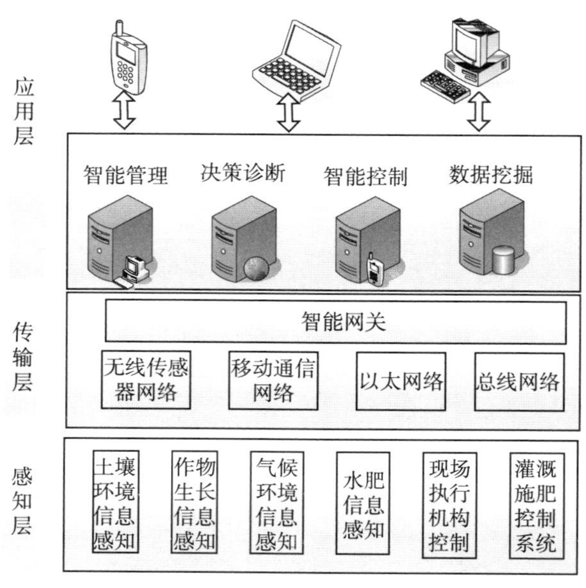

图 1.18　基于温室物联网系统的基本架构

(1) 感知层：主要利用智能传感、视觉图像、生物化学传感等方法感知温室作物生理生态和环境信息，包括室外气象参数、室内空气参数、土壤 (基质) 环境信息、水肥信息、作物生长信息以及病虫草害信息等。

(2) 传输层：主要通过无线传感器网络、移动通信网络以及有线通信网络构建现场控制、厂级监控、智能农业物联网平台三级信息传输网络体系，实现温室作物生产的远程管控。

(3) 应用层：主要是对感知层所获取的温室内外气候和土壤环境信息、作物生长信息进行数据管理，并利用作物环境模拟、智能控制、专家推理、智能决策、云计算、深度学习、大数据等方法对设施作物、环境、病虫害、土壤和水肥等信息进行处理，为温室作物生长和环境控制提供服务和应用。

1.2.2.2 温室物联网系统应用

近年来，物联网技术在温室环境测控中得到广泛应用，主要是针对温室的作物生长环境信息感知和传输，融合作物环境模拟、环境智能调控、专家管理与决策等技术，开展温室物联网系统的应用 (李萍萍和王纪章，2014)；同时计算机视觉、人工智能、云计算技术、大数据技术等信息技术也被引入到温室物联网系统之中。

在温室作物生长与环境信息感知与传输方面，以无线传感器网络为核心的温室环境测控系统成为温室物联网系统的主要应用 (Ojha et al., 2015; Talavera et al., 2017; Tzounis et al., 2017)，又如尹彦霖 (2013)、潘金珠等 (2014)、廖建尚 (2016)、Singh 等 (2016)、Kodali 等 (2016)、Vimal 和 Shivaprakasha (2017)、Pallavi 等 (2017)、Rodríguez 等 (2017)，其系统结构框图如图 1.19 所示。为了适应不同的生产和管理者对温室栽培作物、环境监测参数、控制设备等参数要求的不同，适应异构网络的智能网关技术成为温室物联网系统的关键。如张海辉等 (2012) 开发了一种基于 WinCE 系统的可配置 WSN 网关体系结构 (ReGA)，在完成监测数据和控制指令转发的基础上，实现现场可视化设备和监测数据综合管理；陈美镇等构建了基于 Andriod 的温室环境测控智能网关及其数据同步方法 (李萍萍等，2015；陈美镇等，2015)。

温室物联网系统除了实现温室环境信息的感知和控制外，其核心是保证温室内的环境参数满足作物生长的需求，因此温室环境参数的优化，即感知信息的处理是温室物联网系统的关键。为了实现温室环境的智能调控，Hu 和 Qian (2012) 开发基于作物生长模型的温室物联网管理系统，实现温室环境优化调控；黎贞发等 (2013) 开发了基于物联网的日光温室低温灾害监测预警系统，针对典型日光温室小气候观测数据与作物生长临界指标，利用模型方法获得土围护和砖维护结构日光温室低温预警指标，实现低温预警服务和温室远程控制；王纪章 (2013) 构建了基于作物生长模型、环境模型和环境智能调控决策的温室物联网管理系统，实现

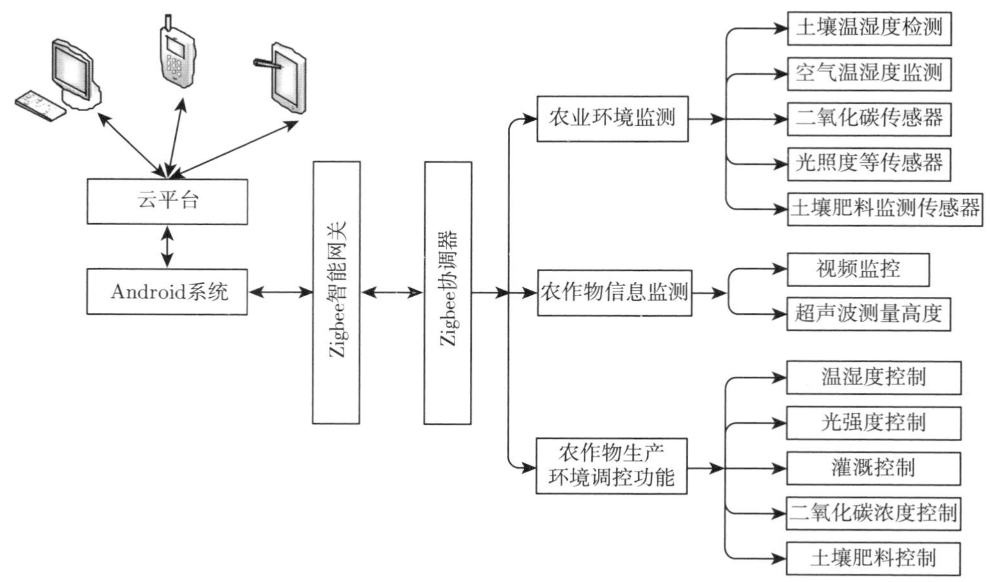

图 1.19 以 WSN 为核心的温室物联网系统 (廖建尚，2016)

了温室环境的智能管理；秦琳琳等 (2015) 设计并实现了一种基于物联网的温室智能监控系统，采用基于分布式 CAN 总线的硬件系统实现环境数据的实时采集与设备控制，将分布图法应用于采集系统离异数据的在线检测，将基于混杂自动机模型的温室温度系统智能控制，实现温室环境的自动调控。为保证设备控制的安全性，采用轮询法实现现场监控子系统和远程监控子系统中设备状态的同步，并将基于 Zernike 矩的图像识别技术应用于双向型设备的状态检测，实现设备的自动校准。

为了更有效实现温室作物生长环境的监测，基于图像和视频获取与处理的作物生长状况监测技术被应用于温室中。如杨信廷等 (2013) 设计了基于无线多媒体传感器网络 (WMSN) 的作物环境与长势远程监测系统，能实现多媒体数据采集、压缩、3G 传输、PC 显示以及环境温湿度、光照度传感器节点的 Zigbee 组网；马浚诚等 (2015) 基于传感器感知的环境信息与摄像机监控视频信息，构建了一种面向叶类蔬菜病害识别的温室监控视频采集系统 (马浚诚等，2015；Ma et al., 2015，2017)；Liao 等 (2017) 开发了基于物联网的温室环境无线监测和作物长势无线视频监控系统，其结构框图如图 1.20 所示，该系统利用图像处理方法获取叶面积，进而实现作物长势的评价，从而为获得作物的最佳生长环境，提高农民的收益提供依据。

物联网技术的目标是实现物物相连，而云服务是基于互联网的相关服务的增加、使用和交互模式，通常通过互联网来提供动态易扩展且经常是虚拟化的资源。因此，云服务技术在温室环境监测与控制中更为重要，现场节点获取各类信息并传输至云端，云端进行数据管理并利用模拟模型、决策支持、专家知识以及人工智能、数据挖掘等技术进行决策服务，从而实现温室的智慧管控。如刘洋等 (2013)、崔文顺等 (2015)、Tzounis 等 (2017) 构建了基于物联网和云服务平台的温室环境测控系统，其结构框图如图 1.21 所示。Foughali 等 (2018) 构建了基于物联网和云计算的土豆病害管理系统。

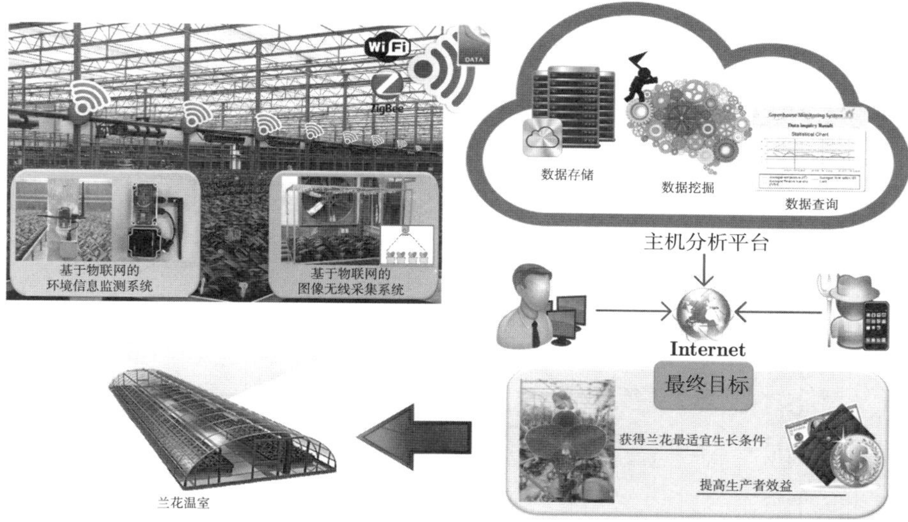

图 1.20 基于物联网的环境监测与作物长势监控系统结构框图 (Liao et al., 2017)

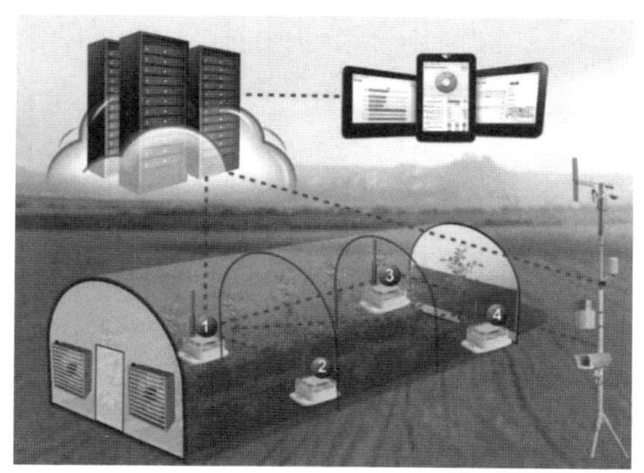

图 1.21 基于云服务平台的温室环境测控系统结构框图 (Tzounis et al., 2017)

根据设施农业产前、产中、产后全产业链条需求和发展中存在的问题，阎晓军等 (2012) 构建了北京市设施农业物联网系统模式，其总体架构设计方案如图 1.22

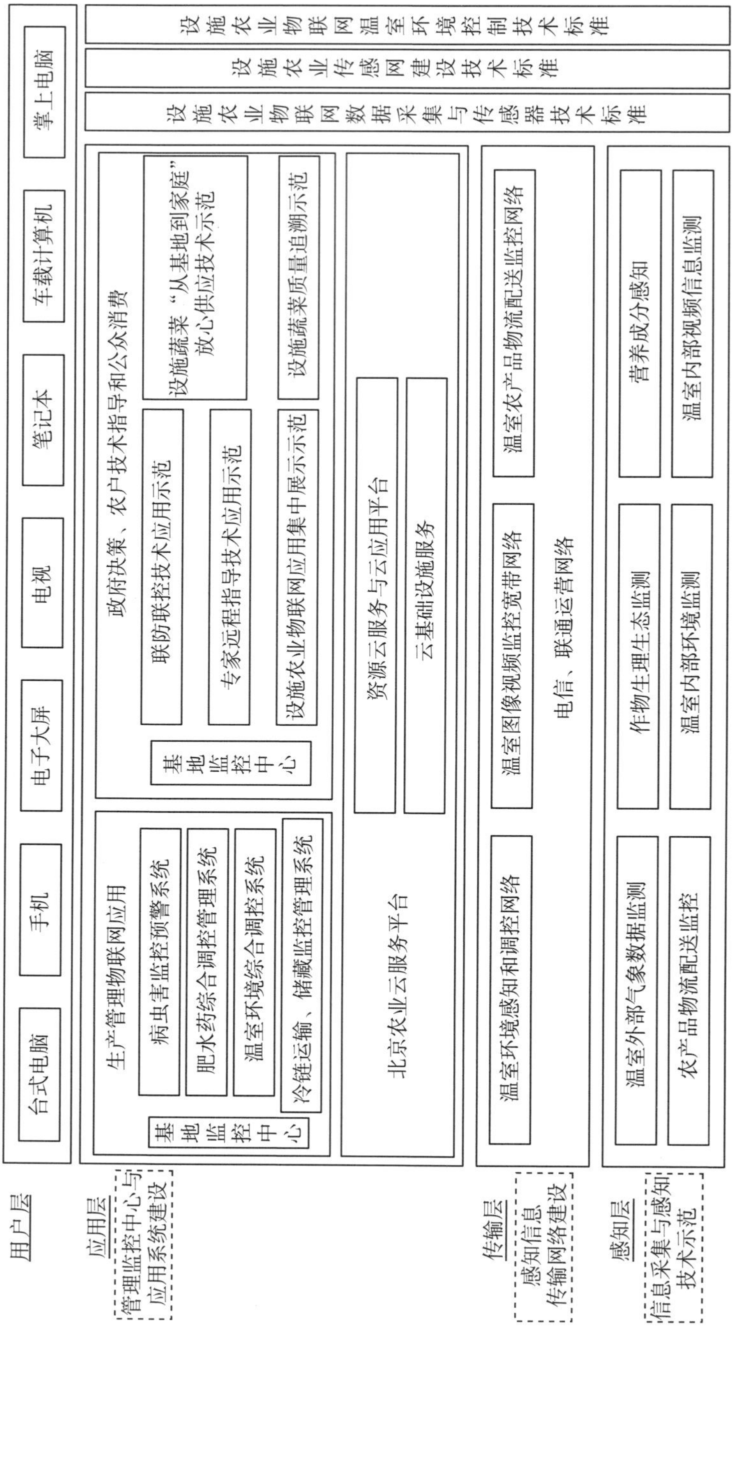

图 1.22　北京市设施农业物联网总体架构(阎晓军等，2012)

所示，主要分为感知层、传输层、应用层、用户层 4 层。感知层主要负责温室作物和环境信息、农产品流通等信息的感知；传输层主要负责感知与控制数据的传输；应用层主要负责感知数据的分析、统计，并进行及时预警、自动控制和科学决策，主要包括设施农业物联网云服务平台、两级监控中心、预警与控制决策系统。该技术模式实现了整个农产品从产地到流通的全过程质量安全和生态环境安全的智慧管控，从而保障了设施农业高产、高效、优质生产。

第 2 章　温室环境测控三层次无线传感器网络系统设计

2.1　温室无线传感器网络层次结构优化及结构模型确定

2.1.1　温室无线传感器网络系统层次优化

2.1.1.1　温室无线传感器网络系统层次结构

温室无线传感器网络测控系统用来监控温室内植物的生长过程，当网络进行数据采集时，要求网络时延低，能耗小，并且网络建立的成本低。一般被监控的温室离监控基站距离较远，数据需要远距离传输。因此，在网络建立之前，应该先考虑怎样的网络结构才能消耗更少的能量，数据能更快的到达监控基站，并且传输的距离不受限制。在无线传感器网络中一般采取多跳方式。

一般地，根据无线传感器网络中数据跳数进行分类，网络结构可划分为两层、三层或四层等网络结构。二层网络，无线传感器网络中节点分为底层一般节点和簇头节点，数据由一般传感器节点先发给簇头节点，簇头节点将数据直接发送给上位机，数据采取单跳的方式进行传输；三层网络，网络中节点可以分成一般节点、簇头节点和基站节点。数据从一般传感器节点发送给簇头，然后由簇头节点进行处理再发送给基站，最后到达上位机；四层网络，网络节点分为 4 层，数据要经过 2 层簇头节点的转发才到达基站，这样的网络一般适合大规模的网络系统。不同层次网络结构如图 2.1 所示。

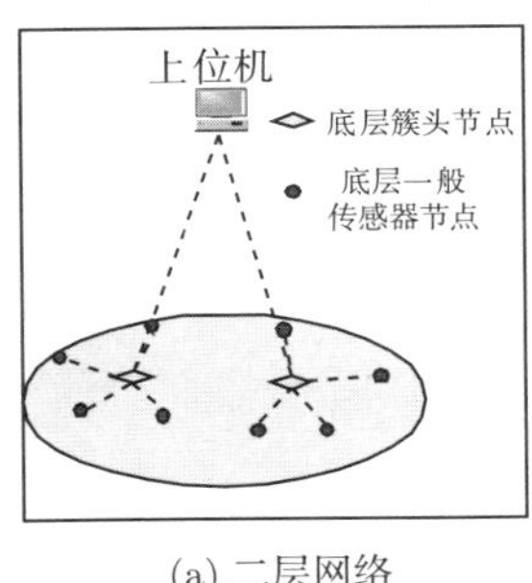

(a) 二层网络

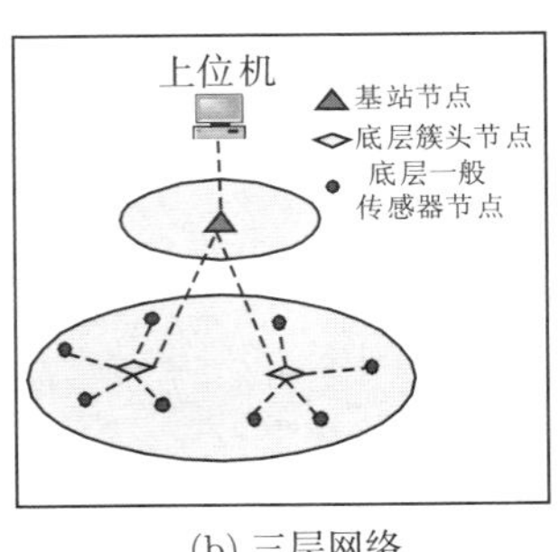

(b) 三层网络

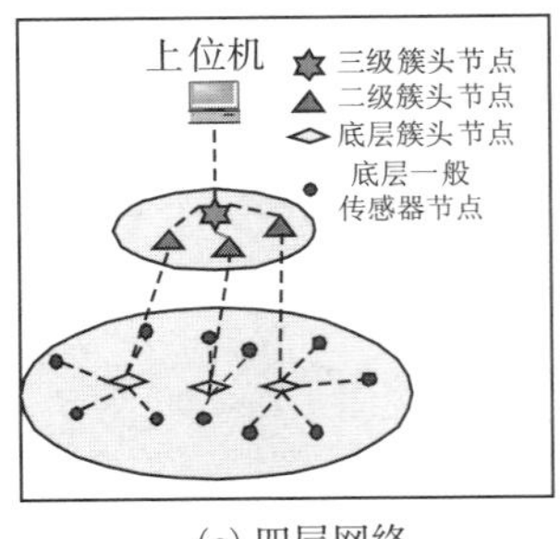

(c) 四层网络

图 2.1　无线传感器网络结构

网络层次的合理科学配置在很大程度上决定着网络性能。如何建立一个低时延、低能耗并且高效的无线传感器网络是研究的重点。下面将详细研究如何根据决策人的要求进行网络层次结构优化。

具体的应用环境中，合适的网络层次数将可以大大减少能量的损耗和时延。但是网络能耗、成本和时延之间是相冲突的，在无线传感器网络中，数据的传输一般采用多跳方式，能耗与传输距离成指数关系 (Heinzelman et al., 2002)，传输的距离越短 (跳数越多)，节点消耗的能量就越小，但是当跳数增加时，数据转发的次数增多，传输的时延就增大。如果节点采用大容量电池供电，温室中节点的数量比较多，势必会增加整个网络的成本。因此，网络中的某个性能的提高势必会以降低另外一个性能作为代价。如何在各个性能之间找到一个权衡点，是无线传感器网络中碰到的现实问题之一。在解决这样的问题时，早在 20 世纪 70 年代美国运筹学家 Saaty 教授就提出一种实用的多方案或多目标的决策方法 —— 层次分析法 (AHP) (许树柏，1988)。层次分析法是一种对一些较为复杂、较为模糊的问题做出决策的简易方法，适用于一些难于完全定量分析的问题；其主要特征是：合理地将定性与定量的决策结合起来，按照思维、心理的规律把决策过程层次化、数量化。该方法自 1982 年被介绍到我国以来，以其定性与定量相结合地处理各种决策因素的特点，以及其系统灵活简洁的优点，迅速地在我国社会经济各个领域得到广泛的重视和应用 (马农乐和赵中极，2006)，如能源系统分析、城市规划、经济管理、科研评价以及水利工程建设的风险评价管理等。本研究采用多目标的决策方法研究无线传感器网络分层问题 (Zhang et al., 2008b)，根据温室无线传感器网络具体的应用环境和决策人对网络延时、能耗、成本等的要求，应用层次分析法分析计算，确定无线传感器网络结构，即网络结构的分层。

2.1.1.2 温室无线传感器网络层次优化目标确定

根据层次分析法的要求，对所要建立的无线传感器网络进行层次化和数量化，即把抽象的问题具体化。首先将所要建立的无线传感器网络的约束条件提取出来，以典型 5 圆拱形连栋温室为例，屋脊采用南北向布置，温室结构尺寸：单栋跨度为 10m，长度为 50m，温室天沟高 3.5m，顶高 5.3m。5 连栋温室总面积 2500m^2。假设整个设施区域包括 10 个 5 连栋温室，每栋温室间距 5m，设施区域南北总长 270m，东西总宽 105m。假设传感器的监测半径 $R = 10\text{m}$，部署的节点数目 $N \geqslant N_{\min} = 10$，且均匀分布于监测区域当中，节点与节点之间的传输距离 d 在 10~150m 之间。假设室内无线传感器网络应用的被监测区域为一个 100m×100m (即边长 $M = 100\text{m}$) 的正方形平面区域，划分成 100×100 的网格，传感器节点可以部署在任一个网格中间，且网络中节点采用单跳同构网络，即下一层的节点直接将数据传输到上一层，中间不通过其他节点的转发。温室无线传感器网络层次优化的目标是低时延、低能耗和低成本。

2.1.1.3 温室无线传感器网络层次优化模型建立

根据评价目标、评价准则构造递阶层次结构模型。递阶层次结构模型一般分为 3 层：目标层、准则层和措施层。目标层为本书所要构建的无线传感器网络系统；准则层包括温室环境测控对无线传感器网络层的要求，即低时延，低能耗，低成本；措施层选择二层、三层以及四层无线传感器网络结构方案。

因此，无线传感器网络层次结构根据温室应用的环境和准则层各因素的要求，建立如图 2.2 所示的递阶层次结构模型。

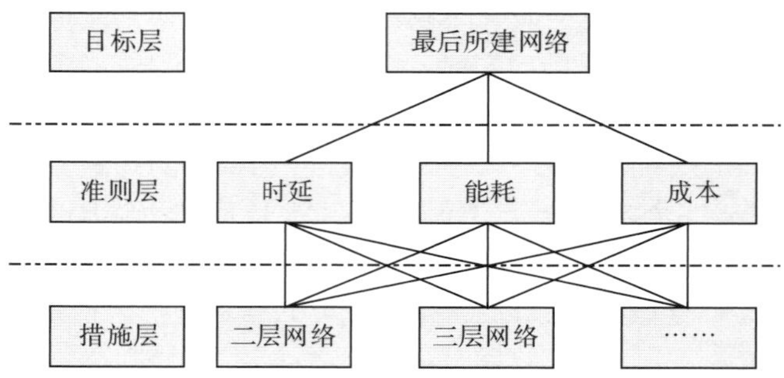

图 2.2 温室无线传感器网络的递阶层次结构模型

2.1.1.4 温室无线传感器网络层次优化过程

1. 构造目标层的判断矩阵

根据上述分析，应用两两比较法构造判断矩阵 (王应明，1995)，准则层选择时延、能耗、成本 3 个因素，采用两两比较法，需要进行 6 次比较，从而构造判断矩阵 (魏翠萍和章志敏，2000)。

对准则层的要素进行两两比较来确定判断矩阵 $\boldsymbol{A}$ 的元素，a_{ij} 要素 a_i 对 a_j 的相对重要性，其值是由决策者根据资料数据以及自己的经验、措施层中的属性和参数来确定。判断尺寸表示要素 a_i 对要素 a_j 的相对重要性的数量尺度，采用表 2.1 的判断尺度表，建立 n 阶判断矩阵 $\boldsymbol{A}(a_{ij})_{n\times n}$，$n$ 表示准则层中因素的个数。

$$\boldsymbol{A}=\begin{pmatrix} a_{11} & \cdots & a_{1n} \\ \vdots & \ddots & \vdots \\ a_{n1} & \cdots & a_{nn} \end{pmatrix}=(a_{ij})_{n\times n} \tag{2-1}$$

式中，$a_{ij}>0$；$a_{ij}=1/a_{ji}$；$a_{ii}=1$。

表 2.1 两两比较法的标度

标度	含义
1	表示两个因素相比，具有相同重要性
3	表示两个因素相比，前者比后者稍重要
5	表示两个因素相比，前者比后者明显重要
7	表示两个因素相比，前者比后者强烈重要
9	表示两个因素相比，前者比后者极端重要
2、4、6、8	表示上述相邻判断的中间值
倒数	若因素 i 与因素 j 的重要性之比为 a_{ij}，那么因素 j 与因素 i 重要性之比为 $a_{ji}=\dfrac{1}{a_{ij}}$

判断矩阵构造出来之后，则计算判断矩阵的特征向量 $\boldsymbol{w}$，然后进行归一化处理，即得到相对重要度。在构造判断矩阵时，一般要对矩阵进行一致性判断，以保证得出的结果有效，根据 AHP 的原理，可以利用 $\lambda_{\max}$ 与 n 之差检验一致性。

定义计算一致性指标为

$$\mathrm{CI}=\frac{\lambda_{\max}-n}{n-1} \tag{2-2}$$

式中，$\lambda_{\max}$ 为判断矩阵 $\boldsymbol{A}$ 的最大特征值。由下式求出 $\lambda_{\max}$：$\lambda_{\max}=\sum\limits_{i=1}^{n}\dfrac{[AW]_i}{nW_i}$，式中，$[AW]_i$ 为矩阵 $\boldsymbol{AW}$ 的第 i 个分量。定义一致性指标为：$C=\mathrm{CI}/\mathrm{RI}$，其中，RI 为随机性指标。对 $n=1,\cdots,9$，Saaty(1987) 给出 RI 的值，如表 2.2 所示。

表 2.2 平均随机一致性指标 RI

n	1	2	3	4	5	6	7	8	9
RI	0	0	0.58	0.90	1.12	1.24	1.32	1.41	1.45

一般情况下，当 $C<0.10$ 就认为判断矩阵具有一致性，据此计算的值是可以接受的；若不满足 $C<0.10$，则认为判断矩阵不符合一致性要求，需要专家重新按判断尺度表进行判断，建立判断矩阵，再进行相应计算，直到一致性检验获得通过。

在无线传感器网络信息传输中，比较时延和能耗对所要建立的信息传输高效网络的影响，时延相对能耗来说显得更为重要。对于要求数据能及时高效的传输到终端服务器时，底层传感器节点在获取数据后应该以最小的传输延时传送至服务器。然而对于无线传感器网络来说，传感器节点的能源受限问题也是不容忽视的，因此要使建立的网络能平稳安全的运行，就应该保证每个节点的生存期是合理的，不会因某些节点能量耗尽而很快就出现盲区。因此对建立信息高效传输网络来说，时延比能耗要明显重要，根据表 2.1 取 $a_{12}=5$。

比较时延和建网成本，组网的目标是要建立信息传输高效网络，传输高效是最重要的目标，只要成本不会大到建设这样的网络根本不存在实用价值都是可以接受的。因此，时延相比成本来说，建立信息高效传输网络是极端的重要，根据表 2.1 取 $a_{13}=8$。

比较能耗和成本，网络中节点的电池虽然通过替换电池得到补充，或者是开始就采用蓄电池等大容量的电源，但这样必然会增加网络的建设成本。然而要使所建立的无线传感器网络能平稳安全运行，有时候增加相应成本以获取更好的性能是可以的，因此能耗相比成本对建立信息高效传输传感器网络就显得比较重要，取 $a_{23}=4$。根据以上分析，得到网络层次模型的判断矩阵 $\boldsymbol{A}$ 为

$$\boldsymbol{A}=\begin{pmatrix} 1 & 5 & 8 \\ 1/5 & 1 & 4 \\ 1/8 & 1/4 & 1 \end{pmatrix} \tag{2-3}$$

2. 措施层对于准则层各因素的判断矩阵的建立

措施层的第一个矩阵是与时延相关的，不同的层次结构导致数据在传感器网络中的传输时延是不一样的，因此需要比较各个层次结构对时延影响的大小。假设无线传感器通信链路层采用 Zigbee 协议，那么对一定规模的网络，两层网络结构的时延无疑是最小的。因为在 Zigbee 网络中的每个节点信息传输有一定时间间隔，需要通过无线信号交互的方式重新组网，并在每一次将信息从一个节点发送到另一个节点时，需要扫描各种可能的路径，从而获得最优的传输路径。这些都需要占用大量的带宽资源，并增加数据传输的时延和节点的能耗。因此，随着网络节点数目的增加和中转次数增多，网络的时延也会增加。尽管 Zigbee 的射频传输速率是 250Kb/ps，但经过多次中转后的实际可用速率将大大降低，同时数据传输时延也将大大增加，因此根据以上分析可以得到如下的判断矩阵 $\boldsymbol{B}_1$：

$$\boldsymbol{B}_1=\begin{pmatrix} 1 & 8 & 3 \\ 1/8 & 1 & 1/5 \\ 1/3 & 5 & 1 \end{pmatrix} \tag{2-4}$$

措施层的第二个矩阵是与能耗相关的，不同层次结构导致的能耗也是不一样的。两层结构由于簇头节点与上位机是直接通信，能耗最大；三层网络因加入了基站节点，使得簇头节点只需与其距离近的基站节点通信即可，再由基站节点与距离较远的上位机通信，这样能有效减少能耗；对四层结构的网络，又加入一级簇头层，进一步减少了通信的平均距离，使能耗进一步降低。由此可得判断矩阵 $\boldsymbol{B}_2$：

$$\boldsymbol{B}_2=\begin{pmatrix} 1 & 1/6 & 1/7 \\ 6 & 1 & 1/3 \\ 7 & 3 & 1 \end{pmatrix} \tag{2-5}$$

措施层的第三个矩阵是与成本相关的，因为头节点担负转发接收和数据的任务，需要消耗更多的能量，因此头节点的增加意味着网络成本的上升。所以随着网络层次数的增加，其成本会随之增加。由于二层网络没有头节点的存在，因此其网络成本相对最低，三层或四层网络结构由于有了头节点的存在使成本增加，由此得到判断矩阵 $\boldsymbol{B}_3$：

$$\boldsymbol{B}_3 = \begin{pmatrix} 1 & 4 & 5 \\ 1/4 & 1 & 3 \\ 1/5 & 1/3 & 1 \end{pmatrix} \tag{2-6}$$

根据式 (2-2) 的一致性评价指标，矩阵 $\boldsymbol{A}$、$\boldsymbol{B}_1$、$\boldsymbol{B}_2$、$\boldsymbol{B}_3$ 的 C 值均小于 0.1，均通过一致性检验。

2.1.2 温室无线传感器网络层次优化仿真分析

2.1.2.1 温室无线传感器网络层次优化仿真

采用 MATLAB 对温室无线传感器网络结构优化进行仿真计算。先将构造出的目标矩阵 $\boldsymbol{A}$ 进行一致性检验，即求出 CR_1 的值，根据表 2.2 求取 RI 值，当 $n=3$ 时，$\mathrm{RI}=0.58$，得到 $\mathrm{CR}_1<0.1$，证明 $\boldsymbol{A}$ 矩阵通过一致性检验，符合要求。

计算出准则层中时延、能耗、成本 3 个因素的权重分别为 0.7334、0.1991、0.0675，记为向量 $\boldsymbol{W}_1=[0.7334\ 0.1991\ 0.0675]^{\mathrm{T}}$。换而言之，就是在 $\boldsymbol{A}$ 矩阵对应的时延、能耗及成本这 3 个因素中，时延是决策者考虑最多的因素，即在整个网络的建立中时延性能是网络最突出的性能评价指标。同样，如果网络中需要能耗是最低的，其他因素可以无需过多考虑，那就改变 $\boldsymbol{A}$ 矩阵，使得能耗因素的权值最大即可。然后用同样的方法检验矩阵 $\boldsymbol{B}_1$、$\boldsymbol{B}_2$ 和 $\boldsymbol{B}_3$ 的一致性，若通过一致性检验，则分别求出措施层中各因素对准则层中的时延、能耗、成本的单排序权值，最后求出总排序权值。其仿真程序流程图如图 2.3 所示。

2.1.2.2 优化仿真结果分析

经 MATLAB 计算，其准则层的总权值和各方案层相对准则层的权值大小如表 2.3 所示。从仿真结果可以得出：在考虑时延重要性 > 能耗重要性 > 成本重要性的情况下，所部署的网络系统，时延权重最大，也就是说网络系统中对时延的要求最高。在这个条件下，层次数 N 分别取 2，3，4 时，其总排序权值中当 $N=3$ 时权值最大，即网络节点分为一般节点、簇头节点和基站 3 层时，网络系统的各个性能最贴近决策者的意愿。因此适合室内中小规模的无线传感器网络系统节点应该分为：一般传感器 (执行器) 节点、动态或静态汇聚节点 (簇头节点)，以及基站等 3 个层次，其中一般传感器节点和簇头节点同属底层网络节点。

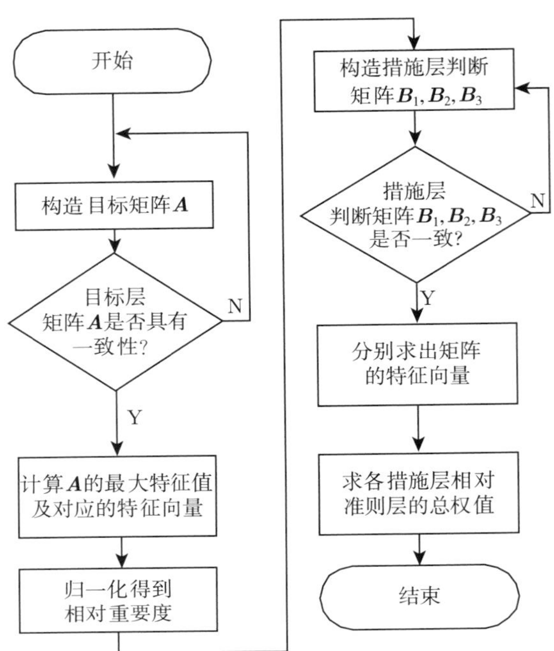

图 2.3　利用层次分析方法优化无线传感器网络层次仿真流程图

表 2.3　层次分析法计算结果

准则		时延	能耗	成本	总排序权值
准则层权值		0.7334	0.1991	0.0675	
措施层单排序权值	二层网络	0.0752	0.7418	0.1830	0.1140
	三层网络	0.0668	0.2926	0.6406	0.6175
	四层网络	0.6738	0.2255	0.1007	0.2685

2.1.3　温室三层次无线网络结构模型构建

根据前面对网络层次的优化以及网络中无线通信技术的选择，建立实时性好、成本低、工作稳定可靠的温室高、中、低 3 层次无线网络，优化结构模型如图 2.4 所示。温室三层次无线网络工作过程是：通过底层一般无线传感器节点采集环境信息，将数据通过 Zigbee 无线通信技术发送至底层的簇头节点，簇头节点接收数据并进行相应的处理后转发给基站节点，基站节点通过无线接收模块接收数据后通过 GSM、GPRS 或 4G 网络将数据无线远距离发送至监控上位机，并做出相应的处理，实现对温室环境整体协调的远距离无线控制。

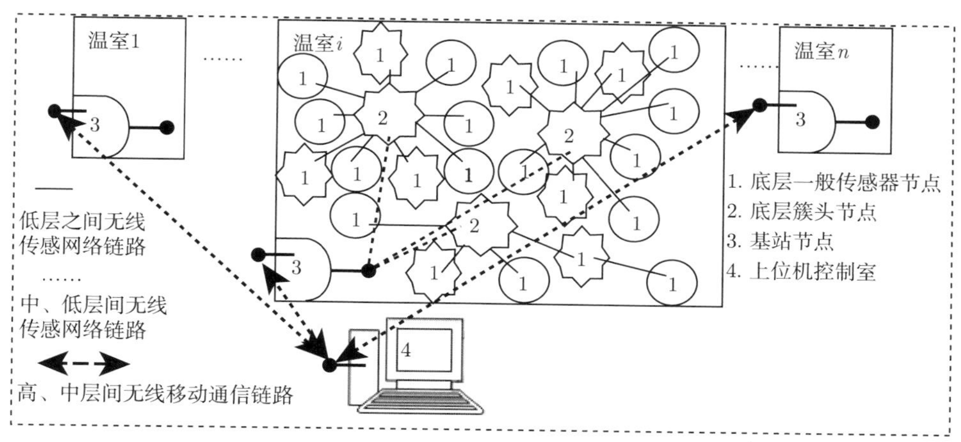

图 2.4 温室三层次无线网络结构模型

2.2 温室无线传感器网络簇头节点优化及选取

2.2.1 温室无线传感器网络底层簇头节点优化

网络结构的层次数一经确定，就应该从节点的分布入手，进一步研究节点的部署对时延，能耗及成本的影响。同样，在进行节点的部署时，基于分簇的思想，研究网络中簇头节点的数目，最终建立具有多个目标的网络，即低时延、低能耗和低成本等目标，并且采用改进的分簇协议进行簇头的选取。根据温室的要求，综合能耗和时延的权重，采用多目标优化方法计算合适的簇头节点数。

2.2.1.1 温室三层次无线网络底层簇头节点配置优化目标

通过综合应用无线传感器和无线移动网络，构建的温室三层次无线网络，有利于减少网络信息传输能耗和时延。其中，从成本角度考虑，中间层汇聚簇头节点数量相对较少，无线移动通信实时性强，因此网络在中间层和高层之间数据传输性能较高，中间层划分及其簇头节点配置对数据传输效率及实时性影响较小。而网络在中间层和底层之间数据传输性能受到底层无线传感器网络分簇算法及簇头节点配置影响较大。为此，下面结合连栋温室实际应用情况，以单个 5 连栋温室为一中间层，并假设传感器 (执行器) 节点分布均匀，研究低层无线传感器网络簇头节点配置层次分析优化方法，以提高网络在中间层内数据传输效率。簇头节点的个数在很大程度上决定着网络性能。本研究的网络要求低延时、低能耗，因此，在簇头节点的选择上受约于这两个因素。如果网络性能只考虑一个约束因素，比如能耗，那么网络的建立只需考虑能耗最小化即可。但本书所要建立的是同时兼顾时延和能耗两个目标的温室三层次无线网络，因此，采用层次分析优化方法，更换能耗和延时的权值，使建立的网络在能耗和延时方面同时取得最小。

2.2.1.2 簇头节点配置对网络信息传输时延、能耗影响分析

在一定空间范围内，配置的簇头节点数越少，单个簇空间范围越大，簇头节点与一般传感器节点之间距离越大，若采用单跳方式无线通信，根据 Manjeshwar 和 Agraual (2001) 与 Xu 等 (2003) 构建的能耗模型，能耗与距离 2 次方或者 4 次方成正比，能耗将急剧增加；若采用多跳方式低能耗无线通信，簇内节点之间无线通信次数增加，由于无线通信频段窄而排队等待时间增加，将导致数据传输时延增加。反之配置的簇头节点数越多，一般传感器节点与中间层簇头节点之间距离越小，同样由于频段窄，它们之间因排队等待时间的增加，将导致数据传输能耗和时延越大。因此，网络中存在最优簇头节点数，使得中间层内数据传输能耗和时延达到最优状态。另一方面，配置簇头节点位置越均匀，单个低层簇内传感器节点能耗越均匀，网络寿命越长，并且每个底层簇之间数据传输时延越均匀，整个网络系统数据传输时延越小。因此需要有合适的汇聚簇头节点选择方法 (Zhang et al., 2008a)。

无线传感器节点低功耗传输距离 d_0 取值为 20m，为了降低信息传输能耗和时延，单个簇最大区域规定在以簇头节点为圆心，半径为 d_0 的圆内，并以单跳方式通信。根据此规定，簇内单个成员节点能耗 $W_{\text{non-ch}}$ 和簇头节点的能耗 W_{ch} 分别为 (Heinzelman et al., 2000)

$$W_{\text{non-ch}} = L \times E_{\text{elec}} + L\varepsilon_{fs} \times d_1^2(J) \tag{2-7}$$

$$W_{\text{ch}} = L \times E_{\text{elec}} \times \left(\frac{N}{m} - 1\right) + W_f \times \frac{N}{m} + L \times \varepsilon_{\text{mp}} \times d_2^4(J) \tag{2-8}$$

式中，L 是数据包长度；E_{elec} 是传输和接收器线路的单数据包能量消耗；ε_{fs} 是低功耗传输能量消耗系数；d_1 是簇内成员节点到簇头节点的距离，$d_1 < d_0$，因此簇内成员节点能耗与 d_1 平方成正比；m 是低层汇聚簇头节点数；N 表示总节点数；W_f 是融合一个数据包所需能量；ε_{mp} 是非低功耗传输能量消耗系数；d_2 是簇头节点到中间层汇聚簇头节点的平均距离，一般 d_2 远大于 d_0，簇头节点的能耗与 d_2 的 4 次方成正比。

因此，单个簇消耗的能量为

$$W_{\text{ch}} + (N/m - 1) \times W_{\text{non-ch}}(J) \tag{2-9}$$

一个中间层总能耗为

$$W(m) = m \times (W_{\text{ch}} + (N/m - 1)W_{\text{non-ch}})(J) \tag{2-10}$$

采用分簇结构的好处为：一方面便于管理，另一方面可以减少信息传输时间。假设信息传输一次的时延为 T_0 (如 1ms)，不考虑通信排队造成的时延，不同的簇

内可以同时进行信息传输。根据分簇的数目 m，网络中间层内完成一次信息收集所需要的时间为

$$T(m) = T_0 \times (N/m + m) \tag{2-11}$$

最后建立网络底层簇头节点配置层次分析优化模型：假设节点的部署范围、数目和位置已知，优化的参数是无线传感器网络中簇头节点数 m，优化目标是无线数据传输能耗和时延。在建立起式 (2-11) 和式 (2-12) 后，应用多目标优化方法，可以建立网络低层汇聚簇头节点配置优化模型。

在优化过程中，由于 $W(m)$ 和 $T(m)$ 单位量纲不同，数量级不同，必须进行归一化处理，使得 $W(m)$ 和 $T(m)$ 值均在同一数量级下 (如均在 0~1 之间)，才能构造总体目标优化模型 (Heinzelman et al., 2002；2000)。这里由于能耗与延时相差 4 个数量级，所以构造如下总体目标优化模型

$$Z = 10^4 \times w_1 \times f_1(x) + w_2 \times f_2(x) \tag{2-12}$$

式中，$f_1(x) = W(m)$；$f_2(x) = T(m)$；w_1 和 w_2 是能耗和时延目标权重系数，均在 0~1 之间，且 $w_1 + w_2 = 1$。根据不同的应用环境和要求，调整目标权重系数 w_1、w_2 的值，能够得到不同权重条件下最佳低层汇聚簇头节点数 m，以及总体最优目标值 Z。

2.2.1.3 优化仿真及结果分析

以上得到的总体目标优化模型是非线性约束最小优化问题，然后采用 SQP 法求解非线性约束优化，通过 MATLAB 软件中 fmincon 函数实现。

对单个 5 连栋温室均匀部署 120 个低层传感器 (执行器) 节点，如图 2.5 所

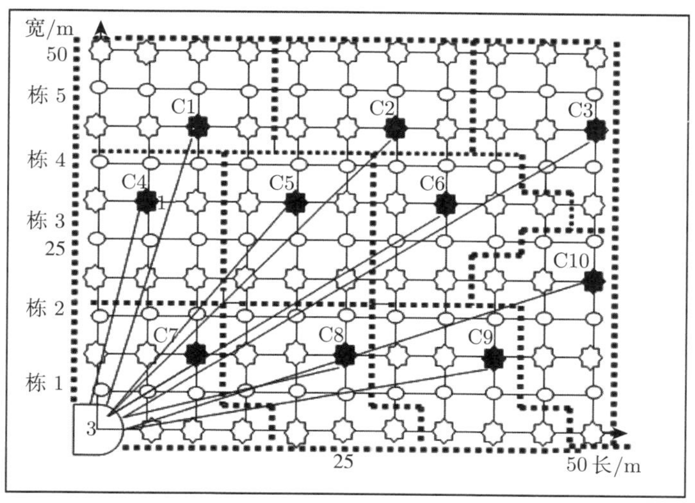

图 2.5 单个 5 连栋温室底层簇头节点及低层无线传感器网络节点分布图

示。优化参数设定 (Heinzelman et al., 2000)：信息传输时每个包长 25 字节，$E_{\mathrm{elec}} = 50\mathrm{pJ}$，$\varepsilon_{fs} = 10\mathrm{pJ}/包/\mathrm{m}^2$，$\varepsilon_{\mathrm{mp}} = 0.0013\mathrm{pJ}/包/\mathrm{m}^2$。簇头融合每个数据包所消耗的能量 $W_f = 5\mathrm{nJ}/包$。

目标权重系数 w_1 取 0.5 时，多目标优化结果如图 2.6 所示。从曲线中可以得到：在能耗和时延的目标权重相同时，网络内的最佳簇头节点数 (约 10) 介于能耗最低时的最佳簇头数 (约 5) 和时延最低时最佳簇头数 (约 11) 之间。

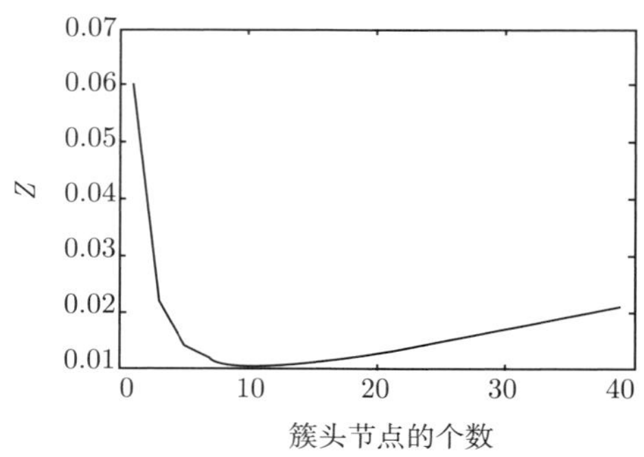

图 2.6 $w_1 = 0.5$ 时优化的簇头节点数

1. 目标权重 w_1 和 w_2 对最佳簇头节点数影响

在网络的不同应用场合，对目标时延和能耗的要求是不一样的。通过对 w_1 和 w_2 取不同的权值，得到在不同权值比下最佳簇头数目，如图 2.7 所示。由曲线可看出：在 $w_1 = 0.9$ 时，其优化的簇头数目为 7，与仅以能耗最小优化的值 5 接近；当目标能耗权值逐渐增大时，无线传感器网络中的簇头节点数逐渐减少，因为低层簇头节点与中间层汇聚簇头节点之间能耗大，对目标影响大，随着簇头节点数减少而减小；当目标时延权重逐渐增大时，簇头节点数逐渐增加，因为此时低层簇头节点与低层传感器节点之间时延大，对目标影响大，随着簇头节点数增加而减小。

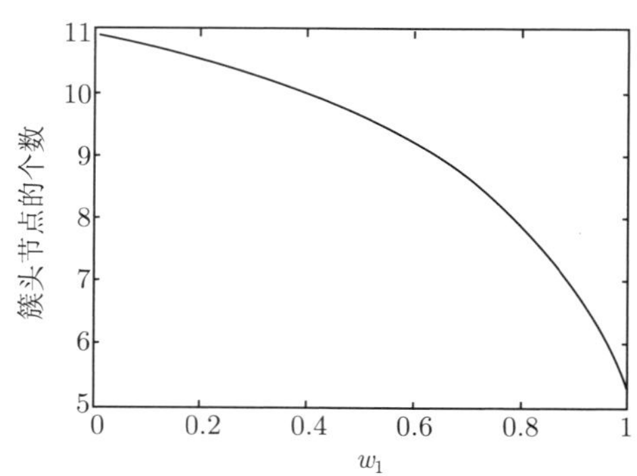

图 2.7 目标权重 w_1 对最佳簇头节点数影响

2. 在 $\boldsymbol{w_1}$ 和 $\boldsymbol{w_2}$ 一定情况下，总节点数对最佳簇头节点数影响

在一定的权值下 (如 $w_1 = 0.5$，$w_2 = 0.5$)，对不同的总节点数进行多目标优化，得到对应的最佳簇头节点数，如图 2.8 所示。由曲线可看出：总节点数越多，也就是节点密度越大，被分成的簇的数目就越多 (Zhang et al., 2008a)。

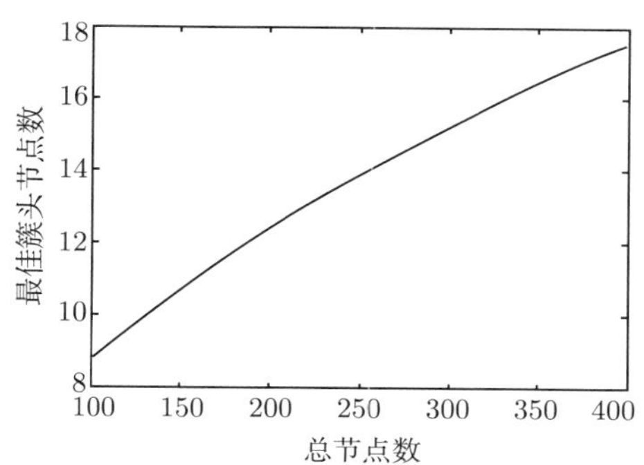

图 2.8 总节点数对最佳簇头节点数影响

2.2.2 温室无线传感器网络簇内簇头选取机制

无线传感器网络节点进行分簇后，怎样选取簇头节点是另一关键问题。本书所研究的温室无线传感器网络，底层传感节点的位置是已知的，传感器节点被安放在温室的固定预留位置上。由于簇头节点除了接收一般传感器节点发送过来的数据之外，还要负责将数据发送至基站节点。因此簇头节点的能耗明显要大于一般传感器节点的能耗，使得底层节点能量消耗不均，导致整个网络系统的使用寿命缩短，簇头的能耗决定网络的生存期。因此，簇内簇头节点的选取在很大程度上决定网络寿命，为了使传感器网络中各簇内节点能量消耗均匀，就必须考虑簇头节点的选取机制。

LEACH 协议提供一种随机选择簇头的方法，采用分布式算法来选择簇头节点 (孙利民，2005)。在每个回合的设置阶段，每个节点首先要根据之前的运行情况独立计算出一个在 0 到 1 之间的阈值 h (threshold)，然后节点再生成一个 0 到 1 之间的随机数 R (random)。若 $R < h$，则节点成为簇头节点，反之则成为非簇头节点的一般节点。但是由于簇头节点的选择是完全随机的，所以网络运行过程中有时会出现簇头节点分布不合理的情况，比如某区域簇头节点过于密集，这会导致节点能量不能得到有效的利用。还有可能强迫剩余能量少的节点成为簇头节点，从而导致节点过早失效 (Heinzelman et al., 2002；徐哲壮，2008)。而本书研究的温室无线传感器网络簇头节点要与其簇内成员节点和基站通信，能耗较大，需要轮换簇头节点，以均衡所有节点的能耗。

根据温室应用的规模，本书采用由江苏大学徐哲壮等 (2008) 提出的在 LEACH

协议的基础上进行改进的中等规模无线传感器的动态分簇协议 ACPM 协议，簇头节点选取协议 ACPM 具有以下特点：

(1) 完全分布式的簇头选择算法，算法简单，减少了节点运算时间，降低了时延和能量的消耗；

(2) 引入剩余能量的考虑，具有比 LEACH 更好的负载平衡，最大限度地提高网络的生存时间；

(3) ADV 报文的广播范围没有强制要求，可以根据具体情况自由设定，降低了节点最大通信距离的要求；

(4) 保证网络的连通性，不会出现“假死”节点。

在无线传感器网络中，第一个死亡节点 (first node dead，FND) 出现的时间是衡量网络寿命的一个重要参数。因此，为了提高网络性能，应该尽量推迟第一个死亡节点出现的时间。仿真以 NS-2 为平台，为与经典 LEACH 算法作比较，参照文献 (Heinzelman et al., 2002；陈静和张晓敏，2006)，对图 2.5 所示中间层 (包括 55 个传感器节点和 65 个执行器节点) 进行仿真，参数如下：每个数据包为 25 字节，并假定各节点总是有数据向中间层簇头节点发送。节点初始能量为 15J，执行器节点每轮补充 2J 能量，超过 20J，能量就不再增加。每轮临时分簇间隔周期定为 400s，每轮持续时间为 20s，采用式 (2-9) 和式 (2-10) 的能耗模型，经典 LEACH 分簇算法下仿真得到第一个死亡节点出现的时间为 2820s，按照改进的 LEACH 分簇算法及分簇优化结果，仿真得到第一个死亡节点出现的时间为 5750s，寿命得到提高，一方面得益于执行器节点每轮能量补充，另一方面是 LEACH 算法的改进及分簇优化。

按照式 (2-11) 仿真计算网络中间层完成一次信息收集所需要时间，经典 LEACH 算法下每个底层簇内传输时间不均衡，在 $8T_0$ 到 $24T_0$ 之间，底层簇传输时间需要按照最长时间计算，同时底层簇头与中间层簇头之间传输时间约 $10T_0$，中间层内完成一次信息收集所需要的时间约 $34T_0$，按照改进 LEACH 分簇算法及分簇优化结果，所需要的时间约 $22T_0$，降低了 35%。

2.3 温室无线传感器网络系统设计

2.3.1 设计概述

根据以上分析和计算，温室无线测控系统中节点按功能不同主要分为三类：底层的一般传感器节点、底层的簇头节点以及基站。其中，底层一般传感器节点主要完成周围环境相关数据的采集以及发送，簇头节点接收一般传感器节点发送的数据并进行处理，并将数据转发给基站节点。然后由基站节点通过无线移动网络或者以太网等传输到上位机，上位机负责把数据保存到数据库中，同时可以实时显示节点的工作状态和底层节点能耗情况。根据温室系统的设计要求，无线传感器网络中一般传感器节点由传感器数据采集、数据处理、无线数据通信和能量供应等部分组成。目前无线传感器网络簇头节点主要采用单一的短距离无线通信技术，研究主要集中在分簇方法和簇头选择算法，以改进簇和簇头的分布，提高网络负载均衡度，延长网络的生存时间。但对于应用位置偏远以及监控范围广的温室场合，仅有短距离无线通信功能的簇头节点往往导致信息传输效率低，不是传感器节点使用寿命短，就是信息传输时延大，不能满足低功耗、实时监测和快速处理要求。为此，通过构建低功耗、低时延、高效的室内三层次无线传感器网络系统，尝试综合应用短距离无线传感器网络通信技术、远程 GSM 网络技术及其内嵌 TCP/IP 协议，研制网络基站节点，实现无线传感器节点和远程管理计算机之间信息高效无线传输，弥补底层簇头节点不能远距离发送的缺陷。

2.3.2 底层传感器节点设计

由于底层的簇头节点是在所有底层传感器节点中选取，因此，底层一般传感器节点和簇头节点的硬件设计是一样的。温室无线传感器网络底层节点由传感器模块、处理器模块、无线通信模块和电源模块 4 部分组成，整个结构框图如图 2.9 所示。传感器模块主要完成对环境的感知和监测，获取信息；处理器模块完成对感知到的信息进行处理，主要是进行模数转换；无线电通信模块完成与其他节点之间的通信，如数据收发；电源模块主要是对节点提供电源，电源可以使用电池供电，也可以直接使用交流电供电，在实验过程中是采用电池供电的，所以节点的能量是有限的。

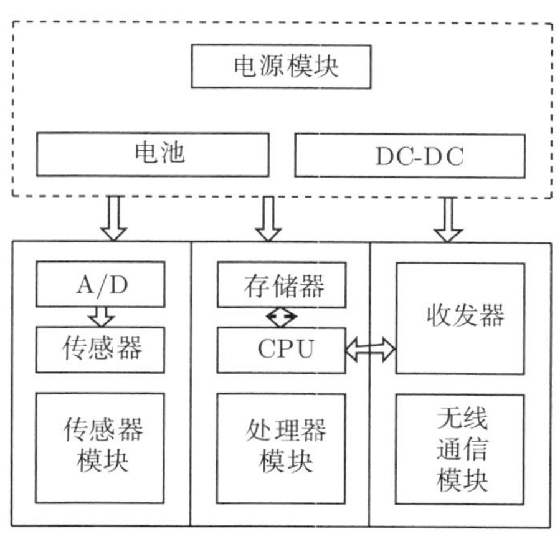

图 2.9 底层传感器节点结构框图

2.3.2.1 无线通信模块选择

本设计底层传感器节点通信模块采用基于 Zigbee 技术的 CC2430 无线传感器。CC2430 是符合 Zigbee 标准的 2.4GHz 片上系统 (System on Chip，SoC)，采用 0.18μm CMOS 工艺生产，能够满足以 Zigbee 为基础的 2.4GHz ISM 波段的低成本、低功耗应用要求，特别适合那些要求电池寿命非常长的应用。CC2430 包括一个高性能的 2.4GHz DSSS(直接序列扩频) 射频收发器以及增强型 8051 单片机，集成了 4 个振荡器，用于系统时钟和定时操作，同时还集成了 8KB 的静态 RAM 和最大 128KB 的 FLASH 存储器 (李文仲和段朝玉，2007)。为了更好地处理网络和应用操作的带宽，CC2430还集成了 IEEE802.15.4 PHY 层和 MAC 层协议。另外，CC2430 的 8 位 ADC 模块不仅可以采样 P0 端口引脚上的输入电压，还可以采样 AVDD_SoC 引脚上的电压，实现节点电池的剩余电量检测。CC2430 器件只需要很少的外围部件就能实现信号的收发功能。CC2430 应用电路图如图 2.10 所示。电路同时采用一个非平衡天线，若连接非平衡变压器可使天线性能更好。电路中的非平衡变压器由电容 $C6$ 和电感 $L1$，$L3$，$L4$ 以及一个 PCB 微波传输组成，整个电路结构满足 PF 输入/输出匹配电阻 (50Ω) 的要求。$R3$ 和 $R4$ 为偏置电阻，$R4$ 主要用来为 32MHz 晶振提供一个合适的工作电流。用 1 个 32MHz 的石英谐振器 (XTAL1) 和 2 个电容 ($C4$ 和 $C7$) 构成一个 32MHz 的晶振电路。电压调节器为所有要求 1.8V 电压的引脚和内部电源供电，$C3$ 和 $C5$ 电容是去耦电容，用于电源滤波，以提高器件工作的稳定性。

2.3.2.2 温度、湿度传感器模块设计

本设计采用集成化的片上系统 CC2430，采集室内环境的温度，温度传感器采用 TC77 型高精度、高分辨率数字传感器。它是 SPI 串行接口的温度传感器，特别适合低成本、小尺寸的应用。温度数据由内部温度敏感元件转换得到，随时都可以转化成 13 位的二进制补码数字。与 TC77 之间的通信通过 SPI 和 Micro-wire 可兼容接口完成。TC77 内有一个 ±12 位的 ADC，温度分辨率为 0.0625℃，并可以精确到 ±1℃，工作电流仅为 250μA。由于尺寸小，成本低，使用方便，TC77 一般用于多种系统中的温度管理。可以通过 SPI 接口和 CPU 相连接，其应用电路图如图 2.11 所示。

湿度传感器采用 IH3605 型湿度传感器，内部集成有信号调理电路，具有精度高、线性度好、互换性强及输出电压范围大等诸多优点，其独特的多层结构使之能抵抗湿气、尘埃和其他化学物质的侵蚀。IH3605 的输出电压是供电电压、当前温度的函数 (薛明军，2000)。IH3605 同样采用 SIP 封装形式，有 3 个引脚，其中 1 脚接地，2 脚输出与温度相对应的模拟电压，3 脚接电源电源电压升高，输出电压将成比例升高。在实际应用中，通过以下两个步骤可以计算出实际的相对湿度 (王韧，2003)。

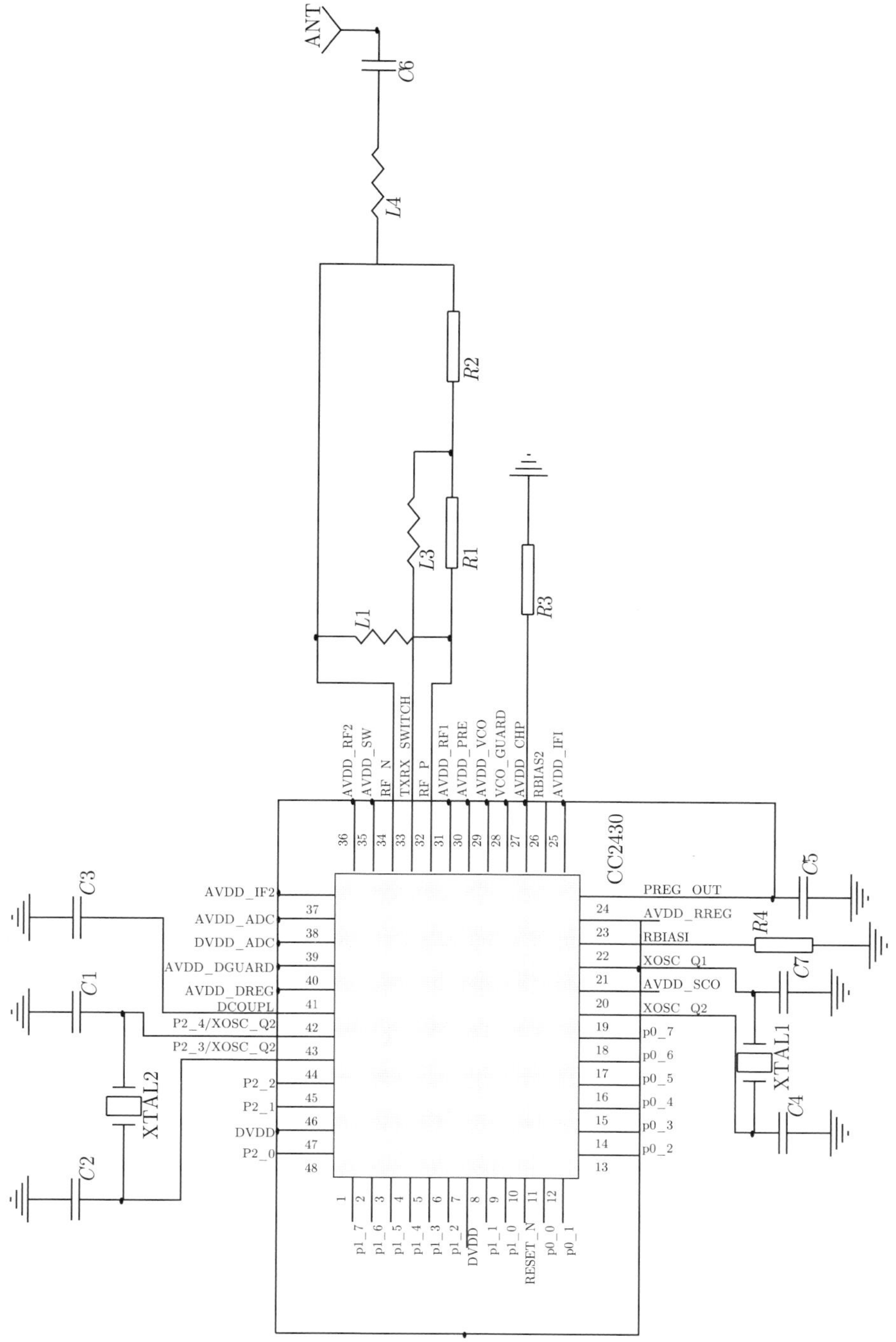

图 2.10 CC2430应用电路图

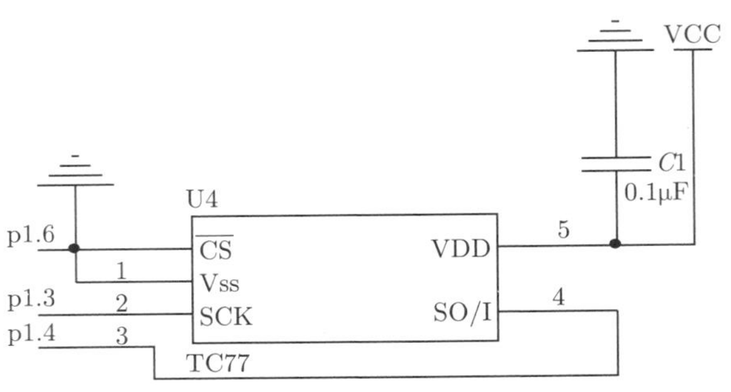

图 2.11　TC77 应用电路图

IH3605 在当前温度 T 下的实际湿度为

$$\mathrm{RH} = 1613 \times (U_{\mathrm{out}} - 800)/(52730 - 108T) \tag{2-13}$$

式中，U_{out} 单位为 mV；T 为当前实际温度值。IH3605 的应用非常简单，直接将 2 脚的输出接单片机的 A/D 转换即可。其应用电路图如图 2.12 所示。

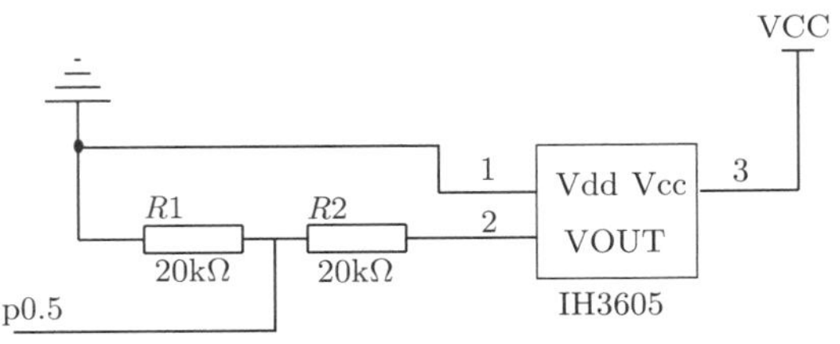

图 2.12　IH3605 应用电路图

2.3.2.3　电源管理模块设计

由于温室无线传感器节点的独立性以及实验环境的特殊性，所以大多只能采用电池供电。一般传感器节点电源电路如图 2.13 所示，POWER 为外接电源，电

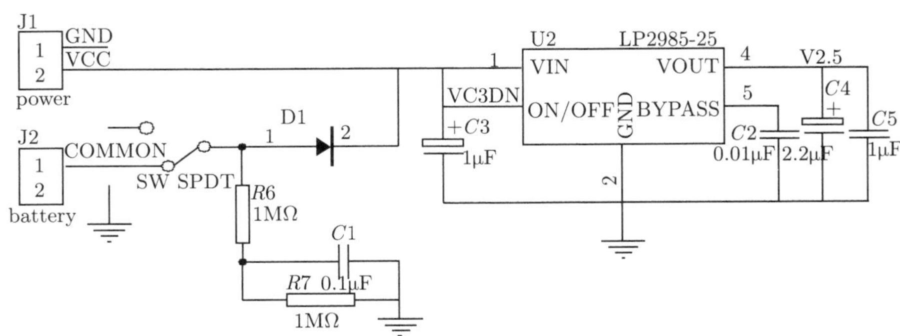

图 2.13　底层传感器节点电源电路图

压 7.5V，经 LP2985-25 稳压，输出电压为 2.5V，从而满足 CC2430 的正常工作，此时二极管 D1 反向截止，对电池电路无影响。如果 POWER 没有外接电源，电池电路则通过二极管 D1(正向导通)，向 LP2985-25 提供 3V 电压，同样稳压至 2.5V。因此节点可根据应用的场合选择五号干电池供电或者外接电源供电。

2.3.2.4 底层传感器节点软件设计

1. 无线收发数据格式设计

CC2430 无线收发器的数字高频部分采用直接序列扩频技术 (DSSS)，不仅能够与 802.15.4 短距离无线通信标准兼容，而且大大提高了无线通信的可靠性。直接序列扩频是直接利用具有相同的伪随机噪声 (PN) 码，采用各种调制方式在发射端扩展信号的频谱；在接收端利用相同的 PN 码进行解码，将展宽的扩频信号还原成原始信号，即就是将信源与一定的 PN 码进行模二加。例如，在发射端，将 “1” 用 11000100110 表示，而将 “0” 用 00110010110 表示，这个过程就是实现了扩频；而在接收端，只要将接收到的序列 11000100110 还原成 “1”，将 00110010110 还原成 “0”，就完成解扩。这样信源的速率就提高 11 倍，同时使处理增益达到 10dB 以上，从而提高整机信噪比。图 2.14 为直接序列扩频系统的原理框图。

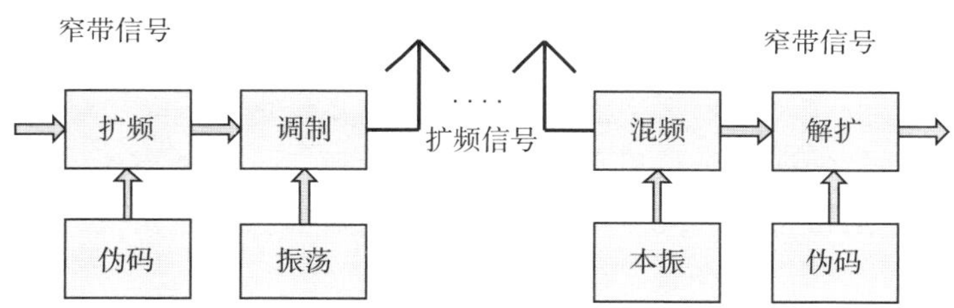

图 2.14 直接序列扩频系统的原理框图

CC2430 通信模块采用的 Zigbee 技术定义了 MAC 层以及物理层的通信数据格式，其中物理层的数据格式前加上物理头以及同步头两部分组成。表 2.4 给出了帧控制 (FCF) 的详细数据构成。序列码由软件配置而成，不支持硬件设置。

表 2.4 帧控制 (FCF) 格式

位序	0-2	3	4	5	6	7-9	10-11	12-13	14-15
标识	帧类型	安全允许控制	未处理数据标记	请求确认	PAN 内部标记	保留	目的地址模式	保留	源地址

在发送模式中，RFSTATUS.FIFO 位与 RFSTATUS.FIFOP 位仅与 RXFIFO 相关，当 SFD 完整发送后，RFIF.IRQ_SFD 中断标志置为高，同时产生 RF 中断。当发送 MP_DU(MAC 协议数据单元) 后或检测到下溢发生时，RFIF.IRQ_SFD 中断标志置为低。MAC 层的数据格式包括 MAC 头，MAC 载荷以及 MFR 三大部

分，其中 MAC 头由帧控制 (FCF)、序列码和寻址信息组成。

2. 底层传感器节点主程序设计

在底层无线传感器网络中，节点分为一般传感器节点和簇头节点，根据 2.2.2 节中簇头的簇头选取机制，节点要么成为簇头节点，要么成为非簇头节点，即一般传感器节点。一般传感器节点中传感器部分负责采集数据，数据发送则由无线通信部分完成。一般传感器节点进行数据发送时，根据网络启动数据传输模式的不同，通常可以简单地把无线传感器网络数据发送模式分为主动型 (proactive) 和响应型 (reactive) 两类 (Manjeshwar and Agrawal，2001)，主动型无线传感器网络持续监测被测区域，并以恒定速率定时发送监测数据；而响应型无线传感器网络只是在被监测对象发生突变时 (事件发生) 才传送监测数据，这种机制也被称为启发机制或事件驱动机制 (event-driven)。当节点判断完自己成为一般节点之后，则选择数据发送模式，若为主动型工作方式，采用定时方式发送数据，当定时到达时，节点自动唤醒，并初始化所有器件，然后采集数据并发送。但是此种发送方式不能及时发送异常数据，也就是说当定时没有到时，若被控区域内环境参数发生异常，数据不能及时被采集并发送至上位机。因此，为了提高系统的实时性，软件采用主动型和响应型这两种方式相结合的发送方式，节点通信部分先进入休眠状态，当定时到时，节点按正常的发送模式，如果定时没有到时，节点采集数据，若采集到的数据发生异常情况，则节点初始化唤醒发送模块，与簇头节点建立网络进行数据发送并进行异常数据的相关处理。这样就提高了网络系统的实时性，使得环境在突变时也能及时将数据发送至上位机。在定时发送中还应注意节点时间的同步，每次发送完一次数据后进行时间同步调整。底层传感器节点功能实现的软件流程图如图 2.15 所示。

3. 温、湿度传感器信息采集子程序设计

传感器 TC77 读取程序比较简单，就是一个普通的 SPI 读数据的程序，可一次性直接把 TC77 的数据全部读出来。TC77 用 13 位二进制补码形式代表温度，从高位到低位，其中前 9 位表示整数部分，后 3 位表示小数部分，最低有效位 (LSB) 等于 0.0625℃。所以 TC77 的输出的数据转换如表 2.5 所示。

IH3605 的电压输出电压 U_{out} 是供电电压 U_{DC}、湿度 RH 及温度 T 的函数，在实际应用中可以通过以下两个步骤计算实际的相对湿度值。首先根据式 (2-14)，计算出 25℃ 时的相对湿度值 RH_0

$$U_{\mathrm{out}} = U_{\mathrm{DC}}(0.0062\mathrm{RH}_0 + 0.16) \tag{2-14}$$

式中，U_{out} 为 IH3605 的电压输出值；U_{DC} 为 IH3605 的供电电压值；RH_0 为 25℃ 时的相对湿度值。

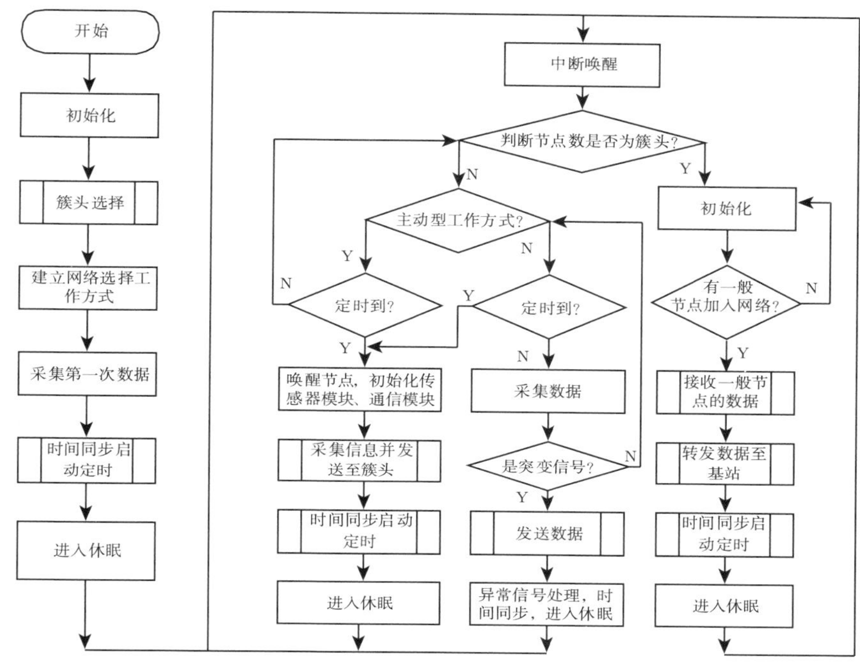

图 2.15 底层传感器节点主程序流程图

表 2.5 TC77 输出数据格式

温度/℃	二进制 (MSB/LSB)	十六进制
+125	0011 1110 1000 0111	3E 87H
+25	0000 1100 1000 0111	0B 87H
+0.0625	0000 0000 0000 1111	00 0FH
0	0000 0000 0000 0111	00 07H
−0.0625	1111 1111 1111 1111	FF FFH
−25	1111 0011 1000 0111	F3 87H
−55	1110 0100 1000 0111	E4 87H

进行温度补偿，计算出当前温度下的实际相对湿度值。

$$\mathrm{RH} = \mathrm{RH}_0/(1.0546 - 0.00216T) \tag{2-15}$$

式中，RH 为实际的相对湿度值；T 为当前的温度值，单位为 ℃。IH3605 的输出电压与相对湿度、温度的关系曲线如图 2.16 所示。

本设计根据 25℃ 时的曲线进行相对湿度计算，湿度传感器 IH3605 的软件部分只需将采集的模拟量在 CC2430 处理器上进行 A/D 转换，将得到的 U_{out} 结合电源电压值 U_{DC}，利用式 (2-15) 计算出 RH_0；利用 RH_0 和当前的温度值 T 计算出实际的相对湿度值 RH。底层一般传感器节点 CC2430 使用无线发送子程序设计。

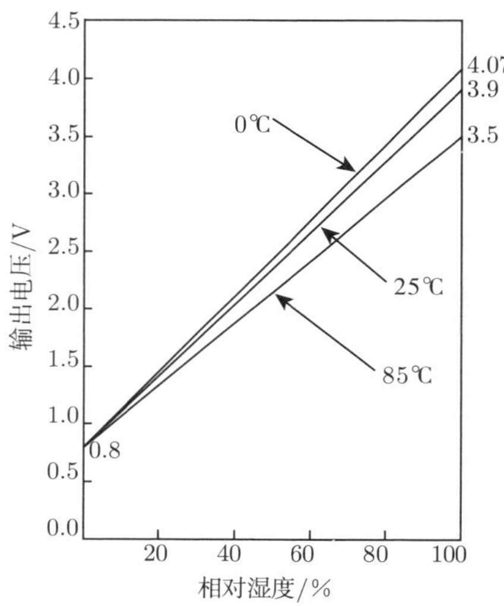

图 2.16　IH3605 输出电压与温湿度关系曲线

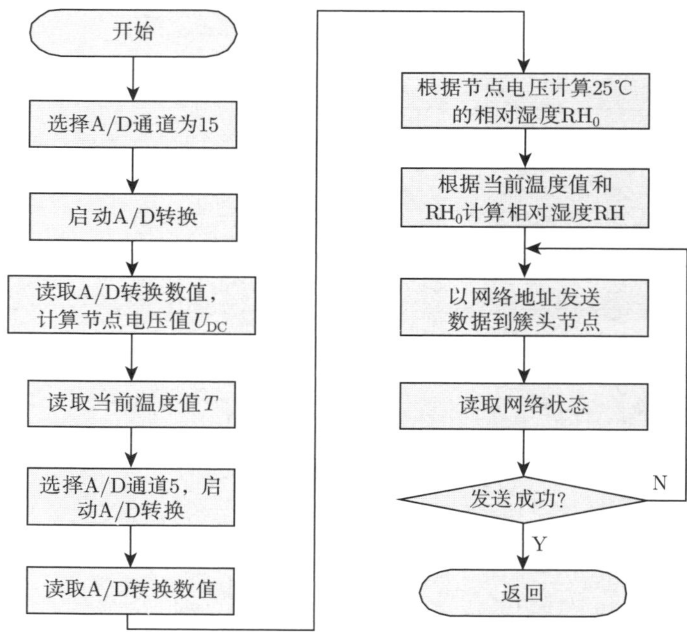

图 2.17　底层一般传感器节点数据采集和发送子程序流程图

底层传感器节点进行数据发送前，首先驱动传感器模块进行数据采集，分别读取温湿度值以及节点电压值并进行相应的数据处理，然后初始化 Zigbee 协议栈并发送加入网络信号给簇头节点，如果加入网络成功，传感器节点调用 SendData 函数发送温湿度值和节点电压值给簇头节点，数据发送完毕后，进入休眠状态，等待下一次被定时器唤醒。由于节点全部采用基于 Zigbee 技术的 CC2430，簇头节点接收数据的原理跟基站节点接收模块接收数据的原理一样，后面将会详细介绍基站接收模块的接收程序，这里不再赘述。簇头节点发送原理与一般传感器节点发送数据的原理相同。传感器节点发送数据子程序流程图如图 2.17 所示。

2.3.3 基站节点设计

基站节点是整个无线传感器网络系统的关键，其硬件包括无线移动通信模块 31(GPRS Modern 模块)、无线 Zigbee 模块 32(CC2430 模块) 和电源 33 三部分组成。无线 Zigbee 模块 32 与无线移动通信模块 31 通过 RS-232 串行口连接。电源 33 采用蓄电池，电池能量较强。本基站节点既具有无线传感器网络通信功能，与底层簇头近距离无线通信，又具有无线移动通信功能，与控制室管理服务器进行远距离无线通信。控制室管理服务器对整个温室群进行计算机监控和管理。其硬件结构如图 2.18 所示。

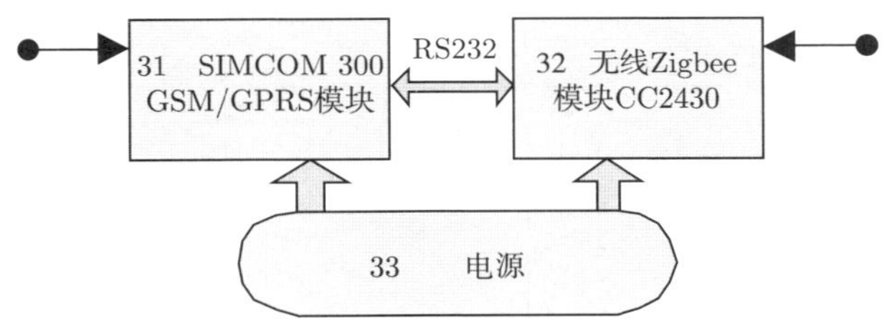

图 2.18 基站节点硬件组成

2.3.3.1 GPRS 模块选择

GPRS 是通用分组无线业务 (general packet radio service) 的简称，它突破了 GSM 网络只能提供电路交换的思维方式，只通过增加相应的功能实体和对现有的基站系统进行部分改造来实现分组交换。这种改造的投入相对来说并不大，但得到的用户数据速率却相当可观，使用者既可联机上网，参加视讯会议等互动传播，而且在同一个视讯网络上 (VRN) 的使用者，甚至可以无需通过拨号上网，而持续与网络连接 (钟章队，2001)。这项全新技术可以在任何时间、任何地点都能快速方便地实现连接，同时费用又很合理。

本设计采用的 GPRS 模块是 SIMCOM300，此模块成本较低，并提供了一个成熟的开发平台。

(1) 高精度的模拟量采集。通过采用 24 位 A/D 转换器对 24 位模拟量进行数据采集，且有 8 个模拟量输入通道。

(2) 电压和电流均可采集 (电压采集范围为 DC 0~5V，电流采集范围为 0~20mA)；拥有 1M 字节不掉电数据保存空间：通过采用大容量的 SRAM 和辅助相关的掉电保护电路，使其具有 1M 字节的数据存储空间，并且能够保证在外界断电 3 个月的时间下，存储器保存的数据不丢失，主要用于存储采集到的模拟量和开关量数据 (按照采集器的当前时间进行存储)。

(3) 具有 4 路开关量输入和 4 路开关量输出功能。用户通过该功能可以对现场的开关状态进行采集；可以控制现场的某些设备开启与停止，方便用户进行远程开关量的采集和控制。

(4) 本模块还具有通过移动电话 (手机) 短信下载通信参数功能，例如通信中用到的 IP 地址等；有透明数据传输功能：用户通过远程服务器传输一条协议给模块，模块会不加解释地将协议传给它本身的 RS485 接口或 RS232 接口，这样挂接在模块的 RS485 接口或 RS232 接口的设备根据用户的协议返回相应的数据，无线模块会将设备返回的数据通过无线网络再上传给远程服务器。GPRS 模块的功能框图如图 2.19 所示。

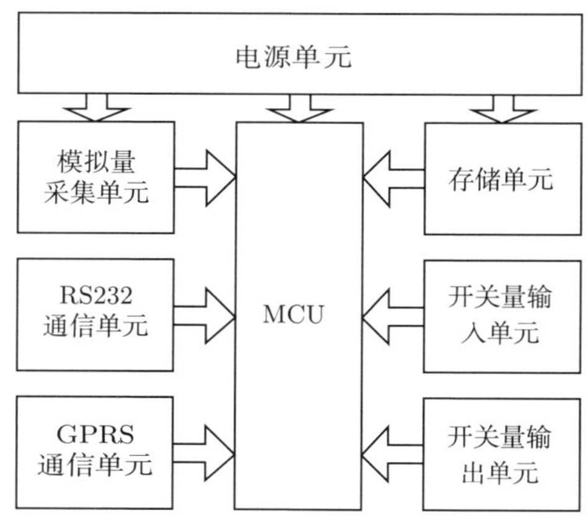

图 2.19 GPRS 模块功能框图

作为一个 Modem，其数据传输并不是一种类似于 DTU 的透明传输。所谓透明传输，就是从串行口进入的数据，不进行任何判别和操作，建立一个 TCP/IP 连接，直接通过第三方网络传输到一个固定的域名或者 IP 地址，同样的，从一个固定的域名或者 IP 地址发回来的数据也就直接通过串行口送出。这个 Modem 的设置工作方式和数据传输是通过 AT 指令进行控制的，虽然看上去麻烦一点，但是这样运用起来更加符合要求。

2.3.3.2 GPRS 模块电源电路

GPRS 在发送数据时会突然消耗很大电流，电流峰值有时可能达到 1A 左右，因此一般 GPRS 模块的电源要求为输出电压 3.7V，最大电流为 2~3A，且响应速度快。LM2576 可以提供最大电流为 3A，而且响应时间大约几十个微秒，可以完全满足本设计需求。同时为了满足电源对负载需要突然大电流的支持，在电路设计中选择更大容量的电容作为输出电容，在电源输出端并联一只 470μF 的电解电容，可以满足电流跳变要求。GPRS 模块电源电路图如图 2.20 所示。

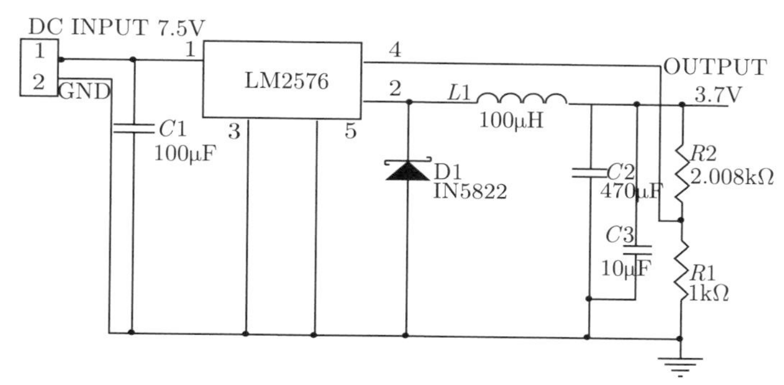

图 2.20 GPRS 模块电源电路

2.3.3.3 基站节点软件设计

1. 基站节点接收数据以及 GPRS 模块发送数据格式

基站节点中的接收模块同样采用 CC2430 无线通信模块，在接收模式中，当开始帧分隔符被接收到后，中断标志 RFIF.IRQ_SFD 置为高，同时产生射频中断。如果地址识别禁止或者成功，仅当 MPDU 的最后一个字节接收到后，RFSTATUS.SFD 置为低。当接收到一个新的数据包时，RFSTATUS.FIFOP 位置为高。只要有一个字节从 RXFIFO 读出时，RFSTATUS.FIFO 位就将置为低。其次，GPRS 模块接收基站节点无线接收模块的数据类型有：数据包的网络地址，即数据包是从哪个节点发送过来；节点采集的温度值和湿度值；以及节点发送完数据包的剩余能量。其数据包接收格式如表 2.6 所示。

表 2.6 GPRS 模块发送数据包格式

数据类型	ADDR(地址)	TEMP(温度)	HUMI(湿度)	POWE(电压)	(数据包结束符)
字节数	4	4	4	4	1

2. 基站节点主程序设计

基站节点除了接收底层簇头节点发送过来的数据外，还要负责将数据通过 GPRS 模块发送至上位机，这一部分同样由 CC2430 内嵌单片机来进行控制。当簇头节点有数据发送时，主程序首先开始初始化 Zigbee 协议以及通信模块，并进行网络格式化；当有数据要接收时启动数据接收模块，基站节点接收底层簇头节点发送来的数据，并将数据保存至字符数组，然后 CC2430 内嵌的单片机控制 GPRS 模块将字符数组中的数据通过无线移动网络远距离发送至上位机。GPRS 模块的控制是通过发送 AT 指令来完成的。发送完数据以后，基站节点进入休眠状态，直到 RF 模块接收到数据或簇头节点加入信息产生中断，才会被唤醒。基站节点的主控制程序流程图如图 2.21 所示。

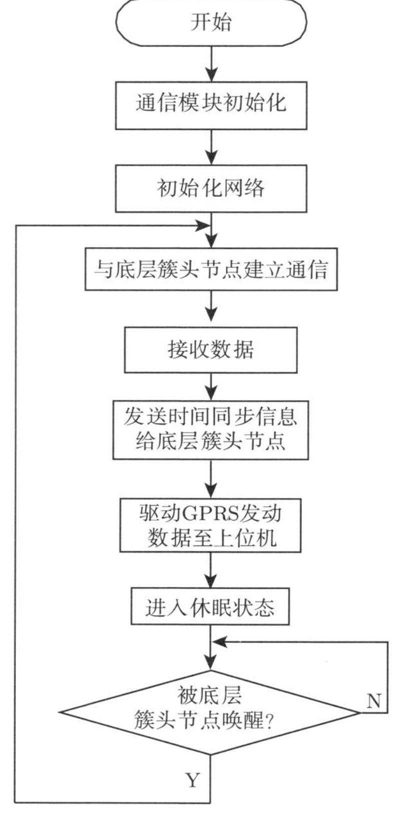

图 2.21　基站节点主程序框图

3. 基站节点 CC2430 无线模块接收数据子程序设计

同底层一般传感器的簇头节点一样，基站节点接收模块 CC2430 在接收数据之前先初始化通信模块，然后初始化一个新的网络，网络处于监控状态，当有簇头节点加入网络时，簇头节点即对此节点分配网络地址，同时该簇头节点就正式加入到该 Zigbee 网络中。当有数据发送过来时，基站节点的接收模块接收数据，并提取数据，由于簇头节点发送的数据为二进制，因此需要将数据进行格式转化，转化成字符格式便于上位机程序直接读取，转化完之后在不同类型的数据间加入分隔符以及结束符以便区分数据。基站节点接收数据子程序流程图如图 2.22 所示。

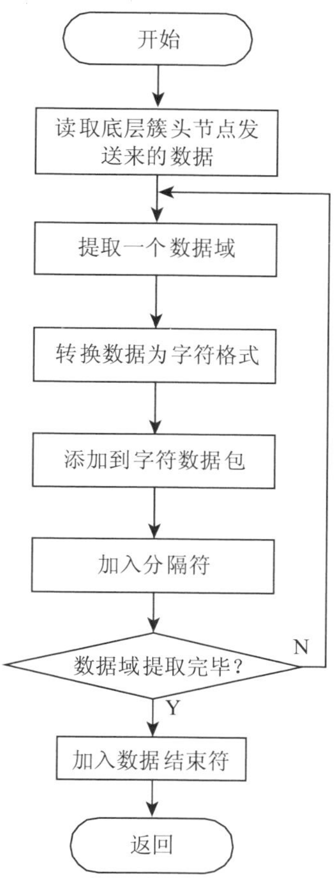

图 2.22 基站节点接收数据子程序软件流程图

4. GPRS 模块无线发送子程序设计

基站节点功能实现的另一重点在于解决基站节点与 GPRS 模块之间的通信问题以及用单片机控制 GPRS 模块，使得 GPRS 模块登录 GPRS 网络实现无线数据传输，同时摆脱 GPRS 模块依靠计算机进行控制的约束。基于 Zigbee 技术的 CC2430 无线接收模块将接收到的数据通过 RS232 传至 GPRS 模块，GPRS 模块直接从 SBUF 寄存器内读取数据，只需将串口进行设置和初始化。本书所使用的 GPRS 模块 SIM300 支持 AT 指令。该方案将单片机与 GPRS 模块结合起来，在单片机上实现 PPP 协议和简化的 TCP/IP 协议，并用单片机对 GPRS 模块初始化，驱动 GPRS 模块上网，将数据以无线的方式发送出去。

系统实现的技术关键是如何使用单片机驱动 GPRS 模块登录到 GPRS 网络，并且获得移动分配的 IP 地址。GPRS 模块上电后，使用 AT 指令进行配置，在通过 GPRS 模块上网之前要进行两步工作：

(1) GPRS 附着，把移动终端的信息登录至 SGSN (service GPRS support node)。

(2) PDP (packet data protocol) 上下文激活，激活 IP 协议。

协商完成后进入 IP 数据报通信阶段。此时，单片机向 SGSN 发送的所有包含 IP 报文的 PPP 报文都会被传送给 Internet 中相应的 IP 地址；而远端所有向单片机 IP 地址发送的报文也都会经 GPRS 网传送到单片机上，从而完成单片机与远程主机通过互联网的数据传输。主要的 GPRS 模块设置包括：设置波特率，AT+IPR=9600；波特率设置为 9600b/s；定义 PDP 上下文，AT+CGDCONT=1，“IP”，“CMNET”，其中 GPRS 模块的 SIM 卡需开通.NET 服务才能进行数据传输。一般的 SIM 卡开通的是 WAP 服务。

GPRS 模块在进行数据发送前要先对 GPRS 模块进行初始化以及相应的设置，GPRS 模块接入 Internet 网络同样是采用 AT 指令控制完成的，当成功接入到 GSM 网络后，模块返回 “CONNECT OK”。然后向模块发送 “AT+CIPSEND” 命令，模块返回 “>” 后，向 GPRS 模块发送簇头节点接收到的数据，并以 “CTRL+Z” 结束，数据便自动经 GSM 发送至另外 GPRS 模块或者终端服务器。单片机控制 GPRS 模块远程数据发送子程序流程图如图 2.23 所示。

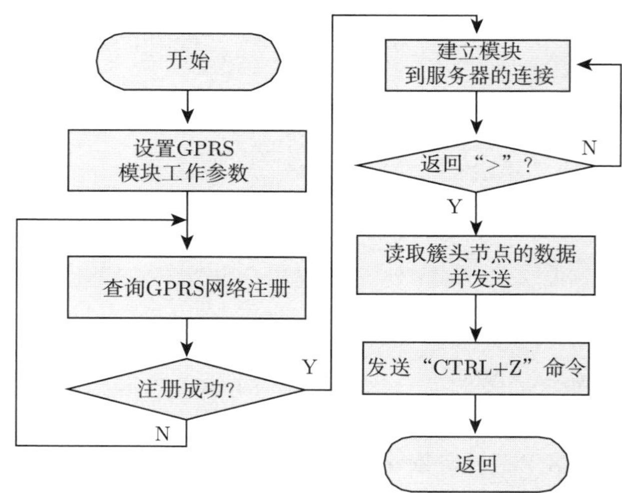

图 2.23　单片机控制 GPRS 模块软件流程图

2.4 网络系统运行试验及结果分析

上面章节已经对系统中的底层一般传感器节点和簇头节点以及基站节点的软硬件设计进行详细介绍。下面通过试验对底层传感器节点和基站节点构成的网络系统进行验证，包括节点的软件编译和程序的加载过程，以及底层传感器节点和基站节点的硬件调试的过程和试验结果分析。

2.4.1 节点软件编译

本系统中底层传感器节点和基站节点的软件都采用 C 语言进行编写，在 IAR Embedded Workbench for MSC-51 7.20C 集成环境下进行编译，并根据节点的功能不同，选择编译成 COORD 功能或者 RFD 节点功能。排除各种语法和逻辑错误，编译生成目标文件。编译环境如图 2.24 所示。

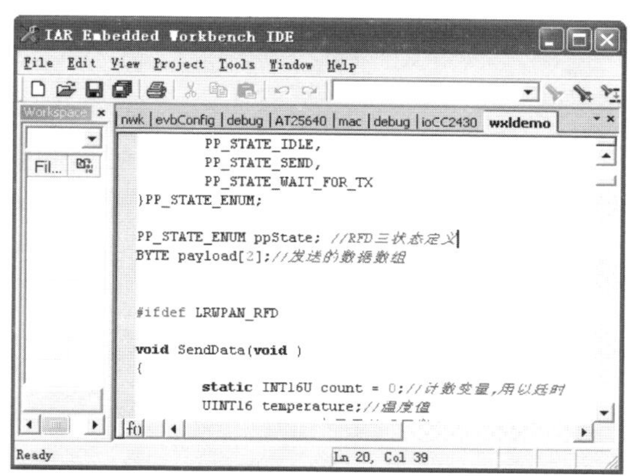

图 2.24 集成编译环境

程序编译成功以后就可以加载到 CC2430 模块中。本系统采用成都无线龙通讯公司的 C51RF-3 专用 JTAG 仿真器。将一般传感器节点 CC2430 模块通过仿真电缆连接到 C51RF-3 仿真器，使用 PC 机上运行的无线龙通讯公司配套的工具软件，直接下载 “.HEX” 文件到 CC2430 模块的 EEPROM 中，程序下载成功后，还可以使用仿真器进行在线调试。如果传感器节点上的指示灯亮，则表示程序下载成功，否则将仿真器复位，重新下载。

2.4.2 硬件调试

通过对网络层次的优化、网络节点的部署以及硬件的设计，可以将网络建立起来并进行试验检测。基于 Zigbee 技术的底层一般传感器节点 CC2430 将采集实验室不同条件下的温湿度值以无线射频的方式发送至簇头节点，同时向簇头节点发送一般传感器节点的剩余能量值。注意一般传感器节点要先编号，然后簇头节点将接收到的数据转发至基站节点，基站节点的无线接收模块接收数据，再通过 GPRS 模块 1 将簇头节点发送过来的温湿度值和剩余能量值通过移动无线网络发送至 GPRS 模块 2，与 GPRS 模块 2 相连的上位机通过串口控制 GPRS 模块 2 读取数据，并在上位机软件界面上直观显示。试验中系统硬件框图如图 2.25 所示。

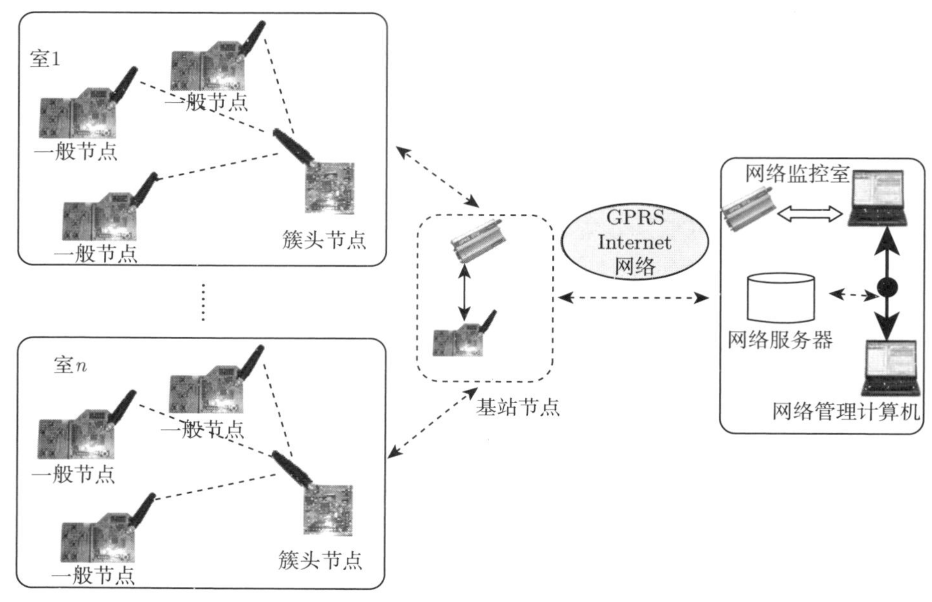

图 2.25 试验中系统硬件框图

在实际的应用中，系统发送数据可以采用主动型和响应型两种发送模式相结合的方式进行数据发送。为了尽量降低能耗，簇头节点采用轮询机制，簇头节点平时处于休眠状态，采用定时唤醒模式，即每隔一定时间唤醒节点，进行一次数据采集和发送，当唤醒时间没到时，一般节点采集到数据，与阈值进行比较。若信号不正常，则向簇头节点发送数据，并再次进入休眠状态。这种机制提高了网络系统的实时性。基站节点平时处于休眠模式，当基站节点被唤醒后接收数据，通过无线移动网络发送至上位机，并再次进入休眠状态。为了在短时间内测得系统的能耗情况，一般传感器节点每隔 5min 采集一次数据，定时启动一般传感器节点并唤醒簇头节点。系统运行选取实验室进行验证，网络系统实物照片如图 2.26 所示。其中，①是底层一般传感器节点，采集被监控区域内的物理量；②是簇头节点，接收一般传感器节点发送的数据；③是基站节点；④是 GPRS 模块；⑤为上位机监控室。底层一般传感器节点①有 4 个，簇头节点②有 1 个，基站节点③ 1 个。试验中节点电源全部采用普通 5 号电池供电。

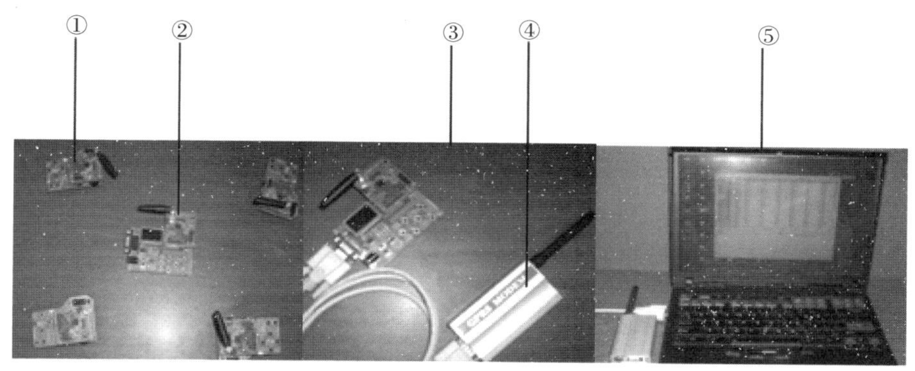

① 底层一般传感器节点， ② 底层簇头节点， ③ 基站节点， ④ GPRS模块， ⑤ 上位机

图 2.26 网络系统实物照片

2.4.3 系统运行试验及结果分析

上位机软件采用 VC++6.0 进行编写，实时显示底层一般传感器节点采集到的温度值、湿度值和传感器节点的剩余能量，用户可以随时查看某一时刻某一节点的数据。为了方便对节点能耗进行估计，本试验不设置阈值，并对一般传感器节点每隔 5min 唤醒一次进行数据采集并直接发送。根据显示的数据可以看出，一般传感器节点第一次发送数据时，2 节 5 号电池的满量程供电电压为 3.29V，在发送完第 48 次数据时电压减少 0.01V，此时节点处于休眠的时间共 240min，数据发送的时间约 0.043ms，按照电池电压降低到 2V (CC2430 正常工作电压最低值) 进行线性估算，节点使用时间约 22d。这与采用蓝牙 (使用时间 1~7d) 和 WIMAX (使用时间 0.5~5d) 无线通信技术相比 (Rentala et al., 2001)，使用时间长 2 倍以上，具有明显的节能优势。随着间隔时间的加长，能耗则减小，电池使用时间将越长。而且当一般传感器节点采用响应型模式工作时，最小的发送间隔为 5min，当环境参数变化不大时，发送间隔会加长为 5min 的整数倍，即 10min、15min，甚至 60min。这将大大降低节点的功耗，从而延长电池的使用寿命。上位机软件运行界面如图 2.27 所示。

同时，簇头节点可以采用 WAP 网络进行数据传输，簇头节点上的 GPRS 模块直接登录 WAP 网络，与具有公网 IP 地址的服务器连接，服务器上运行相应的端口检测软件，一旦簇头节点与服务器连接，数据则通过簇头节点的 GPRS 模块无线发送至服务器，服务器上同样可以看到簇头节点发送过来的数据。在实际运行中，CC2430 可以采用信息激活方式和休眠时间较长的休眠定时方式相结合方法采集传感器信息，当温度出现异常情况时 (如变化超过 2℃)，传感器节点激活无线传输功能，把数据发送给簇头节点；在规定的休眠结束时间段，采集、传输一次数据信息。这样既提高了系统信息采集、响应处理的快速性，又降低了系统功耗，提高了系统运行时间。

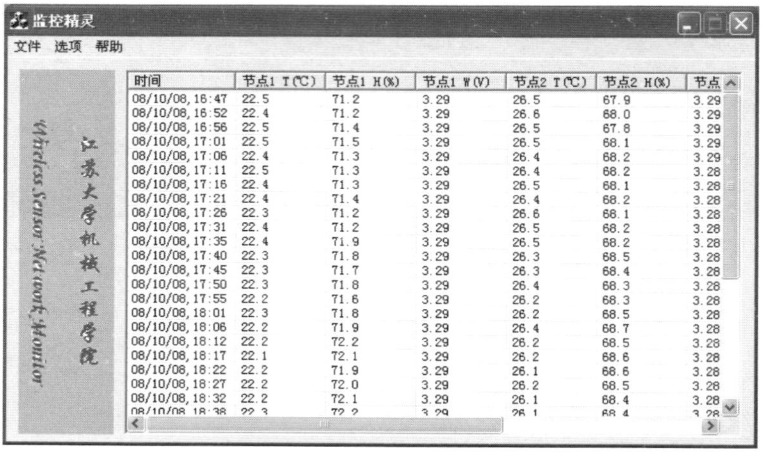

时间	节点1 T(℃)	节点1 H(%)	节点1 W(V)	节点2 T(℃)	节点2 H(%)	节点
08/10/08,16:47	22.5	71.2	3.29	26.5	67.9	3.29
08/10/08,16:52	22.4	71.2	3.29	26.6	68.0	3.29
08/10/08,16:56	22.5	71.4	3.29	26.5	67.8	3.29
08/10/08,17:01	22.5	71.5	3.29	26.5	68.1	3.29
08/10/08,17:06	22.4	71.3	3.29	26.4	68.2	3.29
08/10/08,17:11	22.5	71.3	3.29	26.4	68.2	3.28
08/10/08,17:16	22.4	71.3	3.29	26.5	68.1	3.28
08/10/08,17:21	22.4	71.4	3.29	26.4	68.2	3.28
08/10/08,17:26	22.3	71.2	3.29	26.6	68.1	3.28
08/10/08,17:31	22.4	71.2	3.29	26.5	68.2	3.28
08/10/08,17:35	22.4	71.9	3.29	26.5	68.2	3.28
08/10/08,17:40	22.3	71.8	3.29	26.3	68.5	3.28
08/10/08,17:45	22.3	71.7	3.29	26.3	68.4	3.28
08/10/08,17:50	22.3	71.8	3.29	26.4	68.3	3.28
08/10/08,17:55	22.2	71.6	3.29	26.2	68.3	3.28
08/10/08,18:01	22.3	71.8	3.29	26.2	68.5	3.28
08/10/08,18:06	22.2	71.9	3.29	26.4	68.7	3.28
08/10/08,18:12	22.2	72.2	3.29	26.2	68.5	3.28
08/10/08,18:17	22.1	72.1	3.29	26.2	68.6	3.28
08/10/08,18:22	22.2	71.9	3.29	26.1	68.6	3.28
08/10/08,18:27	22.2	72.0	3.29	26.2	68.5	3.28
08/10/08,18:32	22.2	72.1	3.29	26.1	68.4	3.28
08/10/08,18:38	22.3	72.2	3.29	26.1	68.4	3.28

图 2.27　簇头节点发送数据时上位机监控软件界面截图

第 3 章　温室无线传感器网络环境监测系统通信性能的研究

3.1　温室大棚 2.4GHz 无线电波传播特性

无线电波是指在自由空间传播的射频频段的电磁波，电磁波在传输的过程中易受到周围应用环境的影响，且无线传感器节点资源有限。而农业生产环境复杂多变 (郭秀明等，2012)，是典型的有障碍物阻挡的应用环境，并且随着作物生长发育无线电传播环境发生动态变化 (刘卉等，2010)。收发机之间的信号传输需要通过茂密的农作物冠层，不能保证足够的净空区，信号穿过农作物传播将引起无线信号的反射、散射和吸收，从而导致在接收端接收到的射频信号强度和链路质量有很大的衰减和差异性。近年来，农业环境中基于无线传感器网络的信道传播特性的重要性，引起了国内外研究者越来越多的关注，现有研究主要集中在大田和果园生长环境下的无线电波传播特性。

在大田生长环境下的无线电波传播特性方面，李偲钰等 (2009) 研究了 2.4GHz 无线信号在小麦田中的无线信道传播特性，结果表明，信号衰减的速度随天线高度的变化单调递减，而传输距离随天线高度的变化单调递增，在同一天线高度下，路径损耗指数随着小麦的生长而增大。刘卉等 (2010) 为了研究农田环境中传感器节点短程无线电传性能，选择冬小麦苗期、拔节期和抽穗期 3 个典型生育期，进行无线电传播路径耗试验，通过测量不同天线高度、不同传输距离处的接收信号强度指示，研究农作物障碍对无线电传播衰减的影响。李震等 (2010) 选取 915MHz 和 2470MHz 为载波频率，研究了射频信号在冬小麦不同生长阶段田间各影响因素作用下的路径损耗，建立和验证了基于神经网络的射频信号田间路径损耗预测模型。

在果园生长环境下的无线电波传播特性方面，Andrade-Sanchez 等 (2007) 研究了不同生长时期的苹果树对无线信号接收强度和数据链路质量的影响。Phaebua 等 (2008) 测试了 5.8GHz 的无线电波在榴莲果园中的传播特性，并通过统计分析得出榴莲果园中的 5.8GHz 电波的无线信道特性可以使用莱斯衰减进行预测。文韬等 (2010) 选取 433MHz 为载波频率，基于连续无线电波分析了 WSN 射频信号受植被深度、天线高度和通信距离等因素联合作用下射频信号在橘园的衰减情况，建立了橘园中不同影响因素作用下，433MHz 无线射频信号接收强度与环境传播因子及通信距离间的线性模型。郭秀明等 (2012) 研究了苹果成熟时苹果园中 2.4GHz 无线信道在不同高度的接收信号强度和丢包率情况，并利用回归分析处理了试验数据。结果表明在不同试验高度层，2.4GHz 信号衰减均符合对数路径损耗模型；苹果园中天线最适宜部署在冠层顶部或略高于此。Vougioukas 等 (2013) 测试了天线高度与有无树叶对李园中无线电波路径损耗的影响；并利用已有的植被衰减模型对试验数据进行处理，结果表明，参数指数衰减模型 (BFD) 是最佳拟合模型，其次是标准威斯鲍格模型。

3.1.1 试验设备

试验测试系统实物如图 3.1 所示，主要有收发节点、USB 调试仿真器、PC 机、数据包分析软件 Packet Sniffer、三角架和卷尺等部分组成，其中收发节点采用 CC2430 传感器节点，主要由 CC2430、串口、电源、天线和 JTAG 接口等组成，能够支持 Zigbee 节点的构建。

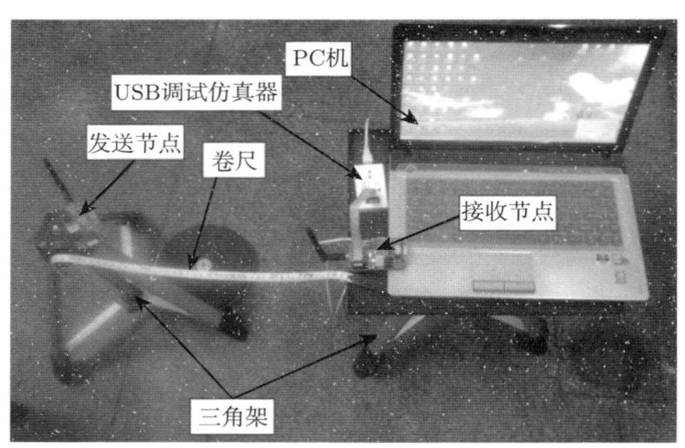

图 3.1 试验测试系统实物图

收发节点的作用是接收和发送无线电波信号，试验时接收节点通过 USB 调试仿真器与 PC 机相连接，固定在起始点，发送节点在测试方向上按照试验测试点依次移动。通过协议分析仪软件 Packet Sniffer 提取无线信号的接收信号强度 (received signal strength index，RSSI) 和系统丢包率。三角架在冠层测试时提供支撑点，保持收发节点在同一高度上。卷尺用于测量测试点距离起始点的距离。

3.1.2 连栋温室无线电波传播特性试验

3.1.2.1 试验环境与方法

1. 试验环境

试验地点位于江苏省镇江市丹徒区世业州四季春农业园。试验中选取的温室为多跨连栋钢结构温室，长×宽为 50m×42m，温室内种植的作物为青椒，青椒平均株高为 45cm，平均株冠幅度为 45cm，平均行距为 60cm；测试时正值青椒结椒期，植株已生长到最茂盛时期，满足了无线传感器网络部署问题的最恶劣环境要求。

2. 试验方法

为了多层次、多角度测试青椒对无线信号传播特性的影响，本书设计如图 3.2 所示的试验方案，图中每条长方形代表实际中的每行青椒，相邻两条长方形之间的距离代表两行青椒间的行距。为了便于描述，试验中规定了三个测试方向和两个测试高度。三个测试方向分别指与每行青椒平行的 0° 纵向、与每行青椒垂直的 90° 横向，以及与每行青椒成 45° 的方向；两个测试高度是指试验时传感节点分别位于地面和青椒冠层；其中节点位于地面时天线高度距离地面 10cm，节点位于青椒冠层时天线高度距离地面 55cm。

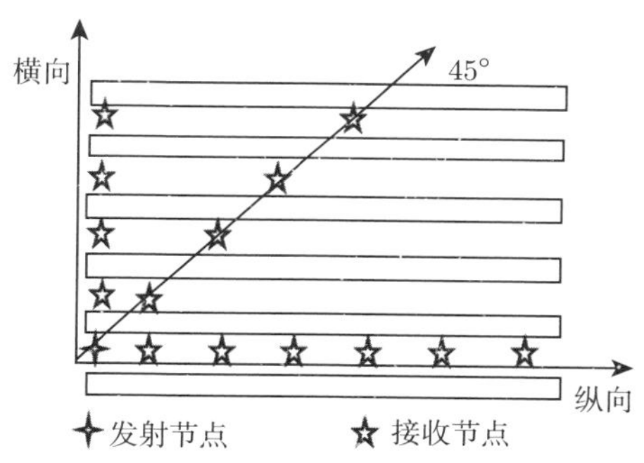

图 3.2 无线信道传播特性试验设计方案

在试验过程中，发射节点的发射功率固定，使用全向天线，天线增益为 3dBi，发射节点与接收节点始终保持在同一水平线上，每个测试方向上将分别依次测试节点位于地面和冠层两组试验；在每个方向下的冠层试验时，发射和接收节点分别放在 2 个可以自由调节高度的三角支架上。测试时，发射节点固定在如图 3.2 所示的开始位置，接收节点在规定的 0° 纵向、45° 方向和 90° 横向依次移动，分别记录每个测试点距离发射节点的距离、接收信号强度和丢包个数，直到接收节点接收不到无线信号为止。

3.1.2.2 试验结果与分析

1. 试验结果

1) 对接收信号强度的影响

图 3.3 为不同方向和高度下接收信号强度 (RSSI) 随收发距离不同而变化的曲线。由图可知，随着收发节点间的距离增大，接收机信号强度呈现递减趋势，在收

发节点间距离较小时，接收信号强度衰减速度较快；随着收发节点间距离的增大，衰减速度变得较为平缓。

在同一方向上，地面和冠层传感节点的接收信号强度由初始状态降到 −70dBm 所传输的距离分别约为 5m 和 10m，说明节点位于地面时的 RSSI 衰减速度明显大于节点位于冠层时的 RSSI 衰减速度；节点位于冠层时的传输距离明显好于节点位于地面时的传输距离。这是由于节点位于地面时，整个节点处于青椒之内，青椒枝叶生长较为茂密，无线信号受植株枝叶的遮挡和吸收等造成的衰减影响较大，因此节点处于地面时的 RSSI 衰减速度较快，传输距离较小；而节点处于冠层时，整个节点处在植株冠层之上，除了没有受到青椒枝叶的遮挡影响外，青椒枝叶造成的吸收等影响也相对变小，因此，此时节点的 RSSI 衰减速度相对较慢，传输距离较大。

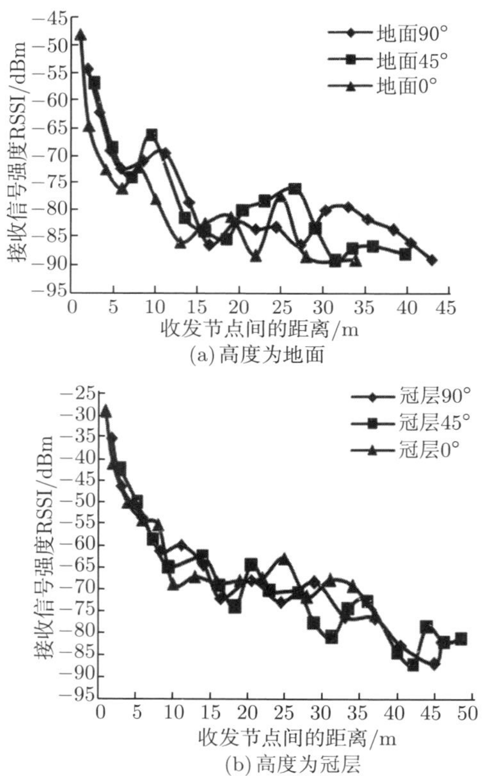

图 3.3　不同方向和高度下收发节点不同距离时的接收信号强度

在同一高度上，总体而言各个方向上的接收信号强度衰减速度和传输距离基本相同。不过在节点处于地面时，各测试方向的接收信号强度的差异性相对较大，这主要是由于青椒枝叶的差异性，相同距离处的接收信号强度差异性较大。对于节点处于冠层时，各测试方向的接收信号强度差异性较小，因为此时青椒的枝叶不会遮挡住节点的天线，使得青椒枝叶的差异性对信号传输的影响较小。

2) 对丢包率的影响

丢包率 (packet loss rate，PLR) 指测试中所丢失数据包数量占所发送数据包的比率 (李方敏等，2009)，是衡量无线通信系统信号优劣水平的一个重要指标，计算方法如式 (3-1) 所示。

$$\text{PLR}=\left(\frac{\text{丢失数据包个数}}{\text{发送数据包个数}}\right)\times 100\% \tag{3-1}$$

在青椒对无线信号传输特性的影响试验中，得到如图 3.4 所示的丢包率与传输距离之间的关系。

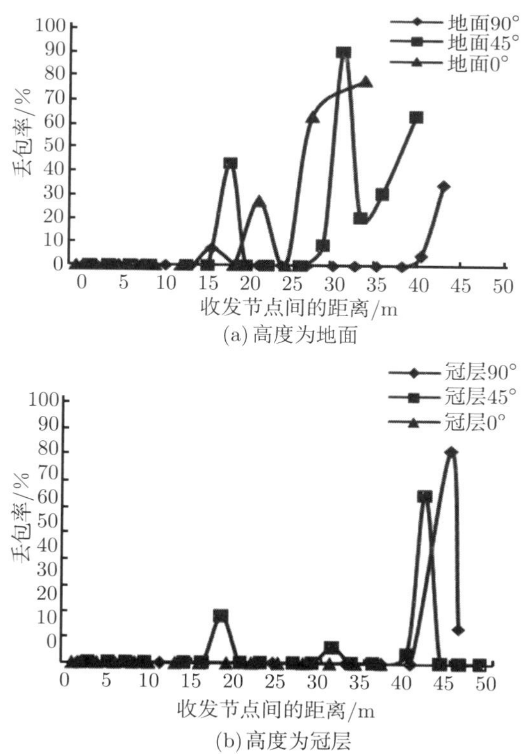

(a) 高度为地面

(b) 高度为冠层

图 3.4 不同方向和高度下收发节点不同距离时的丢包率

由图 3.4 可知，在开始的一段传输距离内，节点的丢包率基本为零，能够保证无线信号的可靠传输；然后随着距离的增大，节点的丢包率会在较短的距离内迅速跳变，出现严重的丢包现象，致使无线通信终止。如图 3.4(a) 所示，节点处于地面时，3 个方向都出现了不正常丢包现象，即丢包率在一段的传输距离内出现先增大后减小又增大的现象。这是由于作物的生长具有不确定性和差异性，且本试验采用离散式测试的方法，使得某个测试点的丢包率出现跳变现象。另外也说明作物对 2.4GHz 无线通信质量的影响是致命性的，因此只有了解作物中无线电波的传播特性，才能有效解决温室中无线传感网络的规划和部署问题。

2. 试验分析

1) 回归分析模型

路径损耗定义为有效发射功率和接收功率之间的差值，表示信号的衰减程度，单位为 dB 的正值。基于理论和测试的传播模型，无论室内还是室外信道，平均接收信号功率随距离的变化都呈对数衰减，符合对数距离路径损耗模型，可表示为式 (3-2) 的形式 (扈罗全和陆全荣，2008；Rappaport，2006)。

$$\overline{\mathrm{PL}}(d) = \overline{\mathrm{PL}}(d_0) + 10n\lg\left(\frac{d}{d_0}\right) \tag{3-2}$$

式中，$\overline{\mathrm{PL}}$ 表示给定距离值 d 的所有可能路径损耗的整体平均；n 为路径损耗指数，表明路径损耗随距离增长的速率，大小取决于传播环境；d_0 为近地参考距离，由测试决定；d 为传输距离。

为了便于进行回归分析，将式 (3-2) 中的 d_0 取值为 1m，$\overline{\mathrm{PL}}(d_0)$ 则等于 1m 处的平均接收信号功率，此时 $\overline{\mathrm{PL}}(d_0)$ 就转化为固定损耗值，但 $\overline{\mathrm{PL}}(d_0)$ 的值会因应用环境的不同而改变。因此，在式 (3-2) 的基础上得到式 (3-3) 所示的回归分析模型函数。

$$P_r = A - 10n\lg d \tag{3-3}$$

式中，P_r 表示接收信号平均强度，与式 (3-2) 中的 $\overline{\mathrm{PL}}(d)$ 是等价关系，采用不同的表示形式；A 作为回归分析模型的一个参数，代表应用环境对无线电波信号强度衰减值的大小，在本节中反映了无线信号因青椒吸收、反射等影响而产生的固定功率损耗的大小；d 为信号的传输距离；n 是衰减指数，代表信号强度的衰减速率。

2) 回归参数分析

根据式 (3-3) 的回归分析模型，在 Matlab 中利用最小二乘法的曲线拟合算法，对测得的青椒中不同方向和高度下 RSSI 值进行回归分析，得到参数 A 和 n 的值如表 3.1 所示。表中 R^2 为相关性系数，代表理论计算值与实际测量值之间的相关性程度，该值越大，表明两者之间的相关性越好。由表 3.1 可知，相关性系数 R^2 最小为 0.9007，最大为 0.9473，说明使用对数路径损耗模型对青椒中无线信号的传播特性进行描述和预测是比较合理的。

在同一高度下，无线信号在不同传播方向上的衰减指数 n 的值基本相同，最大差值为 0.153；表明同一高度下青椒中无线信号的衰减速率是一个比较固定的值，仅会因为传播环境的变化而变化，不会受到来自传播方向的影响。对于参数 A，本试验中主要是表征无线信号因青椒的影响而产生的衰减值的大小。在相同高度时，不同方向下的参数 A 值基本相同，最大差值为 2.98dB；说明在传播环境和传播高度固定时，由作物引起的无线电波信号强度衰减是一个稳定值，不会因为传播方向的改变而发生跳变。

表 3.1　试验数据的对数路径损耗模型回归参数分析

试验组名称	A	n	R^2
地面90°	−51.79	2.266	0.9442
地面45°	−51.31	2.316	0.9007
地面0°	−54.29	2.361	0.9199
冠层90°	−28.51	3.208	0.9458
冠层45°	−29.28	3.148	0.9258
冠层0°	−28.44	3.055	0.9473

在同一方向上，冠层的衰减指数值大于地面的衰减指数值，最小差值为 0.694，最大差值为 0.832，平均差值为 0.823；这是由于节点处于冠层时，青椒的叶片引发了无线电波的多径传播现象，无线通信中的多径传播会加速无线信号强度的衰减速率，使得衰减指数增大，说明节点在冠层时衰减指数是无线电波的传播特性的主要影响因素。对于参数 A 的值，冠层的参数值小于地面的值，最小差值为 22.03dB，最大差值为 25.85dB，平均差值为 24.72dB；因为此时地面上的节点处于青椒茂盛的枝叶之中，增加了作物对无线电波的吸收损耗，使得地面组的参数值大于冠层组的参数值；表明节点在地面时参数的值是影响无线电波传播特性的主要因素。

综上可知，温室环境的特殊性导致了无线电波传播规律在温室与大田中的差异性。温室青椒中 2.4GHz 无线电波的传播特性主要取决于节点所在作物中的高度，而受无线电波传播方向的影响较小，在无线传感器网络的规划和部署问题时可以忽略传播方向的影响；并且在不同高度时决定无线电波传播特性的主要参数不同，节点在地面时，参数 A 的值是影响无线电波传播特性的主要因素；对于节点在冠层时，主要影响因素则是参数 n。综合考虑所有影响因素，在青椒中部署无线传感器网络时，为减少作物和不同传播方向对无线信号传播特性的影响，应将传感器节点部署在青椒冠层及以上位置。

3.1.2.3　试验结论

通过试验分析了青椒中 2.4GHz 无线信号在不同方向和高度下的传播特性，得出如下结论：

(1) 在不同方向和高度下，青椒中无线信道传播特性符合对数路径衰减模型，拟合相关系数在 0.9007 和 0.9473 之间。

(2) 传感器节点在青椒中的不同高度决定着青椒中 2.4GHz 无线电波的传播特性，对无线信道传播特性的影响较为显著；而传播方向对青椒中无线信号的影响较弱。

(3) 不同高度时决定无线电波传播特性的主要参数不同，参数 K_{in}^{1} 是影响地面节点无线电波传播特性的主要因素；对于节点在冠层时，主要影响因素则是参数 K_{out}^{0}。

(4) 在每组试验的接收信号强度衰减至接收灵敏度之前，丢包率较小，偶有较大丢包现象，主要是由于作物的生长具有不确定性和差异性，使得某个测试点的丢包率出现了跳变现象。

(5) 针对温室青椒环境特点和试验分析结果得出，在温室青椒中部署无线传感器网络时，应将传感器节点部署在青椒冠层级以上位置。

3.1.3 塑料大棚无线电波传播特性试验

3.1.3.1 大棚间无线电波传播特性试验

1. 试验环境与方法

试验地点位于江苏省丹阳市花园村蔬菜种植中心，如图 3.5 所示。试验中选取连片同规格的塑料大棚数栋，大棚的长×宽为 70m×7.6m，棚间距离为 1.7m，道路相隔的两棚间距离 12m；选取的试验棚内尚未种植作物或者作物尚处在幼苗期，尽量避免作物对无线电波的影响因素。

图 3.5 试验环境

为了测试塑料大棚对 2.4GHz 无线电波传播特性的影响，设计了如图 3.6 所示的试验方案。图中温室布局与实际情况相一致，为了便于描述，对每个大棚进行了编号，左侧一排采用奇数编号，右侧一排采用偶数编号；并使用不同的图标代替实际的收发节点。试验时接收节点固定在 1 号大棚内，天线高度 1m，通过 USB 仿真器与 PC 相连接，通过软件获得接收信号强度和数据丢包个数；接收节点固定在三角架上，天线高度也为 1m，分别在奇数棚和偶数棚内移动，分成图中所示的试验 1 和试验 2 两组试验，每个大棚内选取了 3 个测试点。收发节点的距离是指两点之间的直线距离，试验后通过计算获得。

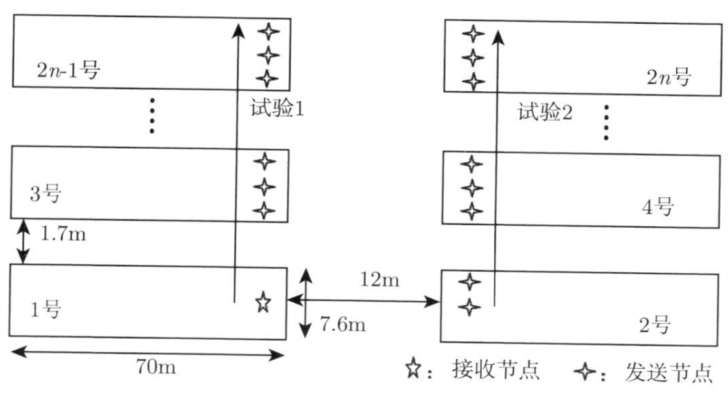

图 3.6 试验方案

2. 试验结果

1) 对接收信号强度的影响

无线电波在温室大棚间传播时接收信号强度 (RSSI) 随收发距离不同而变化的曲线如图 3.7 所示。由图可知，两组试验的有效传输距离基本相同，二者都是随着收发节点间的距离增大，接收机信号强度呈现递减趋势，在收发节点间距离较小时，接收信号强度衰减速度较快；随着收发节点间距离的增大，衰减速度变得较为平缓。

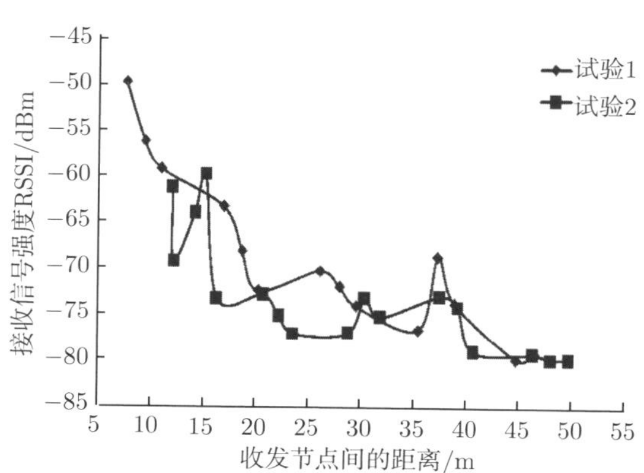

图 3.7 接收信号强度随距离变化关系

试验 1 和试验 2 两组数据整体变化规律相同，两组试验都出现信号强度跳变现象，不过试验 2 的数据起伏较明显。电磁波温室大棚间传播是一种透射与反射相结合的过程，一方面电磁波的穿透能力取决于物质的电特性，绝缘体允许电磁波以较小的损耗穿过；良导体则会阻挡大部分的无线电波，加速电磁波的衰减；虽然大棚表面是一层绝缘较好的塑料，但各温室内湿度的不同会改变塑料的电磁特性，导致各大棚透射损耗的差异性。另一方面电磁波的反射能够引起场强相长和相消的干涉现象，加剧电磁波信号强度在短距离内的跳变现象。透射与反射的共同作用导致试验 1 和试验 2 个别测试点信号强度起伏的现象。

2) 对丢包率的影响

两组试验的丢包率与距离之间的关系如图 3.8 所示。由图可知，开始一段距离内丢包率基本为零，随着距离增大到 39m 左右时，两组试验都开始出现丢包率逐渐增大的现象，说明棚间无线电波的可靠传输距离是 39m，如果增大传输距离，将会出现通信质量降低等问题。例如，在试验 2 中，传输距离为 23.5m 时出现了低丢包现象，通过对比发现该测试点的信号强度为−77.1dBm，是一个起伏的谷底，导致通信的不稳定，产生低丢包率。

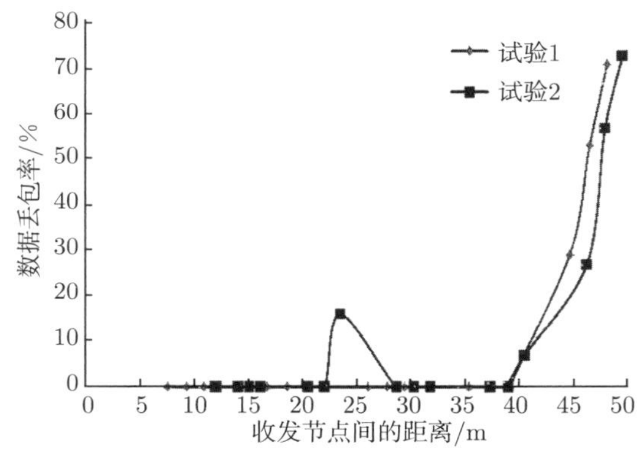

图 3.8　不同距离时的丢包率

3. 试验分析

在试验数据分析的过程中采用式 (3-3) 为回归分析模型，在 Matlab 中利用最小二乘曲线拟合算法，对测得的棚间 RSSI 值进行回归分析，得到参数 K_{in}^0 和 λ_K 的值如表 3.2 所示。由表可知，试验 1 和试验 2 的相关性系数 k_i 分别为 0.943 和 0.916，说明使用对数路径损耗模型对棚间无线信号的传播特性进行描述和预测是比较合理的。两组试验的参数值基本相同，A 和 n 的差值分别为 1.25 和 0.054，说明两种情况的无线电波传播特性相同。棚间无线电波衰减指数 n 要大于自由空间的衰减指数，这主要是由于无线电波的透射损耗引起的，透射损耗加速了无线电波的衰减速度，使得衰减指数变大。

4. 试验结论

通过试验分析了 2.4GHz 无线信号在塑料大棚间的传播特性，得出如下结论：

表 3.2 对数路径损耗模型回归参数分析

试验组名称	A	n	R^2
试验 1	30.16	2.863	0.943
试验 2	31.41	2.917	0.916

(1) 塑料大棚间无线电波传播特性符合对数路径衰减模型，拟合相关系数分别为 0.943 和 0.916。

(2) 棚间无线电波衰减参数 A 和 n 的平均值分别为 30.785 和 2.89，衰减指数 n 要大于自由空间的衰减指数，主要是由于无线电波的透射损耗引起的。

(3) 两组试验的开始一段距离内丢包率基本为零，随着距离增大到 39m 左右时，两组试验都开始出现丢包率逐渐增大的现象。

3.1.3.2 大棚西红柿无线电波传播特性试验

1. 试验环境与方法

试验地点位于江苏省丹阳市花园村蔬菜种植中心，试验选取的大棚的长×宽为 70m×7.6m，棚中西红柿长势良好，已处于挂果期，如图 3.9 所示。西红柿平均株高 80cm，平均行距 60cm。为了分析节点最适宜部署位置，测试了节点位于地面和冠层两组试验，节点位于冠层时天线高度为 90cm；试验时接收节点固定在起始位置，发送节点在行间依次移动，直至无信号。

图 3.9 试验环境

2. 试验结果

1) 对接收信号强度的影响

无线电波在西红柿内传播时接收信号强度 (RSSI) 随收发距离不同而变化的曲线如图 3.10 所示。由图可知，地面和冠层的接收信号强度整体变化规律都是随着收发节点间的距离增大，接收机信号强度呈现递减趋势。在收发节点间距离较小时，接收信号强度衰减速度较快，地面的衰减速率明显大于冠层，首次衰减到 −83dBm 左右时，地面传输距离为 15m，冠层传输距离为 39m。随着收发节点间距离的增大，地面和冠层接收信号强度衰减速度变得平缓的距离分别为 15m 和 39m。冠层的传输距离明显大于地面，地面信号可测试距离只有 30m。

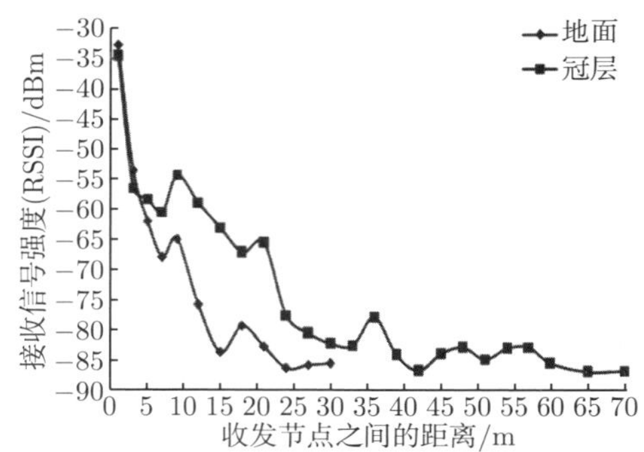

图 3.10 接收信号强度随距离变化关系

2) 对丢包率的影响

地面和冠层试验不同距离时的丢包率如图 3.11 所示。由图可知，开始一段距离内丢包率基本为零，随着距离的增大，两组试验都出现丢包率迅速增大的现象。在冠层试验中，在传输距离 42m 周围出现丢包率起伏变化现象，并在 42m 时丢包率达到最大；通过与图 3.10 对比发现该测试点的信号强度为 −86.7dBm，也是信号强度起伏变化的最大值点。在 42m 之后丢包率出现回落又增大的现象，最终丢包率达到最大。试验中出现上述现象的主要原因是作物引起电磁波的干涉现象，使电磁波在不同传输距离出现相长或相消，导致信号强度出现起伏变化，引起丢包率在短距离内的增减交替。

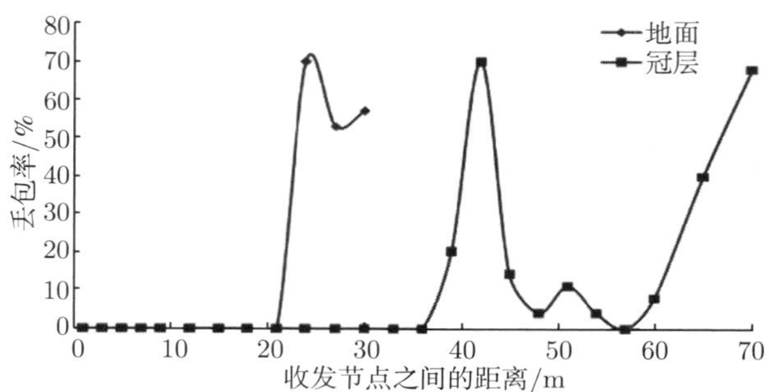

图 3.11 不同距离时的丢包率

3. 试验分析

在试验数据分析的过程中采用式 (3-3) 为回归分析模型，在 Matlab 中利用最小二乘曲线拟合算法，对测得的棚间 RSSI 值进行回归分析，得到参数 A 和 n 的值如表 3.3 所示。由表可知，试验 1 和试验 2 的相关性系数 R^2 分别为 0.9699 和 0.9091，说明使用对数路径损耗模型对棚间无线信号的传播特性进行描述和预测是比较合理的。两组试验的参数值基本相同，A 和 n 的差值分别为 1.25 和 0.97，说明两种情况的无线电波传播特性相同。棚间无线电波衰减指数 n 要大于自由空间的衰减指数，这主要是由于无线电波的透射损耗引起的，透射损耗加速了无线电波的衰减速度，使得衰减指数变大。

表 3.3 对数路径损耗模型回归参数分析

试验组名称	A	n	R^2
地面	34.99	3.64	0.9699
冠层	35.14	2.85	0.9091

4. 试验结论

通过试验分析了种植西红柿的塑料大棚内 2.4GHz 无线电波的传播特性，得出如下结论：

(1) 西红柿中无线电波传播特性符合对数路径衰减模型，地面和冠层的拟合相关系数分别为 0.9699 和 0.9091。

(2) 西红柿中传感节点处于冠层时，无线电波的衰减速率较小；在其中部署无线传感器网络时，应将传感器节点部署在西红柿冠层级以上位置。

(3) 开始一段距离内丢包率基本为零，随着距离的增大，两组试验都出现丢包率迅速增大的现象。

3.2 基于事件驱动与数据融合的节能传输策略

温室内环境数据具有变化缓慢、冗余度大和时间空间相关性强的特点。然而，无线传感器网络由一组功能有限的传感器节点以数据为中心，以自组织方式协作完成大规模感知任务；每个传感器节点携带电池能量有限且不易补充 (Vincent，2007; Merrett et al., 2008; Pantazis and Vergados，2008)，使得如何处理数据传输方式，合理使用有限能量资源成为实施无线传感器网络的核心问题。由于无线传感器网络由一组功能有限的传感器节点以自组织方式协作完成大规模感知任务；每个传感器节点携带电池能量有限且不易补充。因此数据传输策略研究的主要目的是合理使用无线传感器网络节点的有限能量资源，以最小的能耗代价取得用户所需精确度的信息，最大化的延长整个无线网络的生命周期。为了实现这一主要目的，国内外研究者主要从节点间数据传输协议和冗余数据融合两个方面做出了大量研究工作。

在基于传输协议的数据传输策略研究方面，Nakamura 等 (2005) 针对基于树的数据传播方式，提出一种拓扑重建算法，用来解决数据传输时的路由故障问题，保证无线传感网络能以有限的传播范围和资源完成数据传输任务。Zheng 等 (2007) 为了达到低能耗和低延时收集数据的目的，提出一个基于动态树的能量均衡路由协议 (DTEER)，DTEER 算法根据邻居之间的距离、候选节点剩余能量和附近的节点数量为基础，采用传递的方式选出动态树的根。李成法等 (2007) 提出一种基于非均匀分簇的无线传感器网络多跳路由协议，其核心是一个用于组织网络拓扑的能量高效的非均匀分簇算法，其中候选簇首通过使用非均匀的竞争范围来构造大小不等的簇，以达到平衡簇首的能量消耗，延长网络存活时间的目的。李宏等 (2007) 提出一种基于树的无线传感器网络数据收集方法，将查询请求的传递与数据回传结构有机结合起来，通过使用一种洪泛避免的方法传递查询请求，建立一棵以 Sink 节点为根的、包含最少中间节点的查询转发树，作为数据回传结构。方维维等 (2009) 提出了一种面向大规模无线传感器网络的数据传输方案，节点间通过周期性的动态竞争产生簇首，形成分簇网络结构。实现了以更少的消耗达到更优的分簇性能，提高传输性能。郑瑾等 (2010) 对无线传感器能量有限问题，提出能量有效及均衡的数据收集协议。利用移动 Sink(MS) 进行实时数据收集，采用主动重定位 MS 靠近数据流星大的邻居区域的方法，缩短大流量数据的传输路径，降低传感器节点能量消耗。Jang 等 (2012) 在数据传输的过程中利用周期性唤醒机制来降低节点能耗，提出一种考虑数据传输速率和总容许延迟的最佳唤醒频率算法 (OWFA)。仿真结果表明，与没有考虑数据传输速率的方法相比，OWFA 算法能延长 7.4%～26.0%的网络生命周期。Bagci 和 Yazici (2013) 为了解决数据传输过程中的热点问题，提出了一种能量模糊感知的非均匀簇算法 (EAUCF)，EAUCF 旨在减少靠近基站或具有低电量的簇头在簇内的工作量。

在基于冗余数据融合的数据传输策略方面，Chen 等 (2008) 提出一种基于簇的自适应数据融合 (ADA) 方法，实现时间和空间的自适应数据融合。邱爽和吴巍 (2008) 利用 Kalman 滤波进行目标状态估计，将分批估计算法应用于 WSN 的数据融合中，通过对监测同一对象的多个传感器所采集的数据进行综合。陈磊和赵保华 (2009) 基于低能耗自适应分簇协议提出一种面向数据融合的路由协议。簇头在簇内数据融合的过程中根据成员节点的位置信息估计感知到相同事件的邻居簇，然后数据在这些簇头间进行多跳的数据融合后传递给基站。李志宇和史浩山 (2009) 提出一种基于最小 Steiner 树 (MST) 的 WSN 数据融合算法，源节点的数据发送到构造好的 MST 上，经过融合后传输到 Sink 节点，以减少传输的数据量。张强等 (2010) 分别对簇内成员节点和簇头节点进行数据聚合处理，簇内节点引入相对信息熵以减少数据量的发送，而簇头节点维持一个反馈比较值，该值用来判断是否转发接收到的数据。Sudha 等 (2011) 在基于无线传感器网络的灌溉系统中利用时分多址接入算法 (TDMA) 收集土壤水分和温度等环境数据，并通过试验对比直接传输与数据融合后传输的能量消耗状况，结果表明数据融合后的传输方式能够节能 13%。Wei 等 (2011) 为了减少冗余数据通信、节省传感器节点的能量，提出了 3 种基于预测的数据融合方法：灰色模型数据融合 (GMDA)、卡尔曼滤波数据融合 (KFDA) 和组合灰色模型与 Kalman 滤波的数据融合 (CoGKDA)。张志伟等 (2011) 提出了一种基于自适应加权与 LZW 的层次式数据融合算法。簇头节点对节点发送的数据进行自适应加权处理，估计出均方差最小时的值，簇头节点将处理后的数据采用 LZW 算法压缩后再进行数据的传输。孙凌逸等 (2011) 设计了一种基于神经网络的数据融合算法，该算法将神经网络和分簇路由协议有机结合，将每个簇设计成一个神经网络模型，通过神经网络提取原始数据中的少量特征数据发送给汇聚节点。林蔚和祝启龙 (2011) 提出了二次数据融合算法，在传感器节点处，通过对每个节点设定阈值去除冗余数据，控制节点的数据传输量，在控制中心对采集的数据进行补偿融合，保证数据融合的精度。熊迎军等 (2012b) 针对温室无线传感器网络系统的数据融合要求，提出一种多传感器实时数据融合算法，首先在节点上对各传感器数据序列进行一致性检测和三次指数平滑，然后将平滑后的数据发送到路由器或网关，基于无需指数运算的新型支持度函数进行幂均方融合。徐世武和王平 (2012) 提出两层融合技术，簇内节点根据阈值来判断是否需要发送数据，簇首节点根据接收到的数据，进行数据一致性检验，剔除异常数据，第二层采用神经网络算法对簇首节点和基站的数据进行融合。

3.2.1 温室节能数据传输模型

3.2.1.1 温室节能数据传输结构

为实现系统的节能传输目的，建立如图 3.12 所示的温室节能数据传输结构，主要包括感知节点数据预处理和汇聚节点数据融合两部分。感知节点的数据预处理是基于事件驱动实现的，所谓事件驱动是指感知节点依据设定的阈值对采集到的温室数据进行积累传输或跳变实时传输，在满足事件实时处理的前提下，减少感知节点的数据传输量。感知节点传输数据到汇聚节点后，汇聚节点在支持度函数的基础上，根据各传感器数据之间的支持程度，计算各数据的最优权重值，最终计算出数据的融合值，为系统的决策提供可靠依据，保证控制的准确性，实现系统的节能传输。

3.2.1.2 基于事件驱动的数据预处理

传感器节点数据预处理属于无线传感器网络数据融合的低级融合技术，融合

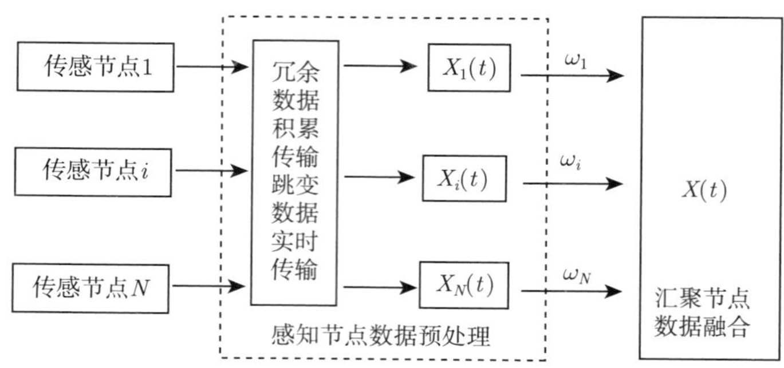

图 3.12　温室节能数据传输结构

结果直接向基站或中心节点传输，是后续数据融合的基础。针对无线传感器网络的数据采集节点，李方敏等 (2009) 提出了阈值限定和均值相结合的节点数据融合方法以减少节点通信量，降低能耗，延长节点生存时间。假设无线传感器网络中：

(1) 由 k 个传感器节点监测同一环境；

(2) 每个传感器以等时间间隔 t 采集一次数据；

(3) 第 j 个传感器第 i 次采集的数据为 a_{ij} $(i=1,2,3,\cdots;\ j=1,2,3,\cdots,k)$；

(4) 传感器采集的数据形成各自的列矩阵，可用矩阵 $\boldsymbol{D}$ 表示。

$$\boldsymbol{D}=\begin{bmatrix} a_{11} & a_{12} & \cdots & a_{1j} & \cdots & a_{1k} \\ a_{21} & a_{22} & \cdots & a_{2j} & \cdots & a_{2k} \\ \vdots & \vdots & & \vdots & & \vdots \\ a_{i1} & a_{i2} & \cdots & a_{ij} & \cdots & a_{ik} \\ \vdots & \vdots & & \vdots & & \vdots \end{bmatrix}$$

式中，每一列数据表示同一个传感器在不同 t 时刻的测量值；每行表示同一时刻不同传感器采集的数据。

由于传感器测得的数据在相邻的时间上具有相似性，为了节省节点能量，对每列数据进行均值融合方法，并发送这个均值给控制中心。另外为了满足温室的控制要求，在温室数据出现快速改变的过程中，传感器节点应能够达到实时监控的要求，传感器节点数据预处理设定了两个处理阈值：ε 和 τ。其中 ε 限定了感知数据之间的最大差值，以实现传感节点的相近数据积累传输，跳变数据实时传输的目的。τ 设定了传感节点的采集次数，由于节点每隔 t 时间采集一次数据，设定阈值 τ 是为了避免传感器数据发送时间间隔过长。每个传感器将采集的数据保存在节点存储器中，直到当这些数据之间的任意两个差值超过阈值 ε，或采集次数超过 τ 时，才进行数据发送处理。以本次采集的数据次数为第 i 次，数据发送条件是：

① 当第 i 次采集的数据与之前采集的 $(i-1)$ 个数据中的某个差值超过阈值 ε

时，就认为数据出现突变现象，为保证温室数据的实时监控要求，应立即处理并传输当前实时数据；

② 在一定采集周期内，数据没有发生突变，当采集数据的次数达到 τ 次时，要将本次数据与前 $(i-1)$ 次进行均值计算后传输给汇聚节点。

在上述理论的基础上，设计了基于事件驱动的感知节点数据预处理算法，具体步骤如下：

① 设 a_{1j} 为节点 j 采集的第 1 个数据；

② 每采集一次数据 a_{ij}，分别与前 $(i-1)$ 次的数据 a_{1j}，a_{2j}，$\cdots$，a_{i-1j} 进行比较，当 $|a_{ij}-a_{nj}|>\varepsilon$ $(n=1，2，\cdots，i-1)$ 时，传感器节点将及时发送当前突变数据 a_{ij}；

③ 当采集次数超过 τ 次时，计算当前 i 个数据的均值 $\bar{a}=\sum\limits_{n=1}^{i}a_{nj}$，并发送 $\bar{a}$ 的值到汇聚节点；

④ 重复①～③。

3.2.1.3 基于支持度函数的数据融合

1. 支持度函数

为了表征数据之间的关系，Yager (2001) 提出采用支持度函数 $\sup(a,b)$ 表示数据 b 对数据 a 的支持程度，即 a 和 b 的数值接近程度，它满足 3 个条件：

(1) $\sup(a,b)\in[0,1]$；

(2) $\sup(a,b)=\sup(b,a)$；

(3) 如果 $|a-b|<|x-y|$，则 $\sup(a,b)>\sup(x,y)$。

Yager 给出 2 种满足上述条件的支持度函数。

1) 二进制支持度函数

$$\sup(a,b)=\begin{cases}K,|a-b|\leqslant d\\0,|a-b|>d\end{cases},\quad(K>0,d>0)\tag{3-4}$$

由式 (3-4) 知，如果传感器 i 与传感器 j 的数值相差大于阈值 d 时，则认为计算传感器 i 的融合权重时传感器 j 可以忽略不计；但事实上，传感器 j 采集的数据只要是有效的，则对其他传感器的融合权重计算均有贡献，所以二进制支持度函数精度有限。基于式 (3-4)，Yager 给出一个改进型的二进制支持度函数。

$$\sup(a,b)=\begin{cases}K_1,|a-b|\leqslant d_1\\K_j,d_{j-1}<|a-b|\leqslant d_j\\K_p,d_{p-1}<|a-b|\end{cases},\quad(j=2,3,\cdots,p-1)\tag{3-5}$$

式 (3-5) 实际上是把区间 $[d_{p-1}, d_1]$ 分成 $(p-2)$ 个小区间，每个区间对应一个支持度函数值，该式是一个离散型支持度函数，要提高融合精度，必须划分更多的小区间，将会增加额外的运算消耗。

2) 定义高斯支持度函数

$$\sup(a,b) = G(a,b,K,\beta) = K \times \mathrm{e}^{-\beta\times(a-b)^2}, \quad K \in [0,1], \beta \geqslant 0 \tag{3-6}$$

该函数是一个高斯函数，其中，参数 K 控制支持度函数的幅度，参数 β 是支持度衰减因子，对于指定的 $|a-b|$，β 越大支持度越小，表明支持度函数的衰减幅度变大。式 (3-6) 的 2 个参数可根据经验和系统需求灵活调整，并且该函数是一个连续函数，能够逼真地表达传感器数据之间的支持度关系。但是高斯型支持度函数运算时要进行指数运算，而指数运算相对复杂，要消耗一定的处理器资源和硬件存储空间，不太适合在资源较为紧缺的 WSN 系统中使用。

2. 支持度函数的计算

为减少支持度函数的运算复杂度，熊迎军等 (2012b) 提出如式 (3-7) 所示的支持度函数，用于描述 2 个数据的数值接近程度。

$$\begin{aligned}\sup(a,b) &= D(a,b,K,\beta)\\ &= \frac{K}{1+\beta\times|a-b|\times|a-b|\times|a-b|\times|a-b|}, K \in [0,1], \beta \geqslant 0\end{aligned} \tag{3-7}$$

易知，式 (3-7) 无需指数运算，减少了运算复杂度，且符合 Yager 给出的支持度函数应该满足的 3 个必要条件。

假定温室环境中，同一平面各点的温度数值相差不超过 5℃，即 $a-b\in[-5,5]$，则支持度函数 $D(a,b,1,1)$ 和 $G(a,b,1,1)$ 的支持度函数特性曲线如图 3.13 所示。由图可知，新型支持度函数 $D(a,b,1,1)$ 曲线可以很好地逼近高斯型支持度函数 $G(a,b,1,1)$ 曲线；并且参数相同情况下，支持度大时衰减速度相对平缓，支持度较小时衰减速度相对较快，能够尽可能增加有效信息的权重而削弱数值偏差较大信息的影响。

3. 汇聚节点数据融合方法

设 t 时刻的传感器 i 和传感器 j 的温室数据经预处理分别为 $X_i(t)$ 和 $X_j(t)$ $(i,j=1,2,3,\cdots,N)$ 代入式 (3-4) 有

$$\sup(X_i(t),X_j(t)) = D(X_i(t),X_j(t),K,\beta) = \gamma_{ij} \tag{3-8}$$

可根据式 (3-8) 构建支持度矩阵 γ 来描述各传感器之间的相互支持程度，则传感器 i 获得其他所有传感器的支持度总和如式 (3-9) 所示。

$$\boldsymbol{\gamma} = \begin{bmatrix} \gamma_{11} & \gamma_{12} & \cdots & \gamma_{1N} \\ \gamma_{21} & \gamma_{22} & \cdots & \gamma_{2N} \\ \vdots & \vdots & & \vdots \\ \gamma_{N1} & \gamma_{N2} & \cdots & \gamma_{NN} \end{bmatrix}$$

$$T(X_i(t)) = \sum_{j=1}^{N} \gamma_{ij} \tag{3-9}$$

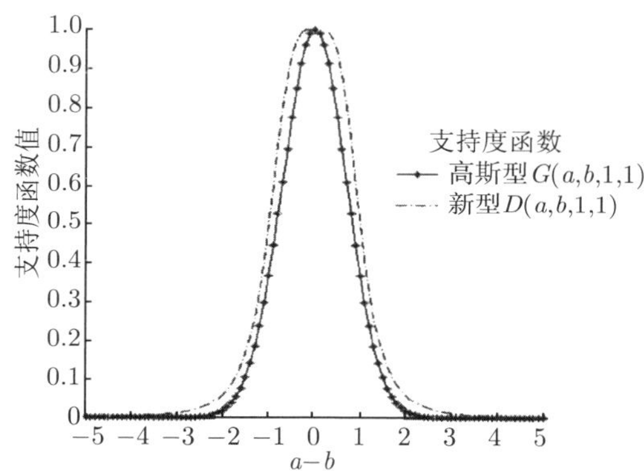

图 3.13 新型支持度函数与高斯型支持度函数对比

根据计算获得的传感器支持度总和 $T(X_i(t))$ 可得传感器 i 的最优融合权重如式 (3-10) 所示，则融合后的温室环境信息最优估计值如式 (3-11) 所示。

$$\omega_i = 1 + T(X_i(t)) \tag{3-10}$$

$$X(t) = \frac{\sum_{i=1}^{N} (\omega_i \times X_i(t))}{\sum_{i=1}^{N} \omega_i} \tag{3-11}$$

3.2.2 基于事件驱动的数据预处理试验

3.2.2.1 试验设备与方法

试验于 2013 年 3 月在江苏大学玻璃温室内进行，试验设备如图 3.14 所示，主要包括 4 个传感器节点、1 个汇聚节点、串口线和 PC 机等，其中传感器节点的温度传感器精度为 ±0.5℃。

为了测试数据预处理阈值对数据传输量和数据传输精度的影响，根据温度传感器精度和温室数据特点，设计如下试验方法：

(1) 将节点 0 设置为汇聚节点，负责接收各传感器采集到的数据，通过串口线与 PC 机相连接，将数据和传输时间保存在数据库中。

(2) 将节点 1 设置为试验对比节点，阈值为 0℃，每隔 30s 采集一次数据，并实时传输给汇聚节点。

(3) 将节点 2、3 和 4 设置为阈值处理节点，阈值大小分别为：0.5℃、1℃ 和 1.5℃，每隔 30s 采集一次数据，节点根据阈值大小决定数据实时传输或者积累传输。

(4) 节点 2、3 和 4 的数据积累传输次数为 10 次，即数据在无跳变的情况下每 5min 至少传输一次数据，以避免数据出现间断。

图 3.14　试验设备

3.2.2.2　试验结果与分析

1. 阈值大小对数据精度的影响

如图 3.15 所示，试验结果选取 15:50 至 18:00 的一段时间内的数据作详细对比分析，该段时间内温度变化相对较快，能很好的检验传感节点数据预处理的有效性。由于各传感器之间存在一定的系统误差，阈值为 0 的试验数据并不能代表温度的真实值，只能详细反映温度的变化趋势，以此来比较不同阈值对数据准确度的反应能力。

由图 3.15 可知，当阈值为 1.5 时，得到的试验数据只能整体反映温度的变化趋势，当数据在较小范围波动时，该处理不能及时感知数据并作出处理，丢失了大量细节数据，不能满足精细控制和实时传输的要求。当阈值为 1 时，相较阈值 1.5 而言，不再只能反映温度的整体变化趋势，而是能够在某些时段较好地反映温度的细节变化，但仍不能感知出较细微的变化过程，丢失了部分细节数据，具有一定的精细控制和实时传输能力。当阈值为 0.5 时，与阈值为 0 比较可以发现，该处理对于温度的细微变化过程已具有一定的感知能力，能够很好地反映温度的整体和部

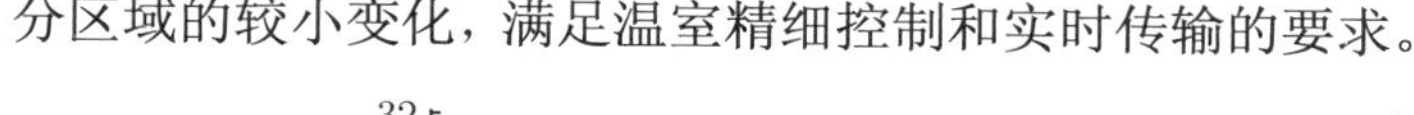
分区域的较小变化，满足温室精细控制和实时传输的要求。

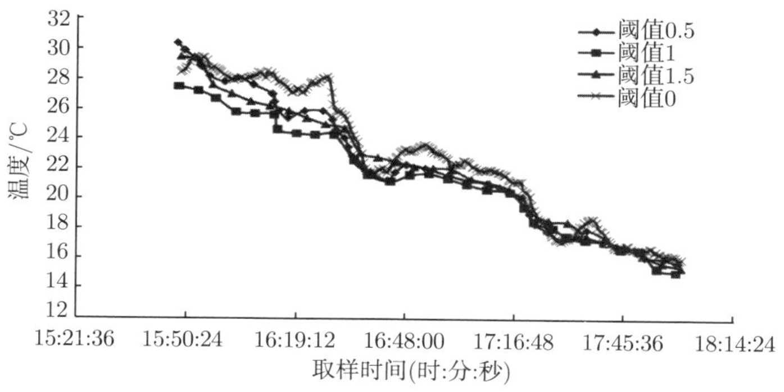

图 3.15 不同阈值的温度随时间变化关系

2. 阈值大小对数据传输量的影响

试验数据从 15:50 至 18:00 的一段时间内的数据传输次数如表 3.4 所示，其中跳变传输次数是指数据发生超阈值变化后的及时传输次数，可以体现不同阈值的实时处理传输数据的能力；积累传输次数是指数据在一段时间内没有跳变，且达到积累值的传输次数。由表 3.4 可知，阈值越大对于传输次数的限制效果越好；相对无阈值而言，3 个阈值处理都能够有效减少传感节点的传输次数，达到节约传感节点能量的目的；其中最少减少传输 195 次，占总传输的 81.9%。对于跳变传输次数，阈值越小传输次数越大，表明该处理的实时传输能力越好；其中阈值为 0.5 时的跳变传输次数为 37 次，占总传输次数的 86%。而对于积累传输次数则与阈值大小成正比，该值越大越不能精确反映真实数据。虽然阈值为 1 和 1.5 时，进一步减少了数据的传输次数，但也严重降低了数据的精度，综合考虑数据传输次数与精度之间的关系，最优阈值为 0.5。

表 3.4 不同阈值的数据传输次数

阈值大小/°C	数据传输次数	跳变传输次数	积累传输次数
0	238	–	–
0.5	43	37	6
1	29	6	23
1.5	28	3	25

3. 试验结论

对于阈值对数据精度和数据传输量的影响，通过分析得出如下结论。

(1) 基于事件驱动的数据阈值处理技术能够有效减少数据传输量，减少数据传输 81.9%；并且其计算量较小，符合无线传感器网络感知节点数据预处理技术的要求。

(2) 阈值的大小决定了数据精确度的高低和数据传输次数的多少，综合考虑数据传输次数与精度之间的关系，最优阈值为 0.5。

3.2.3 基于支持度函数的数据融合试验

3.2.3.1 试验设备与方法

试验于 2013 年 3 月在江苏大学玻璃温室内进行，试验设备与前述基于事件驱动的数据预处理试验相同。为了测试支持度函数中参数不同对汇聚数据融合效果的影响，设计如下试验方法：

(1) 将节点 0 设置为汇聚节点，负责接收各传感器采集到的数据，通过串口线与 PC 机相连接，将数据和传输时间保存在数据库中。

(2) 根据数据预处理试验结果，将节点 1、2 和 3 的阈值设置为 0.5°C，每隔 30s 采集一次数据，节点根据阈值大小决定数据实时传输或者积累传输。

(3) 节点 1、2 和 3 的数据积累传输次数为 10 次，即数据在没有跳变的情况下每 5min 至少传输一次数据，以避免数据出现间断。

(4) 得到试验数据后，计算支持度函数参数 $K=1$，β 分别为 0.5、1 和 1.5 时的融合值结果。

3.2.3.2 试验结果与分析

1. 节点支持度和的计算

如图 3.16 所示，试验选取 16:01 至 17:01 之间的各节点的测试数据作为原始数据进行详细分析。在此基础上，利用式 (3-6) 计算各节点不同 β 值的支持度总和，如表 3.5 所示。

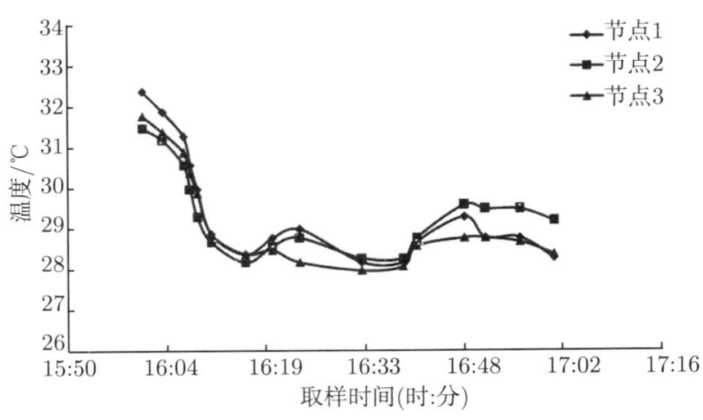

图 3.16 不同节点温度随时间变化关系

表 3.5 中，$i\beta_j$ 表示不同节点不同 β 值时各数据的支持度总和，其中 i 是节点号，取值 1、2 和 3；j 代表不同的 β 值，取值 0.5、1 和 1.5。由表可知，节点号相

同时，β 值越大，数据的支持度和越小；β 值相同时，数据之间的差值越小，其支持度和越大，表征了数据之间关联度越大。

表 3.5 不同 β 值时各节点支持度总和

$1\beta_{0.5}$	$2\beta_{0.5}$	$3\beta_{0.5}$	$1\beta_1$	$2\beta_1$	$3\beta_1$	$1\beta_{1.5}$	$2\beta_{1.5}$	$3\beta_{1.5}$
1.6921	1.7490	1.9351	1.4891	1.5958	1.8772	1.3412	1.4920	1.8252
1.8625	1.8920	1.9689	1.7476	1.8048	1.9396	1.6495	1.7328	1.9119
1.8802	1.8888	1.9833	1.7814	1.7984	1.9670	1.6982	1.7232	1.9510
1.9383	1.9265	1.9866	1.8837	1.8603	1.9734	1.8348	1.8003	1.9606
1.8928	1.8320	1.9391	1.8063	1.6917	1.8852	1.7351	1.5725	1.8371
1.9992	1.9984	1.9992	1.9984	1.9968	1.9984	1.9976	1.9952	1.9976
1.9992	1.9984	1.9992	1.9984	1.9968	1.9984	1.9976	1.9952	1.9976
1.9952	1.9992	1.9959	1.9904	1.9983	1.9919	1.9856	1.9975	1.9878
1.8292	1.9383	1.7692	1.7078	1.8837	1.5947	1.6170	1.8348	1.4567
1.9992	1.9959	1.9952	1.9983	1.9919	1.9904	1.9975	1.9878	1.9856
1.9999	1.9992	1.9992	1.9998	1.9983	1.9983	1.9997	1.9975	1.9975
1.9999	1.9992	1.9992	1.9998	1.9983	1.9983	1.9997	1.9975	1.9975
1.9657	1.8260	1.7997	1.9331	1.7014	1.6506	1.9023	1.6074	1.5337
1.8928	1.7856	1.8928	1.8064	1.6128	1.8064	1.7352	1.4704	1.7352
1.8928	1.7228	1.8300	1.8063	1.5158	1.7093	1.7351	1.3546	1.6193
1.7529	1.5830	1.8300	1.6037	1.3132	1.7093	1.5038	1.1234	1.6193

2. 数据融合结果的计算

在各数据支持度总和基础上，利用式 (3-10) 得出各数据的融合权重值，然后利用式 (3-11) 计算得到不同 β 值的融合结果，如表 3.6 所示。由表可知，选取的 3 个 β 值都能取得较好的融合效果，使其融合结果相对稳定，彼此之间的差异性较小。为了准确分析不同 β 值与原始数据之间的关联程度，采用灰色关联分析中的优势分析方法，计算各 β 值与原始数据之间的绝对关联矩阵，以此来判断不同 β 值时融合结果的优劣，获得最优 β 值 (刘思峰和谢乃明，2008)。

表 3.6 不同 β 值时汇聚融合结果

$\beta = 0.5$	$\beta = 1$	$\beta = 1.5$
31.8944	31.8898	31.8858
31.4978	31.4957	31.4938
30.9326	30.9319	30.9313
30.3341	30.3349	30.3357
29.7373	29.7408	29.7441
28.8333	28.8334	28.8334
28.3333	28.3334	28.3334
28.6333	28.6333	28.6333
28.6717	28.6760	28.6798
28.1667	28.1667	28.1667

3. 数据融合结果的灰色关联分析

灰色关联分析是根据序列曲线几何形状的相似程度来判断其联系是否紧密，曲线越接近，相应序列之间关联程度就越大，反之就越小。设 Y_1，Y_2，$\cdots$，Y_s 为系统特征行为序列，X_1，X_2，$\cdots$，X_m 为相关因素行为序列，且 Y_i，X_j 长度相同，$\gamma_{ij}(i=1，2，\cdots，s；j=1，2，\cdots，m)$ 为 Y_i 与 X_j 的灰色关联度，则称 $\boldsymbol{\Gamma}=(\gamma_{ij})=\begin{bmatrix}\gamma_{11} & \gamma_{12} & \cdots & \gamma_{1m}\\ \gamma_{21} & \gamma_{22} & \cdots & \gamma_{2m}\\ \vdots & \vdots & & \vdots\\ \gamma_{s1} & \gamma_{s2} & \cdots & \gamma_{sm}\end{bmatrix}$ 为灰色关联矩阵。

灰色关联矩阵中第 i 行的元素是系统特征行为序列 $Y_i(i=1，2，\cdots，s)$ 与相关因素序列 X_1，X_2，$\cdots$，X_m 的灰色关联度；第 j 列的元素是系统特征行为序列 Y_1，Y_2，$\cdots$，Y_s 与 $X_j(j=1，2，\cdots，m)$ 的灰色关联度。若存在 k，$i\in\{1，2，\cdots，s\}$，则满足

$$\sum_{j=1}^{m}\gamma_{kj}\geqslant\sum_{j=1}^{m}\gamma_{ij} \tag{3-12}$$

称之为系统特征 Y_k 准优于特征 Y_i。

类似地，可以定义广义灰色关联矩阵中的绝对关联矩阵为

$$\boldsymbol{A}=(\varepsilon_{ij})=\begin{bmatrix}\varepsilon_{11} & \varepsilon_{12} & \cdots & \varepsilon_{1m}\\ \varepsilon_{21} & \varepsilon_{22} & \cdots & \varepsilon_{2m}\\ \vdots & \vdots & & \vdots\\ \varepsilon_{s1} & \varepsilon_{s2} & \cdots & \varepsilon_{sm}\end{bmatrix} \tag{3-13}$$

利用灰色关联矩阵可以对系统特征或相关因素作优势分析。

设系统行为序列 $X_i=(x_i(1)，x_i(2)，\cdots，x_i(n))$，$D$ 为序列算子且

$$X_iD=(x_i(1)d,x_i(2)d,\cdots,x_i(n)d) \tag{3-14}$$

式中，$x_i(k)d=x_i(k)-x_i(1)$，$k=1, 2，\cdots，n$，则称 D 为起始点零化算子，X_iD 为 X_i 的始点零化像，记为

$$X_iD=X_i^0=(x_i^0(1),x_i^0(2),\cdots,x_i^0(n)) \tag{3-15}$$

设 X_0 与 X_i 的始点零化像分别为

$$X_0^0=(x_0^0(1),x_0^0(2),\cdots,x_0^0(n))$$

$$X_i^0=(x_i^0(1),x_i^0(2),\cdots,x_i^0(n))$$

则

$$|s_0| = \left|\sum_{k=2}^{n-1} x_0^0(k) + \frac{1}{2}x_0^0(n)\right| \tag{3-16}$$

$$|s_i| = \left|\sum_{k=2}^{n-1} x_i^0(k) + \frac{1}{2}x_i^0(n)\right| \tag{3-17}$$

灰色绝对关联度为

$$\varepsilon_{0i} = \frac{1+|s_0|+|s_i|}{1+|s_0|+|s_i|+|s_i+s_0|} \tag{3-18}$$

首先利用式 (3-14) 对原始数据和融合数据计算始点零化像，然后利用式 (3-16) ~ 式 (3-18) 计算绝对关联矩阵中的各绝对关联度，于是得到绝对关联矩阵

$$\boldsymbol{A} = \begin{bmatrix} 0.9350 & 0.9223 & 0.9945 \\ 0.9343 & 0.9230 & 0.9938 \\ 0.9338 & 0.9235 & 0.9932 \end{bmatrix}$$

其中，第一行的 3 个数值分别是 β=0.5 时，融合值相对节点 1、2 和 3 数据的绝对关联度；第二行为 β=1 时的绝对关联度；第三行为 β=1.5 时的绝对关联度。计算 3 组 β 值得绝对关联度和分别为

$$\varepsilon_{0.5} = 2.8518, \quad \varepsilon_1 = 2.8511, \quad \varepsilon_{1.5} = 2.8504。$$

根据式 (3-12) 可知，$\beta = 0.5$ 是汇聚数据融合的最优 β 值。

4. 结论

在基于支持度函数的汇聚数据融合中，对于支持度函数参数对于融合效果的影响，通过试验分析得出如下结论：

(1) 对于 K=1，β 分别取 0.5、1 和 1.5 时，都能得到较稳定的数据融合值，并且彼此之间的差异较小。

(2) 利用灰色关联分析中的优势分析方法得出温室数据融合最优 β=0.5，此时融合数据与原始数据之间的绝对关联度和最大。

(3) 利用基于支持度函数的汇聚数据融合，实现了多传感器数据融合的目的，能够达到温室决策控制的要求。

3.3 温室无线传感器网络环境监测系统性能试验

在所建立的无线电波衰减模型和数据节能传输策略基础上构建了温室无线传感器网络环境监测系统，通过试验验证系统的稳定性和节能效果。

3.3.1　系统构建方案

为构建合理、稳定和高效的温室无线环境监测系统提供可靠的技术支持，设计如图 3.17 所示的系统构建方案。

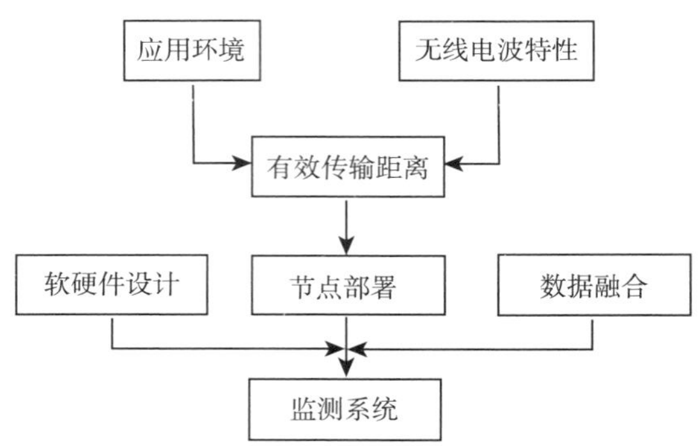

图 3.17　系统构建方案

在整个系统的构建过程中主要涉及软硬件的设计、节点部署和数据融合的实现。软硬设计又包括硬件选择、通信协议和上下位机软件开发等；节点部署主要是在应用环境和温室无线电波传播特性的基础上，得出节点部署个数和监测网络的拓扑结构。对于数据融合，就是以事件驱动的温室数据二次融合为基础，实现整个系统的节能传输。

3.3.2　系统硬件系统

3.3.2.1　CC2430 片上系统

CC2430 整合了 2.4GHz IEEE 802.15.4/ZigBee RF 收发机 CC2420 以及工业标准的增强型 8051 MCU 的卓越性能，还包括了 8KB 的 SRAM、大容量闪存以及许多其他强大的特性。

CC2430 采用高度集成的片上系统解决方案，包括强大的外设资源，如 DMA、定时/计数器、看门狗定时器、8~14 位 ADC、USART、睡眠模式定时器、上位复位电路、掉电检测电路和 21 个可编程 I/O 口，仅需很少的外置元件便可工作。CC2430 片上系统保持了 CC2420 具有的射频性能，包括超低功耗、高灵敏度、出众的抗噪及抗干扰能力；内部集成的 MCU 为强大的 8 位、单周期 8051 微控制核心。CC2430 片上系统功能模块结构如图 3.18 所示。

3.3.2.2　AM2302 温湿度传感器

AM2302 电容数字温湿度模块是一款含有已校准数字信号输出的温湿度复合传感器。该传感器包括一个电容式感湿元件和一个高精度测温元件，采用专用的数字模块采集技术和温湿度传感技术，确保具有极高的可靠性与卓越的长期稳定性，并具有超低能耗、传输距离远和易于系统集成等优点。

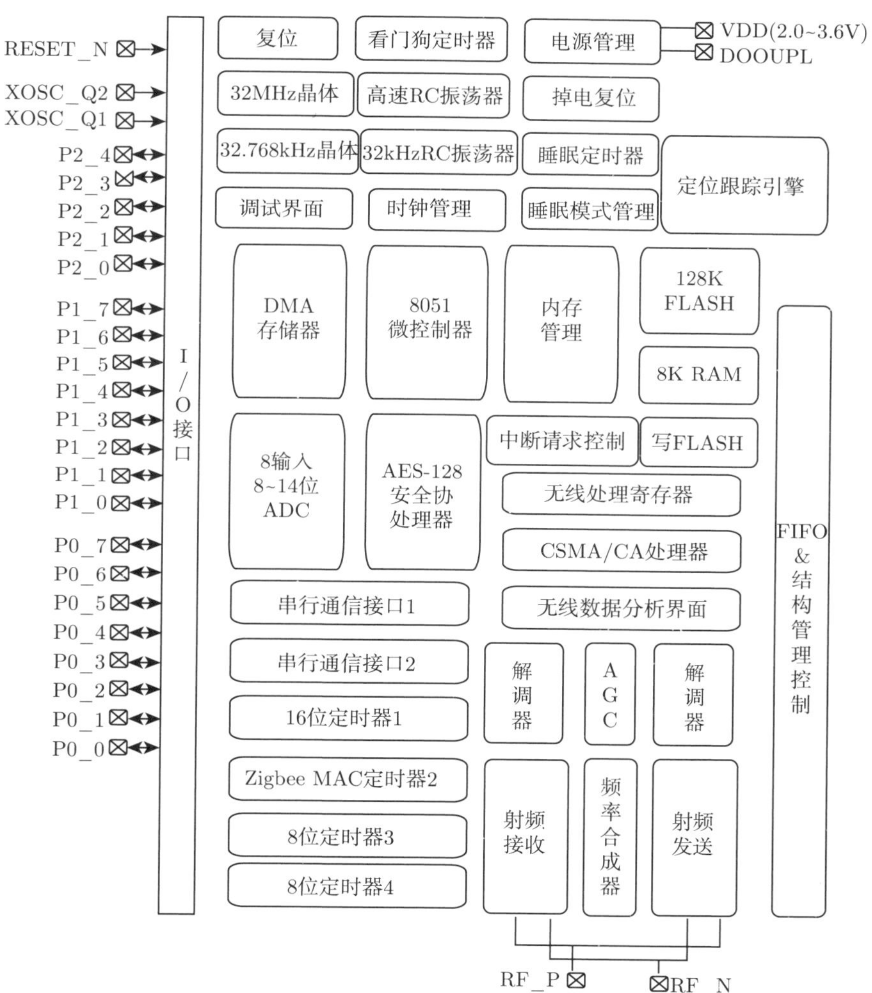

图 3.18 CC2430 功能模块结构图

CC2430 与 AM2302 的连接电路如图 3.19 所示。单总线通信模式时，AM2302 的 2 引脚接上拉电阻 $R2$ 后与 CC2430 的 I/O 口相连接，上拉电阻起到保证传感器信号的稳定性和限流作用。图中 $R1$ 和 $C1$ 可以增强传感器的抗干扰能力，$C2$ 起滤波作用，减少电源杂波干扰。

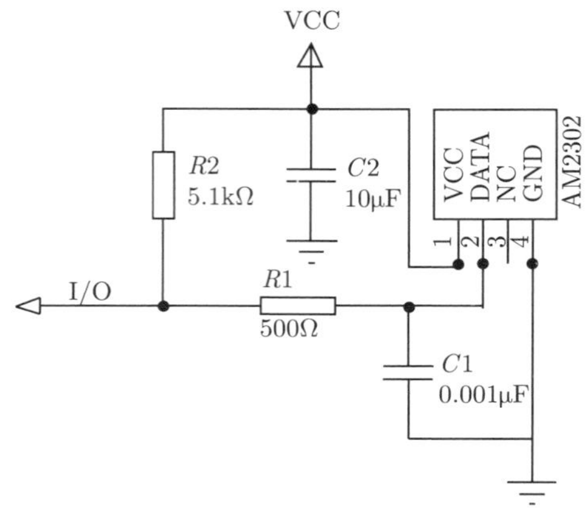

图 3.19 AM2302 连接电路

3.3.3 软件系统开发

3.3.3.1 TI Zigbee 协议栈

TI Zigbee 协议栈是一个基于轮询的操作系统，通过系统初始化和执行操作系统来实现，整个流程在 main() 函数中完成。总体上说，main() 函数主要完成两件工作：一是系统的初始化，即由启动代码来初始化硬件和软件架构需要的各个模块，为操作系统的运行做好前期准备工作；另一个是开始进入和执行操作系统，操作系统的主要作用就是事件的产生和处理。

操作系统事件处理流程如图 3.20 所示，系统的初始化主要分为初始化系统时钟、检测芯片工作电压、初始化堆栈、初始化硬件、初始化存储器、初始化芯片 MAC 地址、初始化非易失变量、初始化 MAC 层协议、初始化系统等。程序进入操作系统后，系统就开始不断地查询每个任务中是否有事件发生，如果发生，就执行相应的处理函数，如果没有发生，就查询下一个任务，并按这种方式一直循环下去。操作系统专门分配了存放所有任务事件的 tasksEvents[] 数组，每一个单元对应存放每一个任务的所有事件。系统通过循环来遍历 tasksEvents[]，查询需要处理的事件任务，然后跳出循环执行具体的处理函数。

3.3.3.2 温湿度测量发送程序

1. AM2302 通信原理

AM2302 采用简化的单总线通信，系统中的数据交换、控制均由一根数据线完成。CC2430 通过一个漏极开路或三态端口连至该数据线，单总线通常要求外接一个上拉电阻，当总线闲置时，其状态为高电平。由于它们是主从结构，只有主机呼叫传感器，传感器才会应答，因此主机访问传感器都必须严格遵循单总线序列，如果出现序列混乱，传感器将不响应主机，其具体通信时序图如图 3.21 所示，图中通信时间单位为 μs。

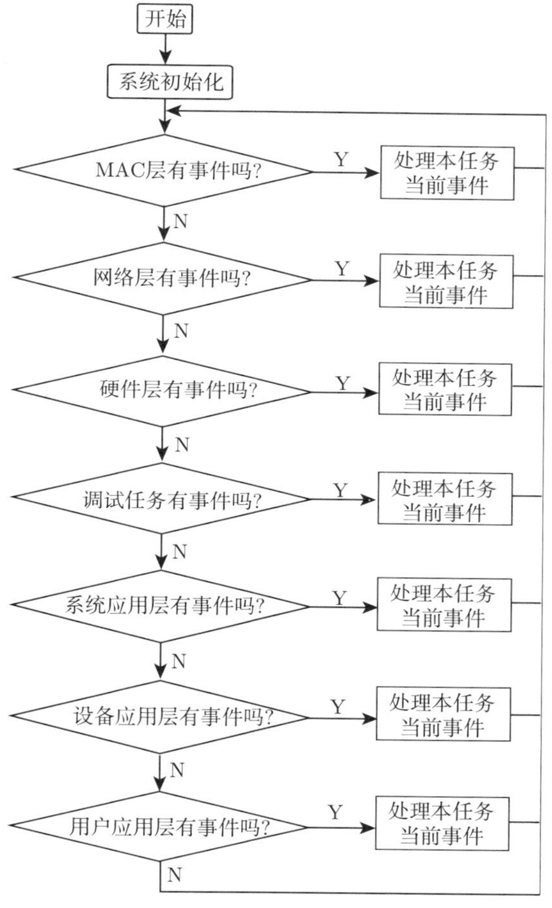

图 3.20 操作系统事件处理流程

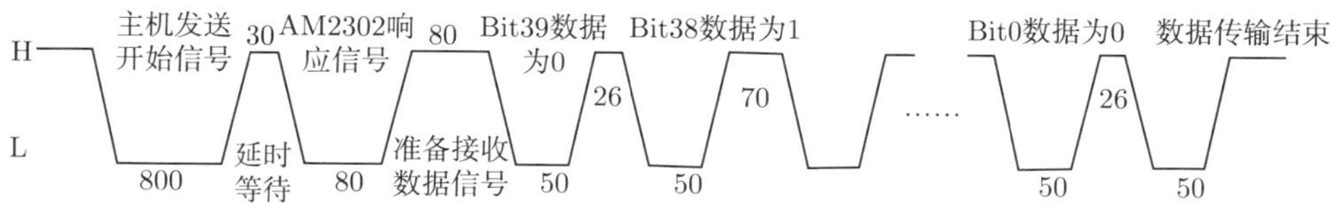

图 3.21 AM2302 通信时序图

AM2302 上电后，数据线由上拉电阻拉高一直保持高电平，DATA 引脚处于输入状态，时刻检测外部信号。当主机需要读取数据时，CC2430 将其 I/O 设置为输出，同时输出低电平，且低电平保持时间不小于 800μs；然后 CC2430 的 I/O 设置为输入状态，释放总线，由于上拉电阻，AM2302 的数据口电平也随之变高；等主机释放总线后，AM2302 由休眠状态转换到高速模式，并发送响应信号，即输出 80μs 的低电平作为应答信号，紧接着输出 80μs 的高电平通知主机准备接收数据。AM2302 发送完响应后，随后由数据口连续串行输出 40 位数据，发送的数据依次为湿度高位、湿度低位、温度高位、温度低位和校验位，主机根据 I/O 高低电平时间的不同决定每位数据是 0 或者是 1；发送数据结束后，传感器自动转入休眠模式，直到下一次通信来临。

2. 程序设计

图 3.22 为数据测量发送流程图，主要包括数据采集、处理和发送。数据采集由传感器事件触发，在数据采集过程中严格按照传感器控制时序进行；数据的预处理和发送是按照感知节点数据预处理算法来实现的。

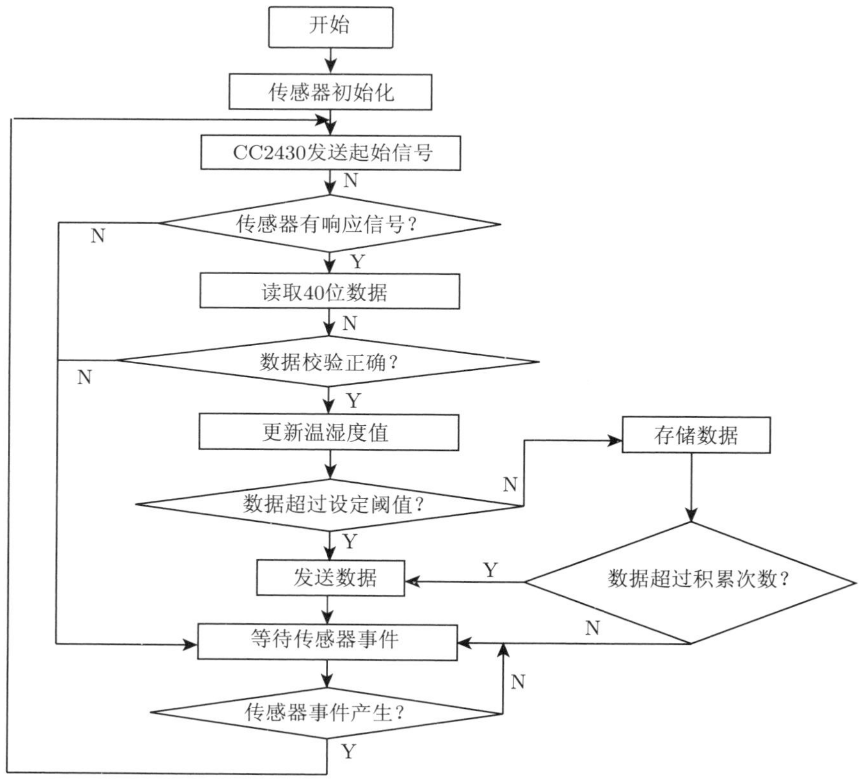

图 3.22 数据测量发送流程图

3.3.3.3 上位机系统监测软件开发

系统监控软件的设计主要包括系统配置、数据显示、数据库管理和帮助四部分内容，如图 3.23 所示。系统配置主要实现串口参数设置、打开串口和关闭串口等功能，完成系统工作之前的准备工作。在串口参数设置时，点击系统配置菜单中的串口参数设置，弹出串口参数设置对话框，如图 3.24 所示，根据实际需要填入相应串口号、波特率、奇偶校验、数据位和停止位，点击确认按钮即完成系统的基本配置工作。

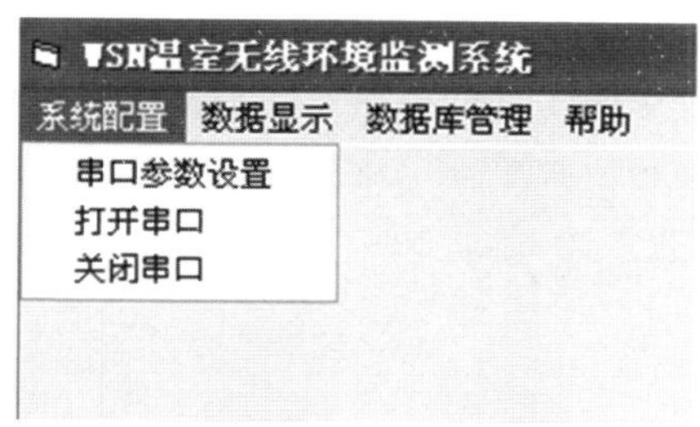

图 3.23 监测系统结构

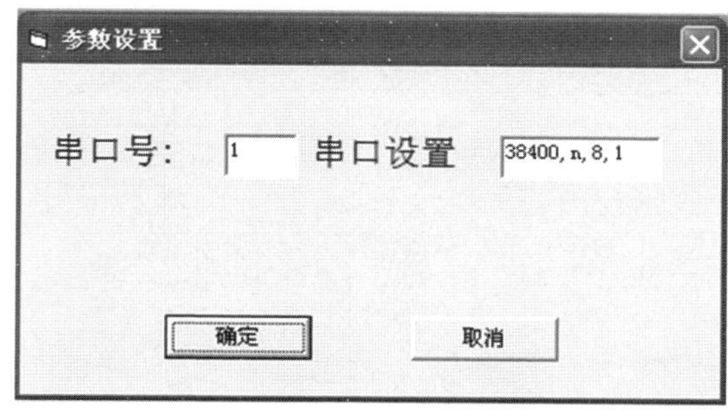

图 3.24 串口参数设置

数据存储是监控软件将传感器节点传输的数据实时保存到数据库的一种过程，已备管理人员查看和分析。本书主要通过 ADO(active data objects) 和 Access 实现数据的存储功能。通过 ADO 中的 Connection 对象建立和数据库 Access 的连接；使用 ADO 中的 RecordSet 对象变量实现向数据库中添加新记录和查询数据等功能。Access 中数据库格式如图 3.25 所示，包括 ID、日期/时间、节点号、温度和湿度五部分。

test

ID	日期/时间	节点号	温度	湿度
1	2013-3-31 下午 01:47:33	1	18.7	55.2
2	2013-3-31 下午 01:47:41	1	18.7	55.2
3	2013-3-31 下午 01:47:58	1	18.6	54.7
4	2013-3-31 下午 01:48:07	1	18.7	54.9
5	2013-3-31 下午 01:48:15	1	18.7	55

图 3.25 数据库格式

数据显示包括实时数据表和实时数据图两部分。实时数据表利用 Data Grid 控件实现，通过 ADO 中的 Connection 对象实现两个控件的绑定，可以使数据按照表格形式显示，如图 3.26 所示，具体形式与数据库中相同。实时数据图通过 MSChart 控件与 ADO 控件的绑定实现采集数据的实时显示功能，如图 3.27 所示。

ID	日期/时间	节点号	温度	湿度
1	2013-3-31 下午 01:47:33	1	18.7	55.2
2	2013-3-31 下午 01:47:41	1	18.7	55.2
3	2013-3-31 下午 01:47:58	1	18.6	54.7
4	2013-3-31 下午 01:48:07	1	18.7	54.9
5	2013-3-31 下午 01:48:15	1	18.7	55
6	2013-3-31 下午 01:48:23	1	18.7	54.6
7	2013-3-31 下午 01:48:40	1	18.7	54.8

图 3.26 实时数据表

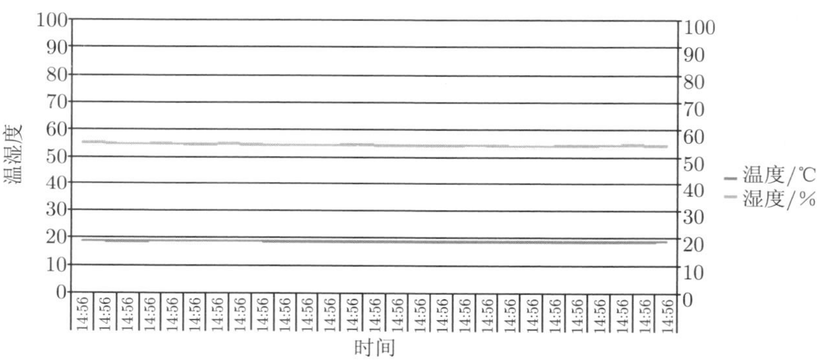

图 3.27 实时数据图

3.3.4 监测系统性能测试

3.3.4.1 连栋玻璃温室系统性能试验

1. 试验设备与方法

试验于 2013 年 4 月在镇江市京口区瑞京园玻璃温室内进行，玻璃温室长×宽为 39.2m×36m。试验设备如图 3.28 所示，主要包括 1 个汇聚节点、4 个传感器节点、PC 机、监控软件和三角架等。为了验证系统性能，测试了系统的丢包率和数据传输量，具体试验方法如下：

(1) 将节点 0 设置为汇聚节点，负责接收各传感器采集到的数据，通过串口线与 PC 机相连接，将数据和传输时间保存在数据库中。将节点 1、2 和 3 设置为感知节点，负责采集数据。各节点的在温室内的部署位置如图 3.29 所示。

(2) 为了测试系统的丢包率。节点 1、2 和 3 每隔 3s 采集一次数据，每个节点发送数据 100 次。首先依次打开节点 1、2 和 3，记录汇聚节点收到每个节点发送数据的次数；然后同时打开 3 个传感节点，记录汇聚节点收到发送数据的总次数；

重复测试 3 次。

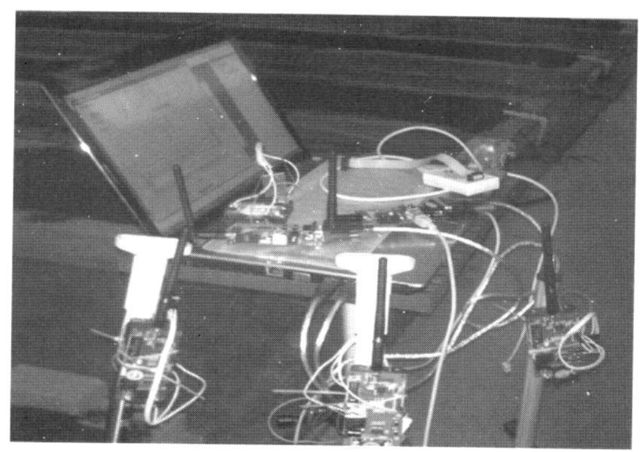

图 3.28 试验设备

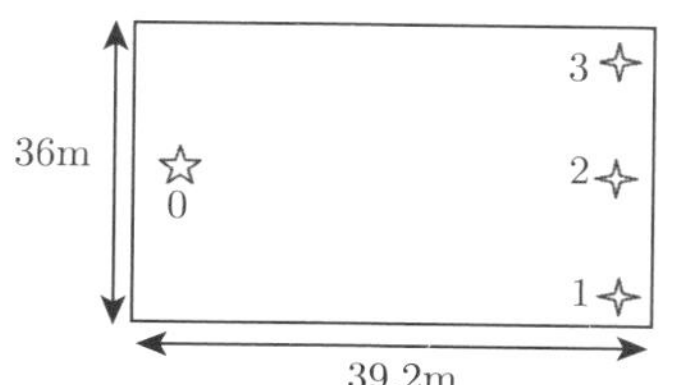

图 3.29 传感节点部署位置

(3) 为了测试系统数据处理的效果。根据无线电波传播特性试验结果，将节点 0 汇聚节点的支持度函数的参数设置为：K=1，β=0.5。将节点 1、2 和 3 的预处理阈值设置为 0.5℃，每隔 30s 采集一次数据，节点根据阈值大小决定数据实时传输或者积累传输。增加对比节点 4，每隔 30s 采集一次数据。

2. 试验结果与分析

1) 系统丢包率

经过三次重复试验，得到如表 3.7 所示的试验结果，表中 1、2 和 3 组数据表示同时打开各节点的试验结果。由表可知，在单独打开各节点时，三次测得的系统丢包率都为 0，表明系统具有较高的通信质量；在同时打开各节点时，系统出现了

表 3.7 三次重复试验系统丢包率

节点号	第一次丢包率/%	第二次丢包率/%	第三次丢包率/%
1	0	0	0
2	0	0	0
3	0	0	0
1、2 和 3	1	0.7	1.3

较小的丢包现象，最大为 1.3%，这主要是由于节点的数据冲突造成的，可在固定采集周期的基础上增加随机数的方法来解决。总体而言，系统具有较高的通信质量，能够达到温室数据监测的要求。

2) 数据融合效果

试验中 17:30 至 18:37 之间的各节点温湿度值和融合值如图 3.30 和图 3.31 所示。由图可知，支持度函数能够根据数据之间的关联程度合理分配数据的融合权重值，使得融合结果侧重于关联度较大的数据。当各节点数据之间的相对差值较大时，基于支持度函数的融合值要大于平均值，融合结果与原始数据相比更接近于关联度较大的两组数据。当各节点数据值的相对差值较小时，基于支持度函数的融合值与平均值大小相同，起到求平均值的效果。

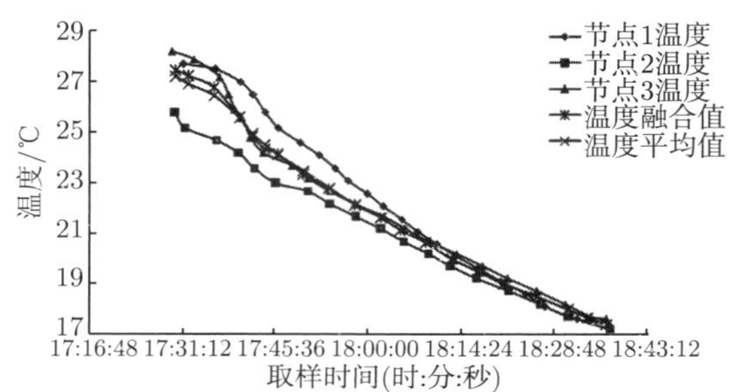

图 3.30 节点温度值和融合值

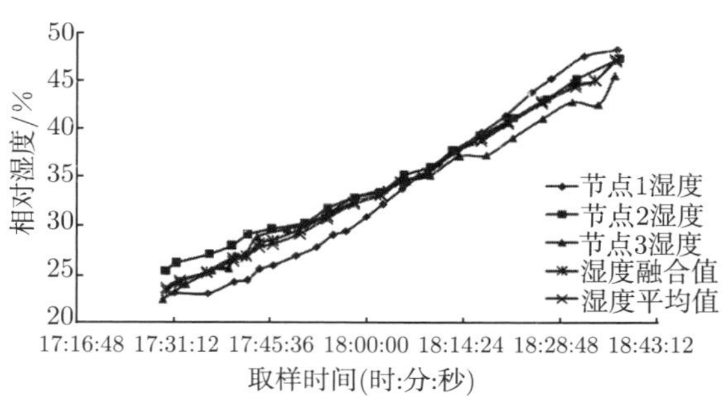

图 3.31 节点湿度值和融合值

从温度和湿度融合结果可知，基于支持度函数的数据融合是一种加权平均算法，能够根据数据之间的关联程度计算出各原始数据的加权值大小，在实际应用中的融合效果要优于算术平均值。

3) 数据传输量

试验数据从 17:30 至 18:37 之间的一段时间内的数据传输次数如表 3.8 所示。由表可知，在相同时间内，各数据阈值预处理节点的数据传输次数要明显小于无处理节点的数据传输次数，其中最少减少传输 114 次，占总传输次数的 83.8%。说明阈值预处理技术能够有效减少感知节点的数据传输量，达到延长网络生命周期的效果。

表 3.8 节点数据传输次数

节点号	传输次数	节点号	传输次数
1	22	3	22
2	18	4	136

3.3.4.2 大棚间系统性能试验

1. 试验设备与方法

试验设备和方法与上述连栋玻璃温室性能试验相同。节点的部署方式如图 3.32 所示，图中分别对大棚进行奇偶数编号，左侧一排采用奇数编号，右侧一排采用偶数编号；根据棚间 39m 的有效传输距离，分别将各节点布置在相应棚内，其中节点 0 固定在 1 号棚内，节点 1 固定在 2 号棚内，节点 2 固定在 10 号棚内，节点 3 固定在 9 号棚内。

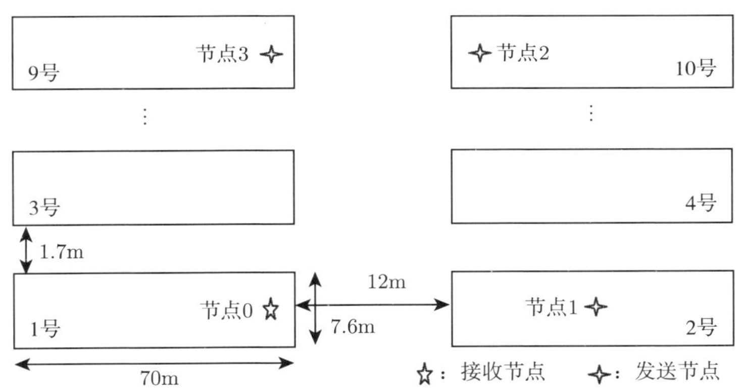

图 3.32 传感节点部署位置

2. 试验结果分析

1) 系统丢包率

经过三次重复试验，得到如表 3.9 所示的试验结果。由表可知，在单独打开各节点时，三次测得的系统丢包率都为 0，表明系统具有较稳定的通信质量；在同时打开各节点时，系统出现了较小的丢包现象，最大为 1.7%，这主要是由于节点的数据冲突造成的。总体而言，系统具有较高的通信质量，能够达到温室数据监测的要求。

表 3.9 三次重复试验系统丢包率

节点号	第一次丢包率/%	第二次丢包率/%	第三次丢包率/%
1	0	0	0
2	0	0	0
3	0	0	0
1、2 和 3	1	1.3	1.7

2) 数据融合效果

试验中各节点温湿度值和融合值如图 3.33 和图 3.34 所示。在试验过程中，由于 2 号大棚处在树荫内，导致节点 1 的温度偏小、湿度偏大。由图可知，当节点之间数据差值较大时，支持度函数能够根据数据之间的关联程度合理分配数据的融合权重值，使得融合结果优于平均值。当各节点数据值的相对差值较小时，基于支持度函数的融合值与平均值大小相同，起到求平均值的效果。

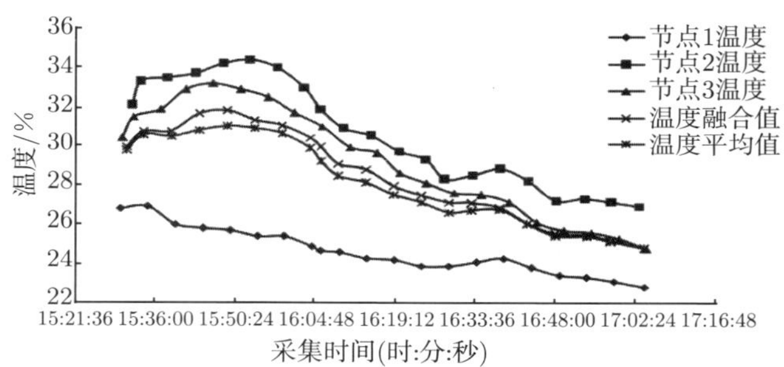

图 3.33 节点温度值和融合值

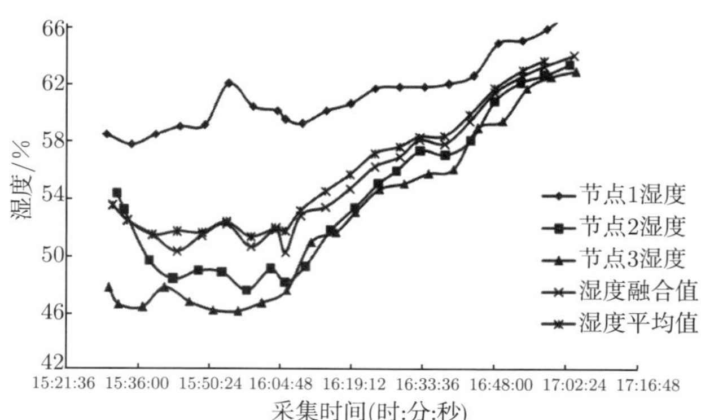

图 3.34 节点湿度值和融合值

由试验结果可知基于支持度函数的数据融合是一种加权平均算法，能够根据数据之间的关联程度计算出各原始数据的加权值大小，在实际应用中的融合效果要优于算术平均值。

3) 数据传输量

试验中节点的数据传输次数如表 3.10 所示，由表可知，在相同时间内，各数据阈值预处理节点的数据传输次数要明显小于无处理节点的数据传输次数，其中最少减少传输 122 次，占总传输次数的 85.9%。与 3.2.2.2 节试验结果相比，该试验也起到相应的效果，说明阈值预处理技术能够有效减少感知节点的数据传输量，达到延长网络生命周期的效果。

表 3.10 节点数据传输次数

节点号	传输次数	节点号	传输次数
1	20	3	21
2	21	4	142

3.3.4.3 试验结论

在玻璃温室和大棚内两次系统性能试验中，通过对数据丢包率和数据节能处理综合对比分析，得出如下结论：

(1) 系统具有较高的通信质量，即使在多节点同时发送数据的过程中，系统的丢包率最大也只有 1.7%。

(2) 基于事件驱动的数据阈值预处理能够起到剔除冗余数据减少数据传输量的目的，在采集频率为 30s 时，减少数据传输 80% 以上。

(3) 基于支持度函数的数据融合能够根据数据之间的关联程度计算出各原始数据的加权值大小，在实际应用中的融合效果要优于算术平均值。

第 4 章　基于物联网的温室环境测控通用系统开发

由于温室结构参数和规模不同，在基于物联网的设施农业环境测控系统的实际应用过程中，需要根据现场实际的环境感知传感器、控制执行器的数量和类型，以及信息传输方式来定制应用软件，不仅造成大量的人力物力的浪费，也提高了系统的生产成本，限制了物联网系统的应用。

在实际应用中通常是通过多种测控网络传输方式相互转换，共同实现数据的传输，如何实现异构网络协议的统一转换以及网络节点的管理是物联网技术应用的一个核心问题。如 Morais 等 (2008) 通过网关实现 WiFi 与 GPRS 网络的数据传输协议进行相互转换。尤著宏等 (2008) 设计的网关实现 Zigbee 网络节点和 RS-232 数据转换传输，实现环境信息的监测。蒋鹏等 (2010) 开发的环境监测系统网关，实现 Zigbee 传感器网络和 GPRS 通信网络间的数据转换传输。王卫星等 (2010) 开发的智能网关采用 S3C2410 为核心处理器，采用串口与汇聚节点通信的方法，实现了以太网和 GPRS 通信网络的数据交互。陈琦等 (2011) 开发的物联网网关采用 S3C2440 处理器，实现 Zigbee 传感器网络和基于 GPRS 通信的互联网之间的数据转换传输。肖绍章等 (2012) 设计的智能网关采用 LPC2132 处理器，实现 Zigbee 和 TD-SCDMA 网络协议的相互转换。张海辉等 (2012) 开发的 ReGA 网关，采用 S3C2410 处理器以及 WinCE 操作系统，实现 Zigbee 网络节点的统一管理以及与远程服务器的交互。乔雷等 (2012) 开发的物联网网关，采用 Android 操作系统，实现蓝牙网络和互联网的数据传输。赵海等 (2012) 设计了多核嵌入式网关，采用 Nut/OS 操作系统，实现无线传感器网络和互联网的通信转换。Zheng 等 (2014) 开发的智能网关，使用 MSP430F149 作为核心处理器，实现传感网络和 GPRS 网络的通信转换。Pesko 等 (2014) 使用 Samsung 公司的 i8910 手机作为 VESNA 传感器节点之间进行蓝牙通信的智能网关，并实现节点的统一管理。

为了实现数据从一个终端到另一终端的传输需要制定数据传输协议标准。毛瑞霞等 (2006) 提出基于 KQML 和 SOAP 相结合的知识通信架构，各 Agent 之间通过 KQML 实现基于内容的通信。Nguyen 和 Kowalczyk (2007) 提出了集成 Web Service 和 Agent 的 WS2JADE 平台，实现 Agent 和 Web 服务互操作的通信语言并进行数据同步传输。Saraiva 等 (2007) 等研究开发了精准农业标记语言 (PAML)，并设计面向消息的 Web 服务实现系统间数据的自由传输。蒋辉等 (2008) 设计了基于 XML 描述标准的农业专家系统的异构数据描述，并通过调用 Web Service

实现数据的相互传输。吴华瑞等 (2008) 提出了基于 XML 的农业信息四元组数据模型 (MCOD) 进行系统间的数据同步传输。Wolfert 等 (2010) 设计了面向服务架构 (SOA) 的 EDI-Teelt 数据标准，实现农场管理系统 (FMS) 和其他系统之间的数据传输。王汝传等 (2010) 实现了基于 Agent 的 WSN(无线传感器网络) 中间件 DisWare，通过 Agent 主体的高层交互实现 WSN 的数据传输。Schuster 等 (2011) 设计基于 XML(可扩展标记语言) 的 M 语言，并以 Web Service 为通信机制，实现不同计算模型之间的农情数据通信。Saraiva 等 (2007) 研究并开发了精准农业标记语言 (PAML)，并设计面向消息的 Web 服务实现系统间数据的自由传输。Nikkila 等 (2012) 采用 REST 数据传输服务实现了农业作物数据与其他平台进行同步。戴建国等 (2012) 采用 REST 的系统架构以及 XML、AgroXML 规范设计了适合中国国情的农情数据结构描述标准，实现不同平台间的数据交互。施国杰等 (2013) 设计的远程调控系统实现温室与基地间进行 TCP/IP 协议的数据同步，基地与服务器间进行基于 XML 的数据同步。

通过构建数据服务和 Web 应用为用户提供基于物联网的测控参数数据远程浏览和操作功能，软件体系结构主要包括客户机/服务器 (C/S) 和浏览器/服务器 (B/S)2 种方式。陈晓等 (2008) 开发的温室远程控制客户端采用 Web 服务中间件和 SQL Server 实现温室环境的远程控制。刘云和刘传菊 (2010) 开发了基于 B/S 的温室远程监控系统，采用 ASP.NET 和 SQL Server 进行构建数据服务和 Web 应用，实现温室环境参数的远程监控。Gao 和 Du (2011) 采用嵌入式 Web 服务器和 SQLite 数据库实现基于互联网的远程温室监测系统。曹建英 (2011) 使用 Aparche 作为 Web 服务器和使用 PostgreSQL 数据库构建基于 Web 的温室环境数据采集系统。项鹏 (2012) 采用 ASP.NET 平台实现作物信息采集管理 Web 应用系统，并实现 Android 手机与服务器交互的信息监测应用。熊迎军等 (2012a) 构建了 B/S 模式的温室环境信息管理系统，实时地存储温室环境信息，并实现 AJAX 模式的 Web 应用。Montoya 等 (2013) 开发了基于网格网络和 Android 系统的集约型农业监控系统应用。Kubicek 等 (2013) 提出农业地理应用的无线传感器网络计量型数据的可视化集成系统并构建了系统的门户网站。Abhfeeth 和 Ezhilarasi(2013) 采用 PHP 设计了温室环境监测与控制的 Web 应用软件。刘锦等 (2013) 开发的温室环境监测系统采用物联网架构实现 Android 智能手机的温室环境实时监测。李慧等 (2013) 开发的远程监控系统采用 Android 手机实现水产养殖数据的远程监测以及使用 SQLite 实现数据存储。夏于等 (2013) 在 ASP.NET 环境开发了基于 B/S 模式物联网管理系统，实现对作物环境的采集、处理、存储，并为用户提供数据服务。刘永华等 (2014) 开发的温室信息管理系统采用.net平台进行开发，实现对温室环境参数的自动采集和控制功能的网络终端系统。董学枢 (2014) 开发了温室环境监控平台，采用面向对象的.net 编程以及 SQL Server 同时构建了基于 C/S 和 B/S 两种架构的温室环境监测的应用。盛占石和吴玑琪 (2014) 采用 BOA 搭建 Web 服务器以及使用 SQLite 数据库进行数据存储，实现温室远程监测。

4.1　基于 Android 系统的温室环境测控智能网关开发

通常在温室部署多种测控网络节点进行数据采集、传输以实现温室环境的监测与调控，因受环境条件、成本因素的限制，环境数据的传输途径主要包括无线、有线 2 种方式。由于不同传输网络的数据结构和传输协议不同，需要一个智能设备实现对多种异构网络传输的数据进行统一管理，并满足用户自身测控需求实现温室环境的监测与控制等功能。近年来，嵌入式计算机技术得到飞速发展，由于 Android 操作系统的开放性、大众性，在智能设备上得到广泛的应用。本章设计了基于 Android 系统的智能网关系统，为实现温室环境测控异构网络的统一管理开辟了新的途径。

4.1.1　温室环境测控系统结构

针对温室环境复杂、监测参数和调控因子多，需在温室部署多种环境测控通信网络进行数据传输等特点，开发了基于 Android 系统的智能网关，实现温室环境测控异构网络群的统一管理，总体结构如图 4.1 所示。

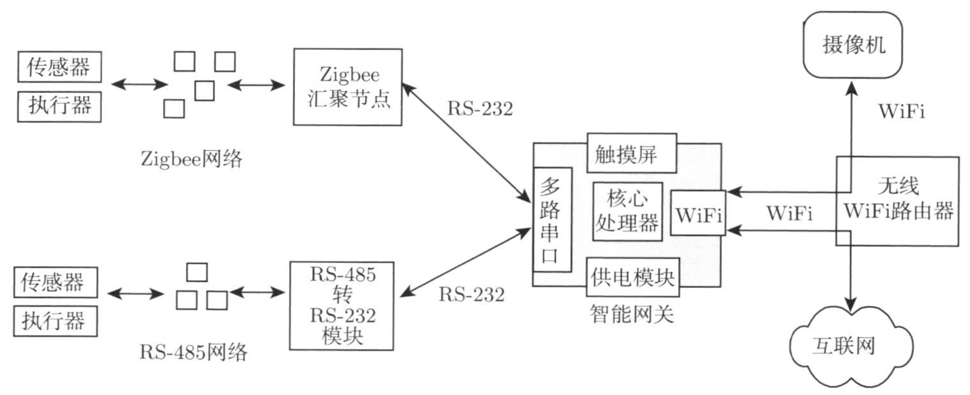

图 4.1　温室环境测控系统的总体结构

智能网关的主要功能包括：

(1) 智能网关通过汇聚节点(如 Zigbee 汇聚节点、RS-485 转 RS-232 模块) 的扩展与温室网络群里部署的测控单元进行通信，实现温室环境的采集与控制。测控单元连接各种类型的传感器，实现各种温室环境感知传感器参数 (CO_2 浓度、光照度、空气温度、空气湿度等) 的采集、传输；测控单元通过驱动多路继电器组合模块，实现对温室环境调节的执行器进行驱动。

(2) 智能网关通过无线路由器生成的 WiFi 信号与接入此网络的摄像机进行通信，实现温室图像的采集，并接入互联网。

(3) 智能网关通过在触摸屏上构建友好的用户界面，实现人机交互平台，通过输入基于通信数据流的异构网络协议、测控参数信息，实现温室环境异构网络的统一管理。

4.1.2 智能网关硬件平台

针对智能网关在温室环境测控系统中进行多种通信网络的数据交互、计算、存储，以及人机交互等功能，要求智能网关具有较快的 CPU 运算处理速度和丰富的通信网络外设接口，硬件平台选用图 4.2(a) 所示的 RP4412 型平板设备作为系统的智能网关。其使用 Exynos4412 为核心处理器，运行主频 1.5GHz，具有 1GB 内存和 4GB 非易失存储器，可扩展 SD 存储卡，支持串口通信 (RS-232)、WiFi、3G 等接口，集成触摸电容屏。

智能网关与外界数据交互方式为：智能网关的多路串口通信接口与温室环境测控网络的汇聚节点进行连接，实现如图 4.2(b) 所示的基于 Zigbee、RS-485 通信方式的测控网络扩展；智能网关通过无线路由器生成的 WiFi 网络或者通过直接内插 3G 上网卡，实现接入互联网。

(a)实物图

(b) 硬件结构示意图

图 4.2 智能网关

4.1.3 智能网关软件功能设计

智能网关烧录 Android 4.0 操作系统，可以运行基于 Android 系统开发的大多数应用程序 (吴善财，2012)。

4.1.3.1 软件开发环境

(1) Java 编译环境：JDK1.7.0。

(2) 集成开发环境：Eclipse、Android SDK、ADT。

(3) 数据库平台：SQLite。

4.1.3.2　软件总体结构

温室异构网络群中的各个测控单元以 Zigbee、RS-485 等通信方式将数据进行汇聚至各自的汇聚节点，汇聚节点以一串表示特定信息的数据流 (B1,···,BN) 与智能网关进行数据传输。同时，智能网关也可以将表示特定信息的数据流向汇聚节点传输，汇聚节点再转发至各个测控单元。智能网关的应用程序通过 JNI(Java native interface) 对底层内核资源进行调用，实现与 C、C++ 语言编写的通信程序进行交互功能，进而实现特定信息数据流的接收和写入功能 (Tan，2010)。

为避免测控单元、执行器、传感器等设备的类型、数量需求变更而导致应用程序二次开发，实现接入智能网关的温室环境测控网络的统一管理功能，设计方法为：根据温室现场安装的数据采集单元、执行器、传感器监测参数等信息进行配置，智能网关自适应地对数据流进行解析、存储温室环境监测参数，自适应地封装执行器驱动数据并发送数据流。

本书将测控单元分为用于采集监测参数的数据采集单元和用于执行器驱动的控制单元。基于 Android 系统的智能网关应用软件主要模块如图 4.3 所示。

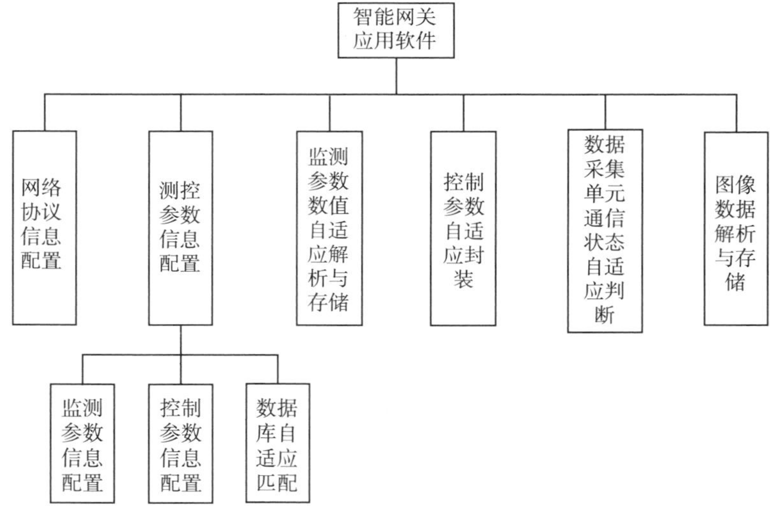

图 4.3　智能网关软件结构

4.1.3.3　网络协议信息配置

针对测控单元与外界的数据通信协议中包含网络协议标识、测控单元标识等信息，以及具有数据转发功能的汇聚单元与智能网关之间存在通信速率匹配等因素，为实现智能网关与测控单元能够自适应地根据不同的网络协议对通信数据流中的信息进行提取，构建表 4.1 各个配置项的网络协议信息，用户通过界面输入网络协议标识、数据格式、测控单元 ID 在数据流的起始字节、终止字节、波特率等信息保存至本地 XML 文件，以选配不同网络的协议。

表 4.1 网络协议信息配置项

配置项	标识	说明
网络协议标识	N_ID	测控单元通信数据流所表示的网络协议数值，十六进制表示
数据格式	D_Formate	如 ASCII 码格式、十六进制码格式
测控单元 ID 在数据流的起始字节、终止字节	DRUID_StartByte、DRUID_EndByte	测控单元标识在数据流的位置信息，设数据流为 B1, $\cdots$, BN，第 X 至第 Y 字节表示测控单元 ID，即 BX, $\cdots$, BY，则 X 为始字节，Y 为终字节，其中 $1 < X \leqslant Y < N$
波特率	Baudrate	智能网关与汇聚节点间的通信数据传输速率

4.1.3.4 测控参数信息配置

1. 监测参数信息配置

在温室部署环境感知传感器、数据采集单元对监测参数数值进行采集，为实现用户根据自身监测需求对监测参数信息进行配置，以实现监测参数数值的自适应解析、计算、存储等功能为目标，定义了表 4.2 的各个配置项，并构建用户的配置界面，实现用户对监测参数信息输入并保存至数据库，实现用户对已经存储至数据库的监测参数信息的列表查看，并对列表显示的每个监测参数配置信息提供编辑、删除等功能以对数据库进行更新。

2. 控制参数信息配置

在温室部署控制单元、驱动执行器对温室环境进行调节，为实现用户根据自身环境控制需求，对环境控制参数信息进行配置，并以实现温室环境控制参数自适应封装并发送通信数据流至控制单元，进而通过继电器进行执行器驱动为目标，定义表 4.3 的各个配置项，并构建用户配置界面，实现用户对控制参数信息输入并保存至数据库，实现用户对已经存储至数据库的控制参数信息的列表查看，并对列表显示的每个控制参数配置信息提供编辑、删除等功能以对数据库进行更新。

3. 数据库自适应匹配

针对不同的测控参数需求，温室现场采集的监测参数、用户输出的控制参数等信息不同，以实现数据库的各个数值存储表格能够根据测控参数信息进行自适应匹配为目标，实现数据采集单元通信状态、监测参数数值、控制参数数值表的自适应生成功能。数据库表格建立以及表格间的对应关系如图 4.4 所示，监测参数

表 4.2　监测参数信息配置项

配置项	标识	说明
数据采集单元 ID	DRU_ID	用于采集监测参数信息的测控单元在网络中的唯一标识号，如数字型输出的空气温湿度变送器的数据采集单元 ID 为 "f1"
监测参数名称	Name	如 "空气温度"
监测参数 ID	SN_ID	环境监测参数的唯一标识号，如空气温度标识号为 "f11"
数值单位	Unit	监测参数的单位信息，如湿度单位 "%RH"
监测地点	BelongGH	如 "东温室"
监测参数在数据流的起始字节、终止字节	StartByte、EndByte	监测参数在表示特定信息数据流的位置信息，如二氧化碳浓度采集的十六进制数据流为 "C2 04 02 03 91 C8 5C"，其中，二氧化碳浓度数值的起始字节为 4，终止字节为 5，即 0391 hex
数值转换系数、偏移量	EndByte、TranVal	设数据流中的解析出的初始监测参数数值为 v，转换系数为 c，偏移量为 p，则实际值 $\text{val}=(v-p)\times c$
最小值、最大值	MinVal、MaxVal	监测参数正常值范围，作为监测参数异常的判断依据，以及作为趋势图的端点坐标
突变阈值	ChangeThro	监测参数的当前时刻采集值与前时刻采集值的绝对差值最大阈值
进制表示	Jinzhi	监测参数所在数据流的进制表示形式

表 4.3　控制参数信息配置项

配置项	标识	说明
控制单元 ID	CU_ID	用于温室环境控制的测控单元在网络中的唯一标识号
控制地点	C_Position	环境控制地点的命名
控制参数 ID	C_ID	驱动执行器唯一标识
控制参数名称	C_Name	驱动执行器名称
控制对象在组合数据起始 bit 位、终止 bit 位	C_StartBit、C_EndBit	各个执行器驱动命令表示驱动关系控制组合数据流的位置信息，如组合数据为 8080(十六进制)，即二进制为 1000 0000 1000 0000，天窗驱动在 bit0，则起始位为 1，终止位为 1
控制数值 1(on) 二进制码	C_Status1	如，控制风机开启的执行器驱动命令二进制码为 01
控制数值 2(off) 二进制码	C_Status2	如，控制风机关闭的执行器驱动命令二进制码为 10

信息表 (sensortable_ch table) 的列名与表 4.2 的各个配置项标识对应，控制参数信息表 (ctltable_ch table) 的列名与表 4.3 的各个配置项标识对应，当用户对测控参数

信息进行配置时，将 DRU_ID、SN_ID、C_ID 对应的输入信息进行提取，分别进行图 4.4 右半部分 3 个表格的自适应匹配。其中，监测参数数值表 (sensorvalue table) 的自适应匹配工作流程如图 4.5 所示，数据采集单元通信状态表 (communi-status table)、控制参数数值表 (controlvalue table) 的自适应匹配流程与图 4.5 所示类似。

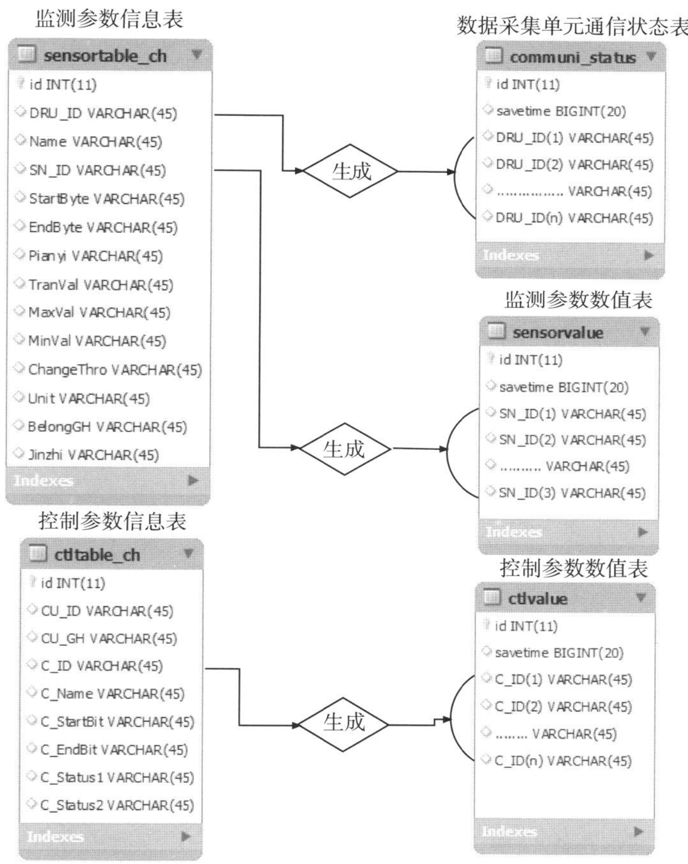

图 4.4 数据库表格设计及关系

4. 监测参数数值自适应解析与存储

智能网关实时接收各个数据采集单元的通信数据流，数据流按照固定的数据格式进行编码并存储各个监测参数的数值信息，应用程序根据已经存储在智能网关的网络协议信息、监测参数信息进行查询，实现监测参数初始数值在数据流的自动解析并根据采集的模拟电压或者数字型传感器的数值与实际值之间存在的对应关系，自适应地计算出实际值，并存储至监测参数数值表。

监测参数数值自适应解析的实现原理如下：

(1) 应用程序初始化时查询监测参数信息表用于建立存储各个监测参数 ID 与

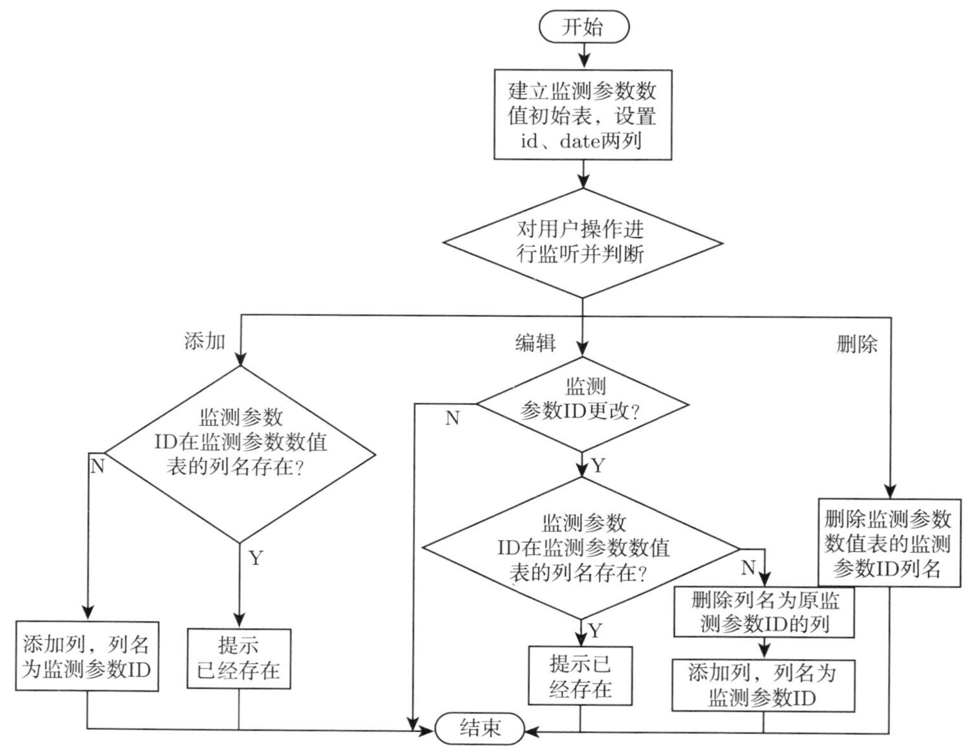

图 4.5　监测参数数值表格自适应匹配流程图

实际数值相对应的初始哈希表 SensorVal_map(监测参数 ID，0)。

(2) 应用程序运行过程中实时对通信网络进行监测，当串口通信网络有数据流接收发生中断时，通过接口 InputStream.read(byte[] buffer) 读取 JNI 的数据流，转换成 16 进制字节数组，调用串口数据解析线程。

(3) 串口数据解析线程中，将数据进行字符转换，并保存在字符串数组中。首先提取字符串数组首字节向网络协议信息配置生成的 XML 文件查询网络协议标识进行匹配判断，如果未存在该网络协议的描述，则提取字符串数组前 2 字节再次匹配判断，不匹配则表示非本系统的数据流，匹配则根据数据采集单元 ID 在通信数据流的起始字节、终止字节、数据格式描述，提取数据采集单元 ID。再根据数据格式描述进行数据流的编码格式还原至字符数组 (如果为 ASCII，则每个数组元素存放 1 个字符；如果为 16 进制，则每个数组元素放 1 个 16 进制的数据字符)。

(4) 查询监测参数信息表中当前数据采集单元 ID 所对应的每一项监测参数信息描述并存储于列表 ArrayList。对列表进行逐项查询，根据列表的每一项监测参数在数据流的起始字节、终止字节的描述，将字符数组中存储的监测参数数值进行字符串提取，并根据进制表示将字符串转换成初始数值，减去偏移量，乘以转换系数，计算出实际值，并存储在哈希表 SensorVal_map(监测参数 ID，监测参数实际值)。主要软件流程如图 4.6 所示。

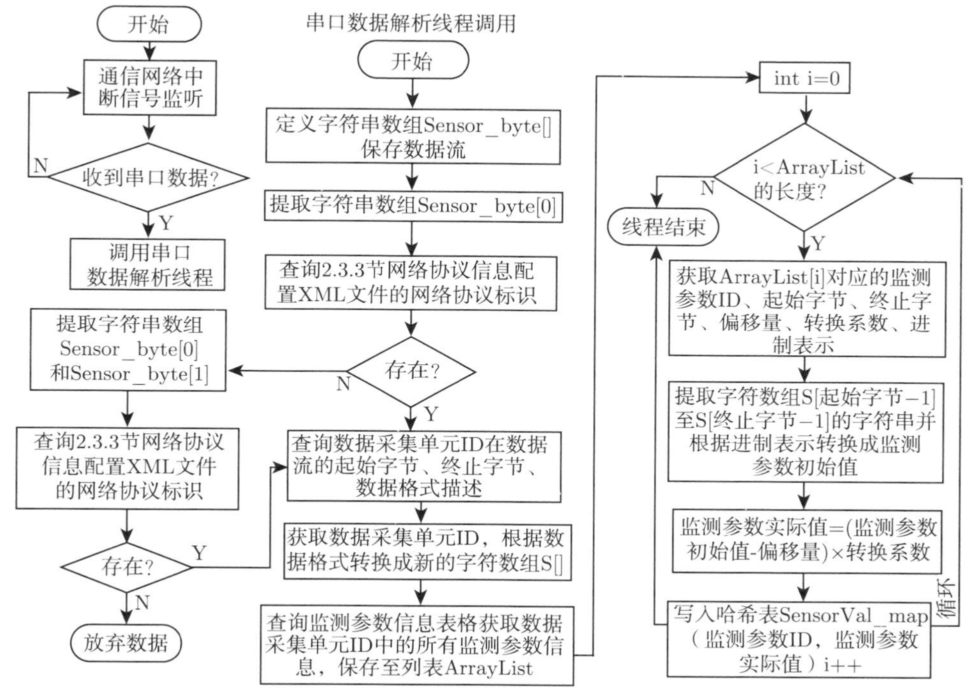

图 4.6 监测参数数值自适应解析流程图

监测参数数值自适应存储的原理为：周期性地对哈希表 SensorVal_map 的所有存储实例进行遍历查询，封装成 ContentValues 键值对，并将当前时刻封装至 ContentValues 键值对，再执行 SQLite 数据库的 insert(“监测参数数值表名”, null, ContentValues) 函数，固化至监测参数数值表。软件流程如图 4.7 所示。

5. 控制参数数值自适应封装

智能网关发送至控制单元的通信数据流包含了各个控制对象的控制命令数值，为实现控制数值与控制对象根据控制参数信息进行自适应封装成通信数据流，进而发送至控制单元进行环境调控。设计的控制数据自适应封装流程如图 4.8 所示，具体过程为：

(1) 建立用于存储控制参数信息的组合数据 ctldata；

(2) 查询控制参数数值表获取各个控制参数 ID 最近时刻数值并存储于哈希表 ctlStatus_map(控制参数 ID，状态)，查询控制参数信息表获取控制数值对应的二进

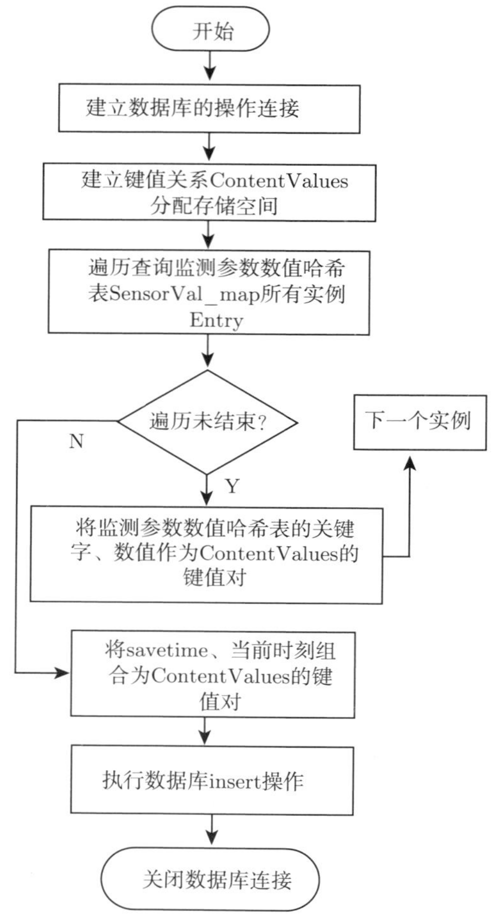

图 4.7 监测参数数值存储流程图

制码、控制对象在组合数据起始 bit 位、终止 bit 位;

(3) 对哈希表 ctlStatus_map 的控制参数 ID 进行遍历查询，根据各个控制参数 ID 对应的控制数值对应的二进制码以及起始 bit 位、终止 bit 位更新组合数据 ctldata;

(4) 根据控制单元 ID 向网络协议信息配置 XML 文件进行查询，根据网络协议 ID、控制单元 ID、数据格式等信息生成一个控制通信数据流，并调用 JNI 向底层串口通信模块发送，工作流程如图 4.8 所示。

6. 数据采集单元通信状态自适应判断

根据监测参数信息实现温室部署的各个数据采集单元通信状态的自适应判断，实现方法为：首先，应用程序初始化时查询监测参数信息表中的数据采集单元 ID，

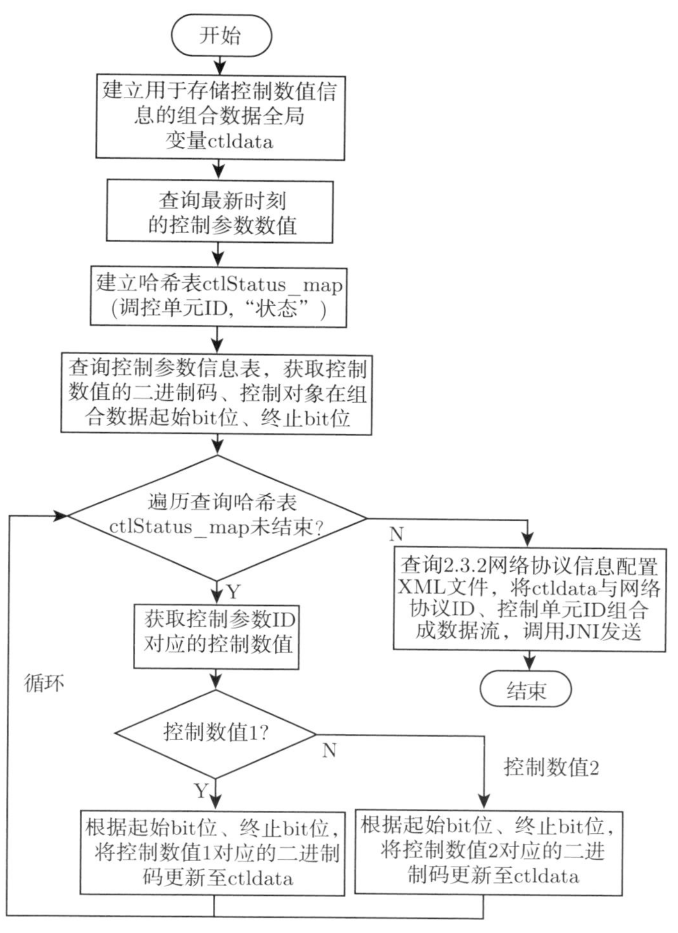

图 4.8 控制数据封装流程图

建立初始哈希表 commStatusMap(数据采集单元 ID，通信状态初始值) 和初始哈希表 commStatusMap_Count(数据采集单元 ID，通信断开计数器)，设置 Timer() 定时器对通信状态计数器按照固定周期进行累加。其次，在程序运行 2.3.5 监测参数数值自适应解析过程中，则将哈希表 commStatusMap_Count 中的当前数据采集单元 ID 对应的通信状态断开计数器。最后，判断哈希表 commStatusMap_Count 中的数据采集单元 ID 对应的通信断开的计数器是否超过 3，超过则设置哈希表 commStatusMap 中数据采集单元 ID 对应的值为 “off”，直至接收数据采集单元 ID 的数据流后，通信断开计数器；不超过 3 则设置哈希表 commStatusMap 中数据采集单元 ID 对应的值为 “on”。对哈希表 commStatusMap 所有实例 Entry 进行遍历查询，写入至数据库的数据采集单元通信状态表格。软件流程如图 4.9 所示。

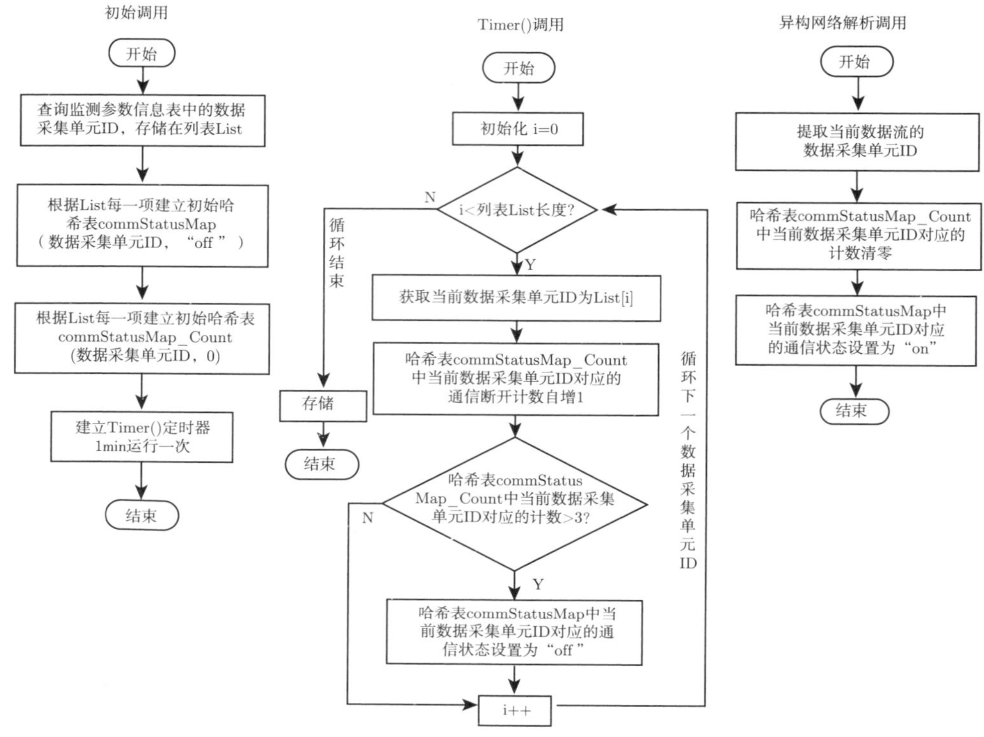

图 4.9　数据采集单元通信状态自适应判断流程图

7. 图像数据解析与存储

由于智能网关的存储容量限制，图像数据不进行数据库存储，只临时建立本地文件保存最新的图像数据。温室图像数据解析与存储的工作流程如图 4.10 所示，具体过程为：

(1) 应用程序开始时，首先搜索网络内的摄像机设备，并请求匹配摄像机协议；

(2) 匹配成功后，设定 Timer() 定时器，周期性地向摄像机请求图像数据流，并实时地对通信网络进行监听；

(3) 当 WiFi 通信网络有数据流接收发生中断时，通过 JNI 回调函数接口获取图像数据流，并查询网络协议信息配置生成的 XML 文件获取摄像机 ID、图像数据，并将图像数据转换成 RGB 格式；

(4) 以 Base64 格式对图像数据进行编码，并以摄像机 ID 和数据流进行封装存储至本地 XML 文件；

(5) 将图像数据流进行图像解析，转变成 bitmap 格式，存储图片至 sdcard 中。

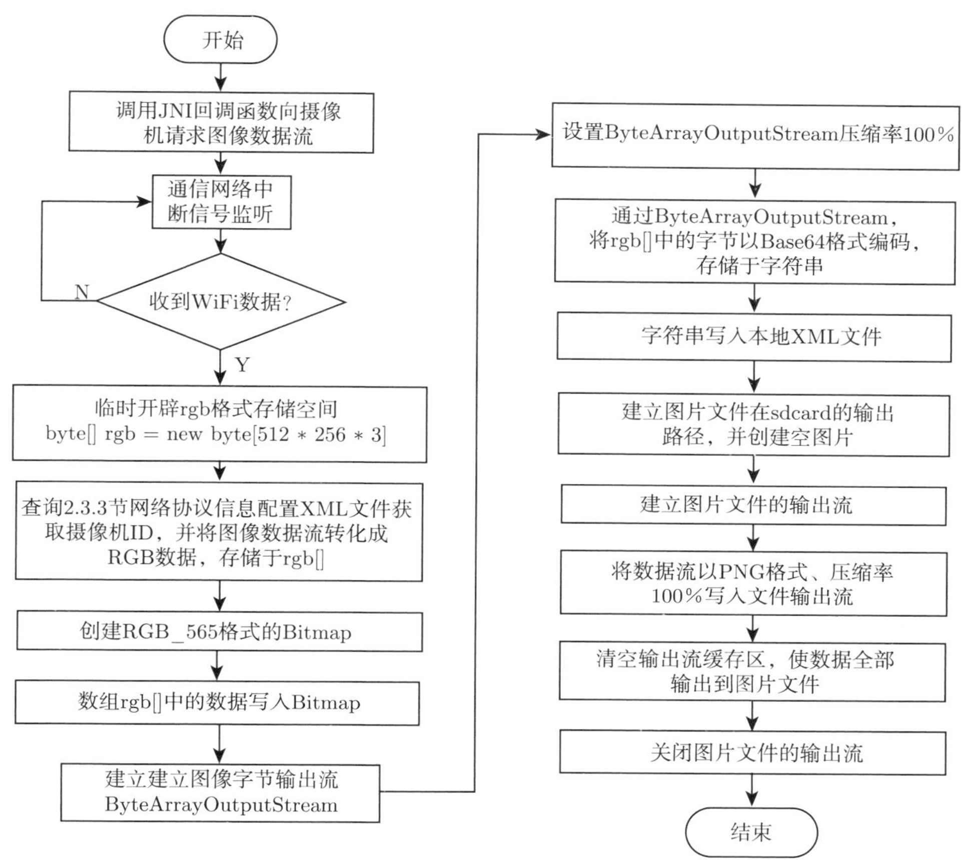

图 4.10 图像数据解析存储流程图

4.1.4 运行试验

在江苏大学的试验温室进行系统搭建，构建基于 Zigbee 通信的测控单元实现模拟电压采集的空气温湿度、模拟电压采集的土壤温度、数字型二氧化碳浓度、数字型光照度的信息采集，数字型通信的 16 路继电器信号转换模块对温室执行机构进行驱动；构建基于 RS-485 总线的自动气象站实现温室外数字型传感器信息的采集；构建基于 WiFi 通信的摄像机实现温室图像采集。3 种网络分别通过 Zigbee 汇聚节点、RS-485 转 RS-232 模块、无线 WiFi 路由器接入智能网关。

4.1.4.1 基于 Zigbee 通信的温室环境测控网络搭建

1. Zigbee 网络的测控单元

为实现温室空气温度、空气湿度、土壤温度、二氧化碳浓度、光照度等信息的采集，选用顺舟科技的 SZ06 系列无线设备作为 Zigbee 网络的数据采集单元，其有 4 路 0~5V 模拟量输入接口、1 路 RS-485 数字通信接口。将 4 路模拟量输入的采集电压按照指定的数据协议格式通过 Zigbee 无线通信方式对外发送，同时将非满足 SZ06 单元内部协议的通信数据实现 Zigbee 无线传输与 RS-485 传输的透明转换。

1) SZ06 系列数据采集单元的数据流协议

SZ06 系列数据采集单元的数据流传输协议如表 4.4 所示。第一部分为网络协议，用于标记此数据流的通信协议。数据流协议的第三部分为各个数据采集单元的 ID，用于标记温室各个监测地点下安装的数据采集单元编号。数据流协议的第四部分为各个端口的模拟电压采集值，根据表 4.4 各部分的字节数可知，1 号端口的模拟电压采集值在数据流的第 17~20 字节，2 号端口的模拟电压采集值在数据流的第 25~28 字节，3 号端口的模拟电压采集值在数据流的第 33~36 字节，4 号端口的模拟电压采集值在数据流的第 41~44 字节。

表 4.4　数据采集单元数据流传输协议

部分	类型	ASCII 码	字节数	备注
第一部分	网络协议	11	2	16 进制数据为 "3131"
第二部分	总字节数	xx	2	数据流总字节长度
第三部分	数据采集单元 ID	xxxxxxxx	8	网络中唯一
第四部分(共 4 个端口)	空格	x	1	空格
	端口号	x	1	端口号：0、1、2、3
	功能码	08	2	表示：0~5V 采集功能码
	电压值	x.xx	4	范围：0.00 ~5.00，单位：V

注："x" 表示一个字节的变量。

试验过程中，首先通过计算机的超级终端配置数据采集单元 ID 为 BC000001、数据传输方式为 1min 周期主动上传、数据传输格式为 ASCII 码。将 1 号端口连接土壤温度传感器、3 号端口连接空气湿度传感器、4 号端口连接空气温度传感器。由于每个端口号采集的模拟电压值与本研究选用的传感器监测参数的实际值存在着线性对应关系，根据表 4.2 监测参数信息配置项转换系数、偏移量描述，通过测量仪器对传感器的线性输出关系进行标定，测得的空气温度偏移量为 1.29，转换系数为 16，空气湿度偏移量为 −0.26，转换系数为 20，土壤温度偏移量为 0.1，转换系数为 10。

2) 数字型传感器变送器的数据流传输协议

非满足 SZ06 系列设备内部协议的各个传感器变送器的通信协议如表 4.5 所示，将 CO_2 浓度、光照度变送器一起连接到数据采集单元的数字通信端口。为使用 SZ06 系列设备的数据透传功能，将 CO_2、光照度变送器的网络协议分别配置成 c1、e1。

表 4.5　数字型传感器变送器数据流传输协议

设备	字节 1	字节 2	字节 3	字节 4~5	字节 6~7	字节 8~9
CO_2 浓度变送器	网络协议	04	02	CO_2 浓度	校验和	
光照度变送器	网络协议	04	04	光照度		校验和

注: 数据流为 16 进制，字节 1 为网络协议，CO_2 浓度 (转换系数：1，偏移量：0，单位：ppm)，光照度 (转换系数：1，偏移量：0，单位：lx)。

3) 控制单元的数据流传输协议

利用 SZ06 系列设备的数据透传功能，通过 RS-485 将控制信号发送至控制单元，并将数字信号转换成 16 路继电器驱动，实现风机、遮阳网、环流风机等执行机构的驱动，控制单元的数据流协议如表 4.6 所示，网络协议设置为 55。

表 4.6　信号转换模块数据流传输协议

字节 1	字节 2~5	字节 6~7	字节 8~9
网络协议	控制单元 ID	16bit 位的组合数据	校验和

注：组合数据中，1-继电器吸合，0-继电器断开。

2. Zigbee 网络的汇聚单元

采用顺舟科技的 SZ06 系列的 Zigbee 汇聚单元与测控单元构建自组织的星型网络，实现 Zigbee 通信网络数据的汇聚，并以 RS-232 通信的方式实现数据的串口输出。同时，接收 RS-232 串口通信数据并以 Zigbee 无线通信方式向网络中的测控单元发布命令。汇聚单元的 RS-232 接口接入智能网关的异构网络通道 1。

4.1.4.2　基于 RS-485 通信的传感器采集网络搭建

为实现温室外的风向、风速、雨量、空气温度、空气湿度、UVI、光照度等信息的采集，采用北京富奥通 FTR 智能型自动气象站设备，内部集成多种传感器采集，并周期性地将传感器信息按照表 4.7 数据流传输协议格式通过 RS-485 接口进行输出，再通过 RS-485—RS-232 转换器进行信号转换后，接入智能网关的异构网络通道 2。

表 4.7　自动气象站数据流传输协议

字节 1	字节 2	字节 3~4	字节 5~6	字节 7	字节 8	字节 9~10	字节 11~13	字节 14~17	字节 18~19
网络协议	ID 号	风向	温度	湿度	风速	降雨量	UVI	光照	校验和

注: 字节 1 为 RS-485 网络，风向 (转换系数：1，偏移量：0，单位：°)，温度 (转换系数：0.1，偏移量：−400，单位：℃)，湿度 (转换系数:1，偏移量：0，单位为%RH)，风速 (转换系数：0.4，偏移量：0，单位：m/s)，降雨量 (转换系数：0.3，偏移量：0，单位：mm)，UVI(转换系数：1，偏移量：0，单位：无)，光照 (转换系数：1，偏移量：0，单位：lx)。

4.1.4.3　基于 WiFi 通信的图像数据传输网络搭建

使用酷翼 A13 的无线路由器生成 WiFi 热点，实现威视达康网络摄像机和智能网关接入，设定智能网关以 2h 为周期向摄像机请求温室图像数据，数据流传输协议如表 4.8 所示，图像像素设定为 512px×276px。

表 4.8　摄像机数据流传输协议

字节 1	字节 2～423937
网络协议	图像数据

4.1.4.4　智能网关的温室环境测控功能验证

1. 网络协议信息配置

根据监测参数信息配置定义，模拟电压采集的测控单元的网络协议标识为 3131，测控单元 ID 在数据流的起始、终止字节分别为 5、12，数据格式为 ASCII；数字型光照度、二氧化碳浓度变送器的网络协议标识分别设置为 e1、c1，测控单元 ID 与网络协议标识相同，即起始、终止字节为 1，数据格式为 16 进制；控制单元网络协议标识设置为 55，控制单元 ID 在数据流的起始、终止字节分别为 2、5，数据格式为 16 进制。根据 2.4.2 节所述，自动气象站的网络协议标识设置为 24，测控单元 ID 在数据流的起始字节、终止字节为 2。根据 2.4.3 节所述，设置摄像机网络协议为 69，测控单元 ID 在数据流的起始、终止字节为 1，数据格式为 RGB。网络协议信息配置界面部分如图 4.11 所示。

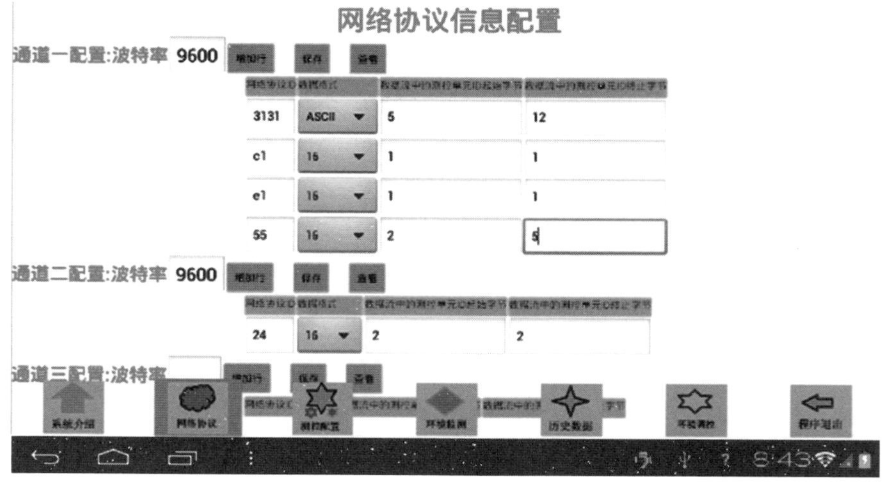

图 4.11　网络协议信息配置界面

2. 监测参数信息配置

为减少用户在智能网关触摸屏上的输入时间，设计一键写入功能。首先将监测参数信息配置表格进行基于 XML 封装到指定文件，并导入到个人电脑，根据现场环境感知传感器、数据采集单元的部署预先对 XML 文件进行配置后，导入到智能网关的指定文件。点击一键写入按钮，实现配置文件的每条监测参数信息逐条更新，并建立监测参数数值、数据采集单元通信状态表格。输入的监测参数信息如图 4.12 所示。

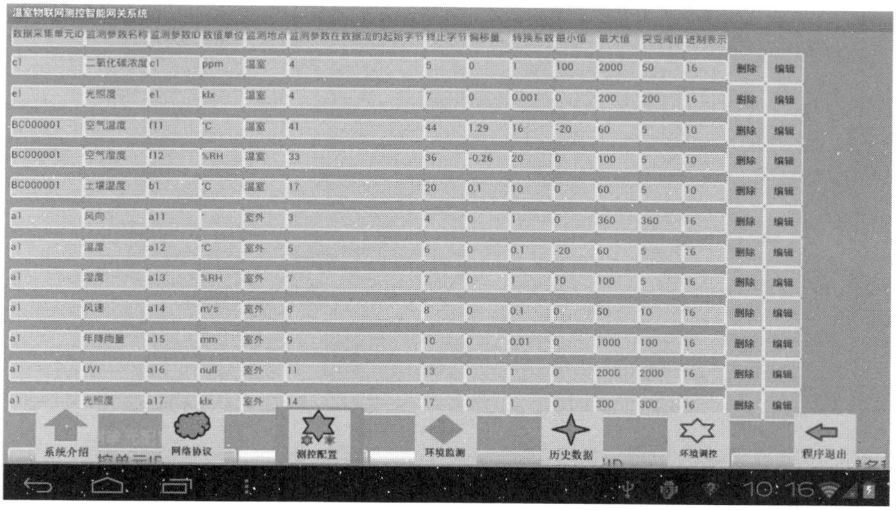

温室物联网测控智能网关系统

数据采集单元ID	监测参数名称	监测参数ID	数值单位	监测地点	监测参数在数据流的起始字节	终止字节	偏移量	转换系数	最小值	最大值	突变阈值	进制表示		
c1	二氧化碳浓度	c1	ppm	温室	4	5	0	1	100	2000	50	16	删除	编辑
e1	光照度	e1	klx	温室	4	7	0	0.001	0	200	200	16	删除	编辑
BC000001	空气温度	f11	°C	温室	41	44	1.29	16	-20	60	5	10	删除	编辑
BC000001	空气湿度	f12	%RH	温室	33	36	-0.26	20	0	100	5	10	删除	编辑
BC000001	土壤湿度	b1	°C	温室	17	20	0.1	10	0	60	5	10	删除	编辑
a1	风向	a11	°	室外	3	4	0	1	0	360	360	16	删除	编辑
a1	温度	a12	°C	室外	5	6	0	0.1	-20	60	5	16	删除	编辑
a1	湿度	a13	%RH	室外	7	7	0	1	10	100	5	16	删除	编辑
a1	风速	a14	m/s	室外	8	8	0	0.1	0	50	10	16	删除	编辑
a1	年降雨量	a15	mm	室外	9	10	0	0.01	0	1000	100	16	删除	编辑
a1	UVI	a16	null	室外	11	13	0	1	0	2000	2000	16	删除	编辑
a1	光照度	a17	klx	室外	14	17	0	1	0	300	300	16	删除	编辑

系统介绍 网络协议 测控配置 环境监测 历史数据 环境调控 程序退出

图 4.12 监测参数信息配置界面

4.1.4.5 控制参数信息配置

将控制参数信息配置表格进行基于 XML 封装到指定文件，并导入到计算机中，根据现场执行机构与驱动命令组合数据的对应关系，对 XML 配置文件进行输入，并导入到智能网关，通过一键写入按钮，实现每条控制参数信息逐条更新，并建立控制参数数值表格。输入的控制参数信息如图 4.13 所示。

4.1.4.6 测控界面功能

如图 4.14 所示的温室环境监测界面，实现了温室和室外的各个环境感知传感器监测参数的实时数据更新，实现温室图像的显示，实现各个数据采集单元通信状态的实时显示功能。

如图 4.15 所示的历史数据查询界面，实现各个监测地点下的各个监测参数历史数据查询，并以数据列表和趋势图方式进行显示。

控制单元ID	控制地点	控制参数ID	控制参数名称	控制对象在组合数据起始bit位	终止bit位	控制数值1（on）二进制码	控制数值2（off）二进制码		
S1	温室	S11	天窗驱动	1	2	01	10	删除	编辑
S1	温室	S12	东侧窗驱动	3	4	01	10	删除	编辑
S1	温室	S13	西侧窗驱动	5	6	01	10	删除	编辑
S1	温室	S14	内遮阳驱动	7	8	01	10	删除	编辑
S1	温室	S15	外遮阳驱动	9	10	01	10	删除	编辑
S1	温室	S16	风机1	11	12	10	00	删除	编辑
S1	温室	S17	风机2	13	13	1	0	删除	编辑
S1	温室	S18	湿帘	14	14	1	0	删除	编辑
S1	温室	S19	环流风机	15	16	10	00	删除	编辑

图 4.13　控制信息配置界面

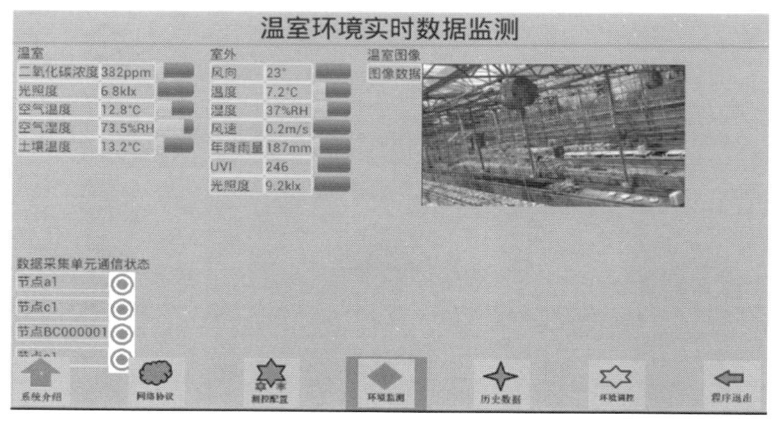

图 4.14　温室环境实时监测界面

环境控制模式在网关和服务器之间切换通过监听控件标志进行控制意图的判断。当智能网关控制模式有效时，则查询各个控制参数名称和最近时刻的控制参数数值信息进行显示，用户可在控制参数数值进行切换。例如，在智能网关的环境控制界面上人工输入如图 4.16(a) 所示的驱动命令，再通过点击“发送数据控件”进行调控数据自适应封装，生成组合数据的二进制码为“1001 0001 1001 1001”，最终发送给控制单元，实现 16 路继电器的驱动，进而控制温室执行器，继电器状态如图 4.16(b) 所示，每一路继电器的二进制码为 1 时则吸合，即灯亮；每一路继电器的二进制码为 0 时则断开，即灯灭。当服务器控制模式有效时，则对控制数据配置文件进行监听，当发生内容更改，则进行各个控制参数数值的自适应封装，进而实现温室执行器的的自动控制。

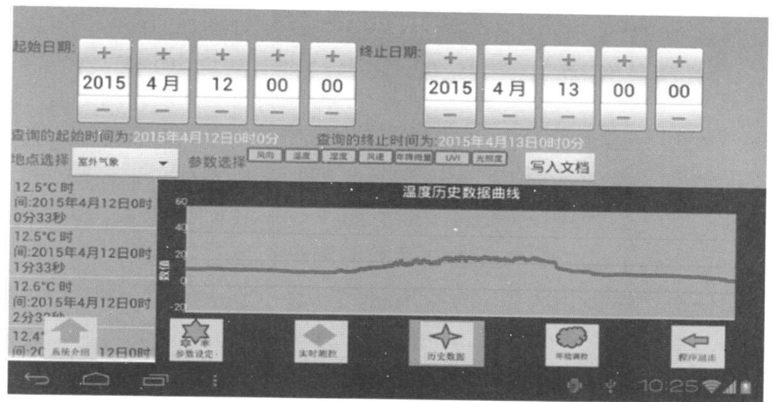

图 4.15 温室环境历史数据查询界面

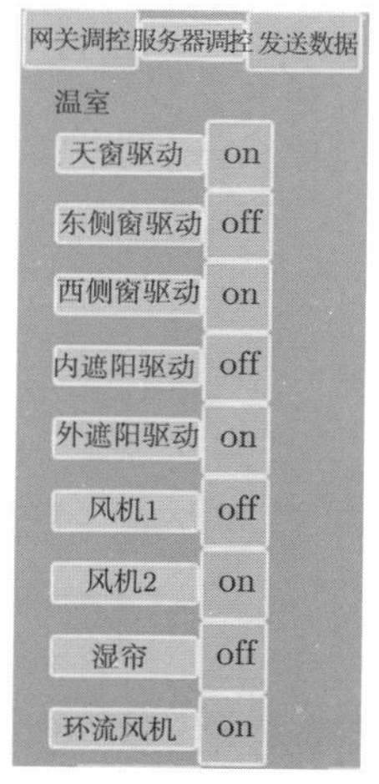

(a) 智能网关控制界面

(b) 继电器驱动

图 4.16 网关模式的继电器驱动验证

综上功能的验证，通过向用户构建测控界面进行温室环境信息的显示与操作，表明智能网关实现了温室环境测控网络的统一管理，实现了根据网络协议信息配置、监测参数信息、控制参数信息进行数据库自适应匹配；并在温室环境测控系统上电运行后，实现了温室环境感知传感器采集数值的自适应解析与存储、数据采集单元通信状态判断、图像数据解析与存储、控制参数数值自适应封装并驱动各个执行机构等功能，有效地解决了智能网关广泛的网络接入和统一管理的需求，满足多种温室异构网络环境测控的要求，可为温室环境测控系统的搭建提供通用平台。

4.2 温室环境测控系统的数据同步

不同平台间的数据传输是温室环境测控物联网系统中的重要部分。基于互联网的应用层通信主要是 Http 协议。由于外网访问局域网的智能设备需在路由器做端口映射，或者外网不能向非固定 IP 地址的 Android 设备发起 Http 协议等因素限制，为了实现温室环境测控数据通过互联网向远程服务器设备进行延伸，本章设计了基于 XML(可扩展标记语言) 的数据封装以及系统间的数据同步方法，并采用 JADE 平台的 Agent 通信技术进行智能网关与服务器间的数据同步。

4.2.1 总体设计

温室环境测控系统数据同步传输的总体设计方法如图 4.17 所示，包括 3 方面内容：

(1) 智能网关与服务器实现监测参数信息、控制参数信息的双向同步；

(2) 智能网关同步监测参数数值、数据采集单元通信状态、图像数据至远程服务器；

(3) 服务器同步控制参数数值至智能网关。

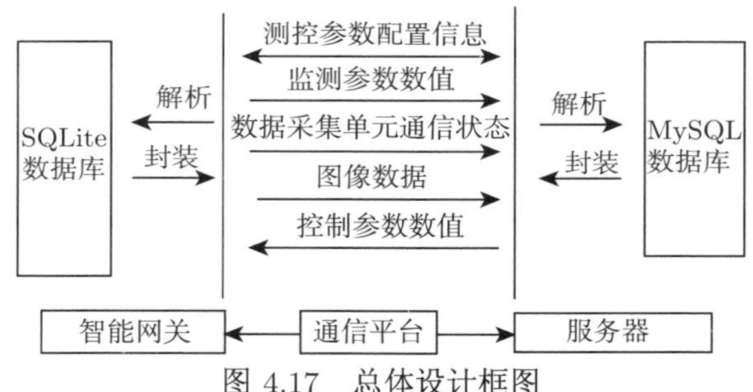

图 4.17 总体设计框图

4.2.2 同步过程设计

由于 XML 具有跨平台数据表述能力以及数据解析工具多样化等特点，采用 XML 实现数据的结构化描述是一种通用且有效的方法。为判断智能网关和服务器间网络通信状态，采用智能网关发起快频率的 “心跳” 连接到服务器，服务器进行 “心跳” 连接回应的方法。

4.2.2.1 测控参数信息同步

1. 基于 XML 的测控参数信息封装

测控参数信息封装过程为通过查询测控参数信息配置数据库中监测参数信息表，将所有记录封装成一个主节点，将列名描述封装成子节点，表格的列名对应的文本内容作为子节点的文本。主要软件流程如图 4.18 所示，基于 XML 的测控参数信息封装结果示意图如图 4.19 所示。

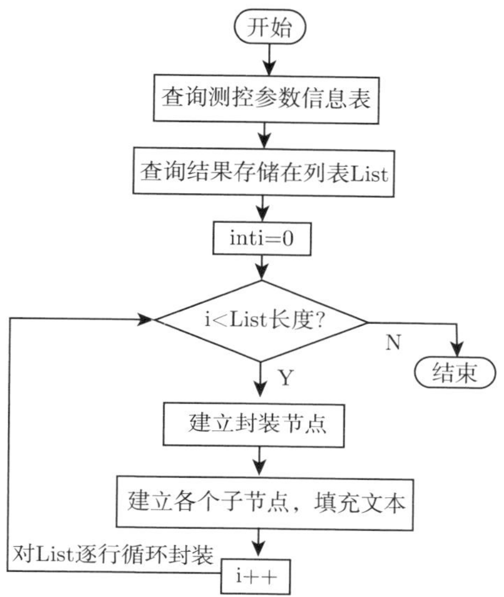

图 4.18 基于 XML 的监测参数信息封装流程图

```
<MSG>
  <sensorInfoMSG>//1个监测参数信息
    <DRU_ID>… </DRU_ID>
    <Name>…</Name>
    <SN_ID>… </SN_ID>
    <Unit>…</Unit>
    <Position>…</Position>
    <StartByte>…</StartByte>
    <EndByte>…</EndByte>
    <Offset>…</Offset>
    <TranVal>…</TranVal>
    <MaxVal>…</MaxVal>
    <MinVal>…</MinVal>
    <Jinzhi >…</Jinzhi>
    </ChangeThro>…</ChangeThro>
  </sensorInfoMSG>
  ……//n个监测参数信息
</MSG>
```

(a) 监测参数信息

```
<MSG>
  <cuInfoMSG>//1个控制参数信息
    <CU_ID>…</CU_ID>
    <CU_GH>…</CU_GH>
    <C_ID>…</C_ID>
    <C_Name>…</C_Name>
    <C_StartBit>…</C_StartBit>
    <C_EndBit>…</C_EndBit>
    <C_Status1>…</C_Status1>
    <C_Status2>…</C_Status2>
  </cuInfoMSG>
  ……            //n个控制参数信息
</MSG>
```

(b) 控制参数信息

图 4.19 基于 XML 的测控参数信息封装

2. 双向同步过程

针对测控参数信息在一方发生更改，另一方也要进行更新的特点，设计了智能网关与服务器之间对测控参数信息配置进行双向同步，同步的消息域包括消息内容以及内容所对应的消息协议。

监测参数信息同步过程步骤为：

(1) 首先判断 “心跳” 连接是否正常，正常则发起方将信息封装结果转换成字符串作为消息的内容，设置消息协议为 “DRUConfig_Update” 进行发送；异常则提示。

(2) 被同步方接收到消息协议为 “DRUConfig_Update” 的消息后，判断数据库是否存在监测参数信息表格，不存在则创建支持中文内容的表格。

(3) 再根据 XML 的封装规则，将每个 <sensorInfoMSG> 节点下的所有监测参数信息子节点描述进行解析并更新到表格的每一行记录，最后以更新的状态作为消息内容，并设置消息协议为 “DRUConfig_Confirm” 回复发起方一个确认消息。

(4) 发起方接收到消息协议为 “DRUConfig_Confirm” 的消息，对同步结果进行判断和提示。工作流程如图 4.20 所示。

控制参数信息同步过程与监测参数信息同步原理类似，主要区别为：发起方设置消息协议为 “CUConfig_Update”，消息内容为基于 XML 的控制参数信息封装结果；被同步方判断数据库是否存在控制参数信息表格，并进行基于 XML 的消息内容解析并更新控制参数信息表格，更新结果是以协议为 “CUConfig_Confirm” 进行回复。

4.2.2.2 测控参数数值同步

1. 测控参数数值表格自适应建立

在监测参数信息同步过程中，当被同步方第一次收到监测参数信息同步时，首先判断数据库是否存在监测参数数值表格，如果不存在，则创建 id、savetime 为列的初始表。再逐条提取 <sensorInfoMSG> 节点下的 <SN_ID> 文本内容，添加为监测参数数值表格的列名，进而实现同步双方的监测参数数值表格的匹配。

同理，实现同步双方的控制参数数值表格的匹配。

2. 基于 XML 的测控参数数值自适应封装

针对不同的测控参数信息配置导致测控参数数值表格的测控参数 ID 的列名描述不同，以及用户将测控参数 ID 配置成首字符为非字母等现象 (XML 节点名首字符需为字母)，实现基于 XML 的测控参数数值的自适应封装。

监测参数数值自适应封装的实现流程如下：

(1) 查询监测参数信息表的监测参数 ID，结果存储于数组 arraySNID[]；

(2) 根据 arraySNID[] 的所有监测参数 ID，组成包含查询参数的数据库查询语句，向数据库查询各个监测参数 ID 对应的最近一次数值，并将监测参数 ID 和数值，组成键值对，结果存储于哈希表 Map(String,String)。

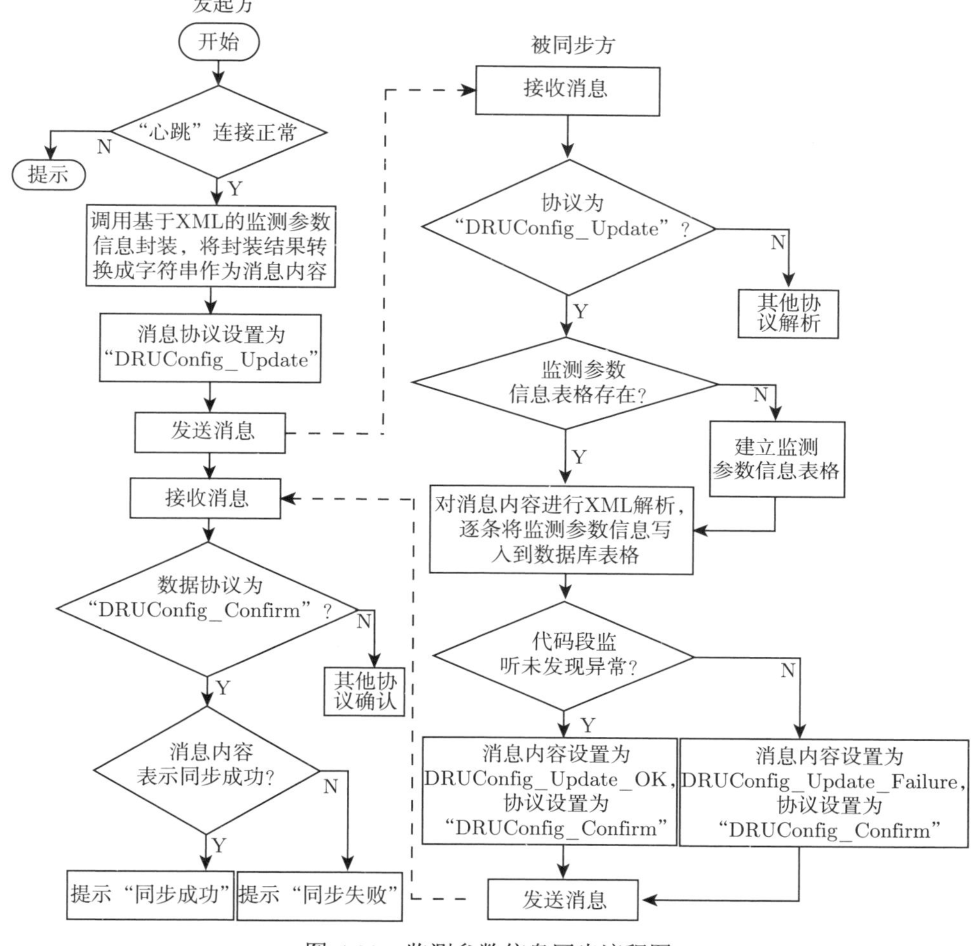

图 4.20 监测参数信息同步流程图

(3) 创建 XML 节点 <SV>，作为当前时刻的所有监测参数 ID 和数值的封装节点。

(4) 遍历查询哈希表 Map<String，String> 的所有 key、value 对。

(5) 创建 <SV> 的子节点 <sensors>，创建 <sensors> 的子节点 <SN_ID>，将哈希表 Map 实例的 key 作为 <SN_ID> 的文本，创建 <sensors> 的子节点 <value>，将哈希表 Map 实例的 value 作为 <value> 的文本。

(6) 遍历查询哈希表 Map 结束？是，则执行 (7)；否，则执行 (4)。

(7) 创建 <SV> 的子节点 <savetime>，当前时刻作为文本内容。

(8) 封装结束，转换成字符串。

同理，实现控制参数数值自适应封装。基于 XML 的测控参数数值自适应封装结果示意图如图 4.21 所示。

```
<MSG>
  <SV>//一次数据
    <sensors>//1个监测参数数值封装
      <SN_ID>…</SN_ID>
      <value>…</value>
    </sensors>
    ……//n个监测参数数值封装
    <savetime>…</savetime>
  </SV>
</MSG>
```

(a) 监测参数数值

```
<MSG>
  <CV>//一次数据
    <ctls>//1个控制参数数值封装
      <C_ID>…</C_ID>
      <value>…</value>
    </ctls>
    ……//n个控制参数数值封装
    <savetime>…</savetime>
  </CV>
</MSG>
```

(b) 控制参数数值

图 4.21　测控参数数值自适应封装示意图

3. 监测参数数值同步过程

智能网关周期性地向远程服务器同步监测参数数值，并针对智能网关与服务器的通信网络不畅的现象，实现同步数据存储于本地 XML 文件进行累积，直至网络恢复后将累积数据进行同步的功能。同步流程如图 4.22 所示，具体过程为：

(1) 建立本地文件 sensorvalue.xml 用于存储监测参数数值；

(2) 每当传输周期到达时，将监测参数数值封装结果写入到 sensorvalue.xml 中的根节点末尾，判断"心跳"连接是否正常：异常，则不发起同步并提示；正常则读取 sensorvalue.xml 文件的内容 (之前通信网络中断则有多条记录，之前通信网络正常则为最新写入的字符串) 作为消息内容，消息协议设置为"SensorData_Update"，向服务器发送消息；

(3) 服务器接收消息协议为"SensorData_Update"的消息，并对消息内容进行读取，判断封装数据节点 <SV> 的记录数，从上到下逐条解析出各监测时刻的监测参数 ID 和数值，写入 MySQL 数据库的监测参数数值表格，同时对代码段设置监听，将数值同步结果作为消息内容，消息协议设置为"SensorData_Confirm"，发送回智能网关；

(4) 智能网关接收消息协议为"SensorData_Confirm"的消息，提取消息内容判断数值同步状态，如果数值同步结果为正常则清空 sensorvalue.xml 中的记录，如果数值同步结果为异常则保留 sensorvalue.xml 中的记录，直至下一周期到达再次进行同步。

4. 控制参数数值同步过程

控制参数数值只进行最近时刻的命令下传，不对通信网络异常后的控制数据累积再实现同步的设计。同步过程步骤为：

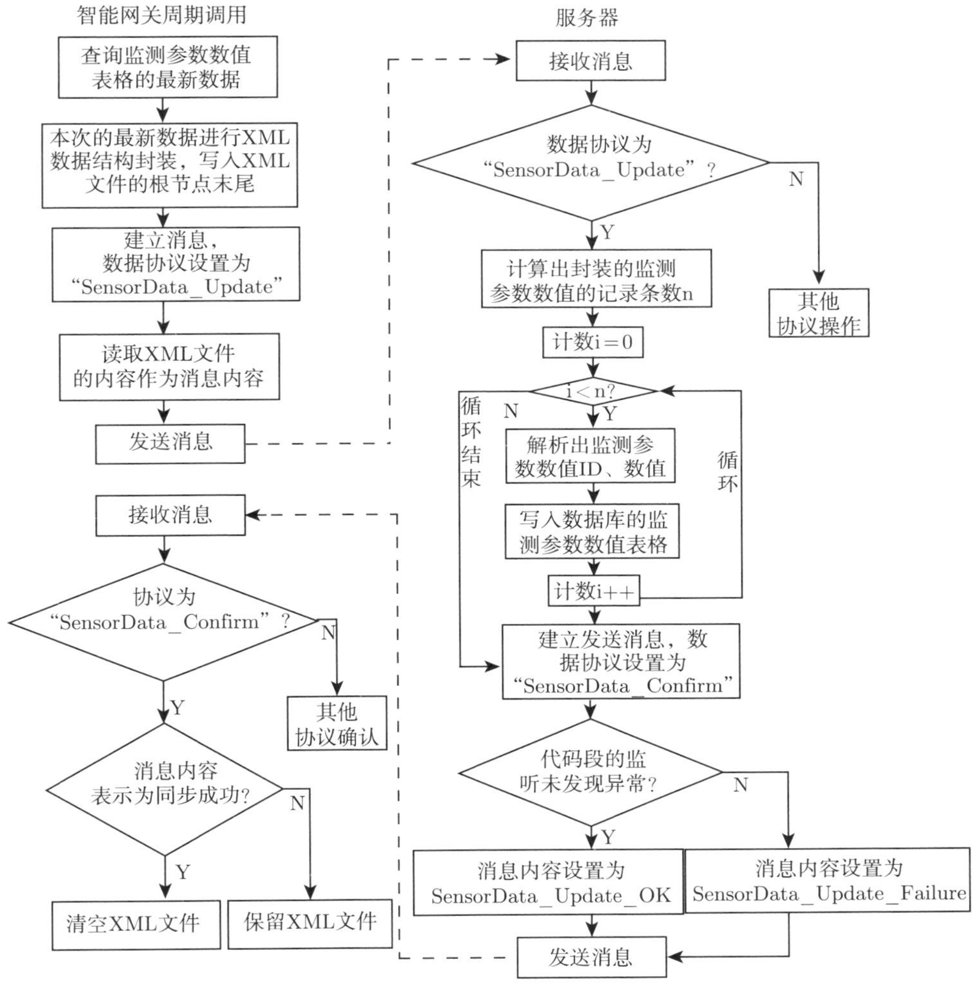

图 4.22 监测参数数值同步流程图

(1) 服务器判断“心跳”连接是否正常：异常，则不发起同步并提示；正常则将控制参数数值封装结果转换成字符串作为消息内容，设置消息协议为“CtlData_Update”，向智能网关发送消息。

(2) 智能网关接收消息协议为“CtlData_Update”，对消息内容进行提取并解析出各个控制参数 ID 和数值，写入 SQLite 数据库的控制参数数值表格，将数值更新结果作为消息内容，协议设置为“CtlData_Confirm”发送回服务器。

(3) 服务器接收协议为“CtlData_Confirm”的消息对消息内容进行判断并提示。

4.2.2.3　数据采集单元通信状态同步

在监测参数信息同步过程中，在智能网关自适应地建立数据采集单元通信状态数据表，周期性地进行如图 4.23 所示的数据采集单元通信状态封装，并转换成字符串作为消息内容，设置消息协议为 “DRUCommunicate_Update”，与服务器进行同步，服务器将同步结果以 “DRUCommunicate_Confirm” 为消息协议返回。

```
<MSG>
  <DS>//1次数据
    <DCom>//1个数据采集单元通信状态信息封装
      <DRU_ID>…</DRU_ID>
      <status>…</status>
    </DCom>
    ……//n个数据采集单元通信状态信息封装
    <savetime>…</savetime>
  </DS>
</MSG>
```

图 4.23　数据采集单元通信状态封装

4.2.2.4　图像数据同步

智能网关周期性地读取温室图像数据存储文件，进行如图 4.24 所示的数据封装。向服务器发起协议为 “PicData_Update” 的图像数据同步。服务器首先判断是否存在图像数据表格，没有则建立，再将消息内容进行解析并将图像数据更新至数据库的温室图像表，同步结果以 “PicData _Confirm” 消息协议返回。

```
<MSG>
  <PD>//1个图像数据封装
    <Pic>
      <cameraID>···</cameraID>
      <pic_string>···</pic_string>
    </Pic>
    ······//n个图像数据封装
    <save_time>···</save_time>
  </PD>
</MSG>
```

图 4.24　图像数据封装

4.2.3　基于 JADE 平台的温室环境测控数据同步通信系统

Agent 也称软件 Agent，已经在众多技术中得到应用，如服务器网络、人工智能等。通信是多 Agent 系统的核心功能，Agent 间彼此使用 Agent 通信语言 (ACL) 进行数据交互，该语言将消息的内容和行为进行分离，通过制定预定义的消息协议并使用不同的消息内容进行对话。ACL Message 的主要消息域为：消息的发送者、消息的接收者、发送者请求接收者执行操作的消息原语、消息的具体内容、消息的语言、消息的本体 (袁爱进等，2003)。

Agent 之间的通信过程为：首先，发送方通信 Agent 建立 ACL Message，对消息域的消息内容和消息协议进行选择性填充，调用 Agent.sent() 方法向接收方通信 Agent 发送消息。然后，接收方通信 Agent 通过调用 Agent.receive() 接收 ACL Message，根据消息域进行判断并解析处理。

将智能网关与远程服务器分别设计为一个独立的 Agent 体，共同完成温室环境测控系统数据的传输。同时，多 Agent 系统需要特定的软件平台和框架支撑，通过提供中间件来支持不同硬件和操作系统下的 Agent 系统通信。由于 JADE 是基于面向对象语言 Java 的 Agent 抽象，同时提供了丰富的应用程序编程接口，并兼容 FIPA 规范，选用 JADE 软件平台作为运行 Agent 的中间件平台 (于卫红，2011)。

4.2.3.1 软件开发环境

(1) Java 编译环境：JDK1.7.0。

(2) 集成开发环境：Eclipse、Android 开发插件。

(3) 数据库平台：MySQL5.5、Android 系统的 SQLite。

(4)Agent 开发平台：JADE4.0。

4.2.3.2 服务器的 JADE 平台 Agent 创建

服务器端的 JADE 平台中的 Agent 创建过程为：

(1) 将 Jade.jar 库文件导入到项目工程中，导入 jade.core.Agent 包，创建 ServerAgent 类并继承 Agent 类。

(2) 使用 jade.Boot.main(args) 启动 JADE。

(3) 使用 AgentContainer. createAgentContainer(Profile) 语句创建主容器。

(4) AgentContainercreateNewAgent(Agent 名称，Agent 实现类，Object) 语句创建 Agent 添加到主容器中。

4.2.3.3 智能网关的 JADE 平台 Agent 创建

Agent 主要是部署在具有 IP 地址的网络服务器上，且对系统资源和内存占用较大，对 Android 系统而言最大的缺陷就是资源和内存空间受到限制，需要在 Android 设备上建立轻量级嵌入式 Agent，与具有 IP 地址的服务器形成前后端关系 (于卫红和陈燕，2013)。Agent 创建步骤如下：

(1) 将 JadeAndroid.jar 加入 Android 应用程序开发的库文件中并引用。

(2) 注册 MicroRuntimeService 服务：在配置文件 AndroidMainifest.xml 中添加 <service android:name="jade.android.MicroRuntimeService" />。

(3) 绑定服务：将 Activity 与 MicroRuntimeService 服务进行绑定。

(4) 启动 Agent 容器: 调用 MicroRuntimeServiceBinderstartAgentContaine(Agent 名称，包含服务器 IP 地址和端口的 Profile，RuntimeCallback)。

(5) 启动 Agent: JadeServiceBinder.startAgent(Agent 名称，RuntimeCallback)。

4.2.3.4　软件总体结构

将智能网关的同步过程设计的方法与 JADE 平台的 Agent 进行软件集成，构建基于 JADE 平台的温室环境测控数据同步通信系统，其软件总体结构如图 4.25 所示。

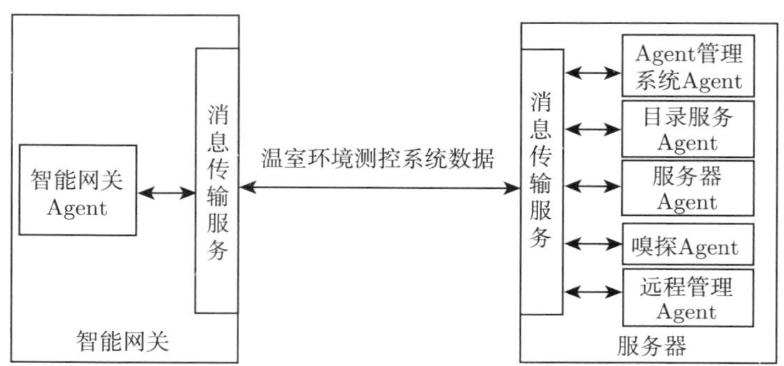

图 4.25　基于 Agent 的系统软件总体结构

1. Agent 管理系统 (AMS)Agent

AMS Agent 对 JADE 平台的各个 Agent 进行统一管理，负责控制其他 Agent 的活动以及外部应用程序对 JADE 平台资源的利用，并管理各个 Agent 的生命周期，Agent 的生命周期包括初始、激活、挂起、等待、删除等状态 (Bellifemine et al., 2013)。

2. 目录服务 (DF)Agent

DF Agent 为 JADE 平台的 Agent 提供黄页服务和信息检索功能。智能网关、服务器 Agent 通过 DF Agent 进行自身信息描述的注册，便于其他 Agent 进行搜索、发现，并获取 Agent 的身份信息，可以有效地避免需要预先在软件代码填充固定目标 Agent 的身份信息才能向其发送 ACL 消息的不足。

3. 远程管理 (RM)Agent

RM Agent 实现对 JADE 平台的 Agent 进行管理和控制的图形界面，并可直接启动 JADE 平台的各个工具。

4. 嗅探 (Snifffer)Agent

Snifffer Agent 作为多 Agent 之间通信的调试工具，记录 Agent 之间的数据传输内容。

5. 消息传输服务

消息传输服务为 JADE 平台的不同 Agent 之间提供 ACL 消息交互机制，其中，消息传输通道提供消息交互的实体，消息传输协议为消息传输通道提供不同的交互协议。

6. 智能网关 Agent

首先根据服务器的 IP 地址和 JADE 端口号在服务器的 JADE 平台进行 GatewayAgent 注册，进入 Agent 生命周期的初始状态，并通过 setup() 方法进行 Agent 状态激活，并向目录服务 Agent 注册，实现智能网关角色的数据同步通信的软件功能。软件功能主要包括：添加周期执行类，实现"心跳"连接，并实现监测参数数值、数据采集单元通信状态、图像数据向服务器同步；添加循环行为类，实现服务器发送至智能网关的数据消息进行接收，根据消息协议进行数据解析和功能处理；对测控参数信息同步命令标志进行监听，当标志激活则向服务器发送测控参数信息同步。

7. 服务器 Agent

首先在服务器的 JADE 平台进行 ServerAgent 的注册，进入 Agent 生命周期的初始状态，并通过 setup() 方法进行 Agent 状态激活，并向目录服务 Agent 注册，实现服务器的数据同步通信的软件功能。软件功能主要包括：添加循环行为类，实现智能网关发送至服务器的 ACL 消息进行接收并根据消息协议进行数据解析和功能处理；对测控参数信息、控制参数数值同步标志进行监听，当标志激活则向智能网关发送数据同步。

4.2.3.5 功能验证

在智能网关对异构网络统一管理的运行试验平台上，智能网关构建用户配置服务器 IP 地址和端口号的交互界面，用户进行信息输入并存储在本地文件。运行 Agent 的服务器接入无线路由器生成的 WiFi 热点，分配得到的 IP 地址为 192.168.168.2。在服务器的软件集成开发环境，通过 Java 代码语句 String[] args={"-gui"}，jade.Boot.main(args)，启动 JADE 图形界面。智能网关启动 Agent 容器时读取存储于本地文件的服务器 IP 地址和端口号向服务器的 JADE 平台进行注册，自动地嵌入至服务器 JADE 平台的 Agent 容器，与智能网关前端共同构成完整的应用。智能网关 Agent 和服务器 Agent 之间的数据通信过程如图 4.26 所示。

1. 数据通信过程监视

用嗅探 Agent 对智能网关 Agent 与服务器 Agent 的消息记录进行跟踪，如图 4.27 所示，点击 ServerAgent 和 GatewayAgent 间的消息传递箭头，则弹出 ACL Message 记录，图 4.28 所示为根据监测参数数值同步过程的 ACL Message

记录，Portocol 为本研究设定的协议，Content 为实际传输的消息内容。

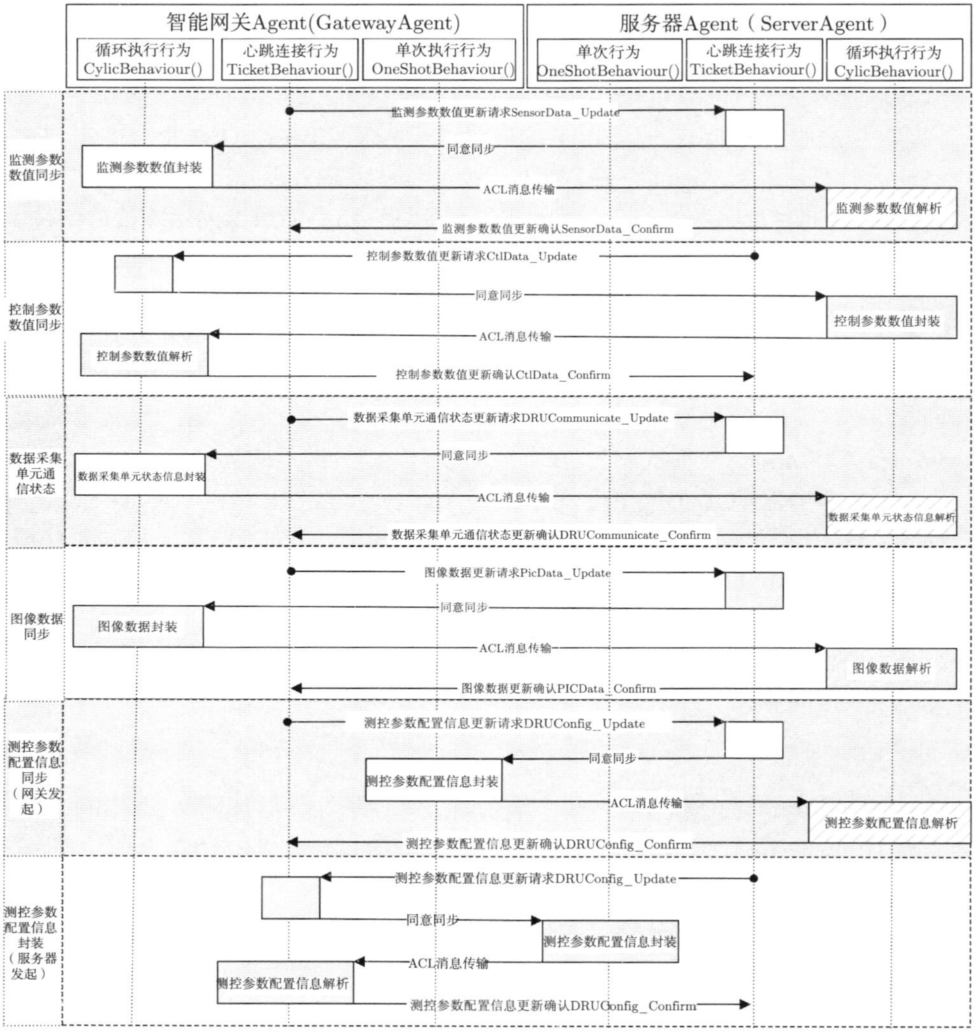

图 4.26 智能网关 Agent 和服务器 Agent 之间的数据通信过程

2. 数据同步结果验证

1) 测控参数信息同步

根据监测参数信息配置以及测控参数信息同步方法，在服务器的 MySQL 生成的监测参数信息表格如图 4.29 所示。

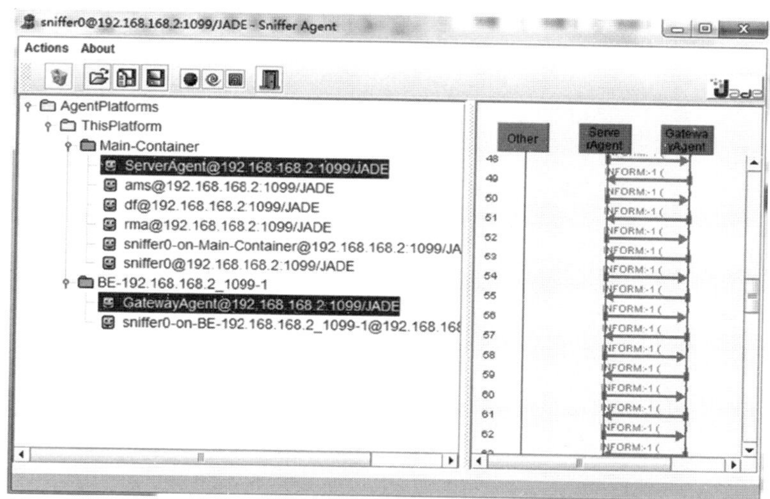

图 4.27 嗅探 Agent 图形化界面

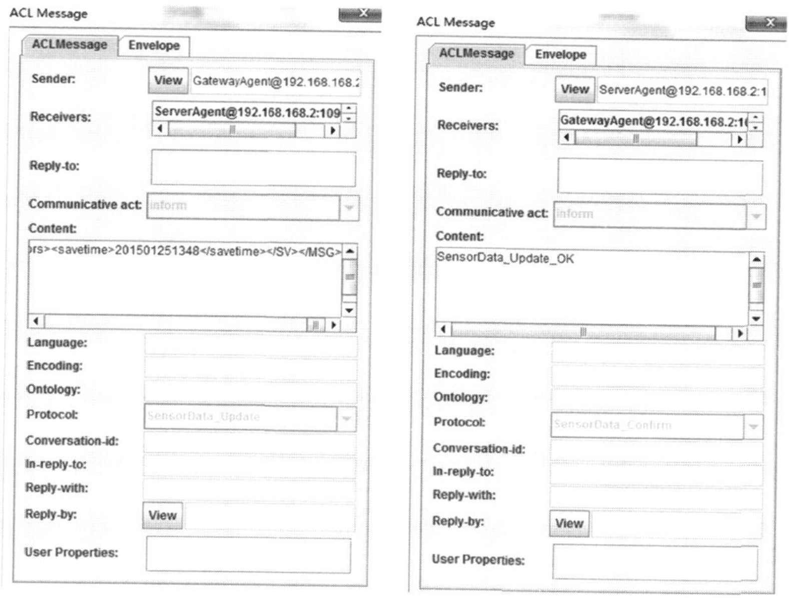

(a) 同步监测参数数值　　(b) 同步结果回复

图 4.28 监测参数数据同步过程记录

根据控制参数信息配置以及测控参数信息同步方法，在服务器的 MySQL 生成的控制参数信息表格如图 4.30 所示。

id	DRU_ID	Name	SN_ID	StartByte	EndByte	Pianyi	TranVal	MaxVal	MinVal	ChangeThro	Unit	BelongGH	Jinzhi
1	c1	二氧化碳浓度	c1	4	5	0	1	2000	0	50	ppm	温室	16
2	e1	光照度	e1	4	7	0	0.001	200	0	20	klx	温室	16
3	BC000001	空气温度	f11	41	44	1.29	16	60	-20	5	℃	温室	10
4	BC000001	空气湿度	f12	33	36	-0.26	20	100	0	5	%RH	温室	10
5	BC000001	土壤温度	b1	17	20	0.1	10	60	0	5	℃	温室	10
6	a1	风向	a11	3	4	0	1	360	0	360	°	室外	16
7	a1	温度	a12	5	6	0	0.1	60	-20	5	℃	室外	16
8	a1	湿度	a13	7	7	0	1	100	0	5	%RH	室外	16
9	a1	风速	a14	8	8	0	0.1	20	0	10	m/s	室外	16
10	a1	年降雨量	a15	9	10	0	0.01	1000	0	100	mm	室外	16
11	a1	UVI	a16	11	13	0	1	5000	0	200	null	室外	16
12	a1	光照度	a17	14	17	0	1	200	0	20	klx	室外	16

图 4.29　监测参数信息表格

id	CU_ID	CU_GH	C_ID	C_Name	C_StartBit	C_EndBit	C_Status1	C_Status2
1	S1	温室	S11	天窗驱动	1	2	01	10
2	S1	温室	S12	东侧窗驱动	3	4	01	10
3	S1	温室	S13	西侧窗驱动	5	6	01	10
4	S1	温室	S14	内遮阳驱动	7	8	01	10
5	S1	温室	S15	外遮阳驱动	9	10	01	10
6	S1	温室	S16	风机1	11	12	10	00
7	S1	温室	S17	风机2	13	13	1	0
8	S1	温室	S18	湿帘	14	14	1	0
9	S1	温室	S19	环流风机	15	16	10	00
NULL	NULL	NULL	NULL	NULL	NULL	NULL	NULL	NULL

图 4.30　控制参数信息表格

2) 监测参数数值同步

运行期间将智能网关从 WiFi 网络断开 30min，智能网关进行数据累积并存储在本地 XML 文件中，生成的 sensorvalue.xml 文件内容如图 4.31 所示，文件中保存多条 <SV> 节点封装的数据，且每次未上传的封装数据插入到根节点 <MSG> 末尾。服务器网络恢复后，智能网关 Agent 将累积数据向服务器 Agent 发送，服务器 Agent 进行多条 <SV> 节点的封装数据更新至如图 4.32 所示的 MySQL 数据库的监测参数数值表格。

```
<?xmlversion='1.0'encoding='UTF-8'standalone='yes'?>
<MSG>
<SV>···</SV>
    ...
<SV>···</SV>
<SV><sensors><SN_ID>c1</SN_ID><value>385</value></sensors><sensors><SN_ID>e1</SN_I
D><value>7.8</value></sensors><sensors><SN_ID>f11</SN_ID><value>17.0</value></sens
ors><sensors><SN_ID>f12</SN_ID><value>71.8</value></sensors><sensors><SN_ID>b1</SN
_ID><value>10.0</value></sensors><sensors><SN_ID>a11</SN_ID><value>200</value></se
nsors><sensors><SN_ID>a12</SN_ID><value>9.1</value></sensors><sensors><SN_ID>a13</
SN_ID><value>45</value></sensors><sensors><SN_ID>a14</SN_ID><value>0.1</value></se
nsors><sensors><SN_ID>a15</SN_ID><value>187</value></sensors><sensors><SN_ID>a16</
SN_ID><value>248</value></sensors><sensors><SN_ID>a17</SN_ID><value>9.1</value></s
ensors><savetime>201501021517</savetime></SV>
</MSG>
```

图 4.31　监测参数数值封装累积存储

3) 控制参数数值同步

根据控制参数数值同步方法，在智能网关的 SQLite 数据库生成的人工输入的控制参数数值表格如图 4.33 所示。

id	savetime	c1	e1	f11	f12	b1	a11	a12	a13	a14	a15	a16	a17
1149	201501021513	386	7.8	17.0	72.1	11.0	266	9.1	44	1.2	187	247	8.4
1150	201501021514	389	7.9	17.4	72.0	10.3	133	9.2	45	1.0	187	249	9.2
1151	201501021515	382	7.4	17.2	72.1	10.1	143	9.0	44	0.3	187	248	9.0
1152	201501021516	388	7.8	17.3	72.1	10.2	166	9.0	45	0.1	187	247	9.1
1153	201501021517	385	7.8	17.0	71.8	10.0	200	9.1	45	0.1	187	248	9.1

图 4.32　监测参数数值表格

	id	savetime	S11	S12	S13	S14	S15	S16	S17	S18	S19
1	61	201501031248	on	off	on	off	on	off	on	off	on
2	62	201501031254	off	on	off	on	off	on	off	on	off
3	63	201501031302	on	on	on	on	on	on	on	on	on
4	64	201501031307	off	off	off	off	off	off	off	off	off
5	65	201501031316	on	on	on	off	on	off	on	off	on

图 4.33　智能网关控制参数数值表格

4) 图像数据同步

根据图像数据同步方法，经过 Base64 编码的温室图像数据存储在 MySQL 的图像数据表格如图 4.34 所示。

id	pic_string	save_time
32	iVBORw0KGgoAAAANSUhEUgAABAAAAAIoCAIAAAB4UA61AAAAA3NCSVQFBgUzC42AAAAgAElEQVR4 nOy9z4skSZYm+KW3WPUnveqNyIzHjilEQhpUQUfS...	201501080935
33	iVBORw0KGgoAAAANSUhEUgAABAAAAAIoCAIAAAB4UA61AAAAA3NCSVQFBgUzC42AAAAgAElEQVR4 nOS9zY8kR3Yn+KugRemZ5Kkxn80SwoUqgT4rLjob...	201501081135
34	iVBORw0KGgoAAAANSUhEUgAABAAAAAIoCAIAAAB4UA61AAAAA3NCSVQFBgUzC42AAAAgAElEQVR4 nOS9S6tkx5Ym+BXYgWWwD5iBB7hBBMhBgjwiL2SI...	201501081335
35	iVBORw0KGgoAAAANSUhEUgAABAAAAAIoCAIAAAB4UA61AAAAA3NCSVQFBgUzC42AAAAgAElEQVR4 nOy9X4skt7Iv+rughhBkgwQ9UAkz4AIvWL0468GG...	201501081535

图 4.34　图像数据表格

5) 数据采集单元通信状态同步

根据数据采集单元通信状态同步方法，在 MySQL 生成的数据采集单元通信状态表格如图 4.35 所示。

Result Grid　Filter Rows:　Edit:

	id	savetime	c1	e1	BC000001	a1
▶	1200	201501021604	on	on	on	on
	1201	201501021605	on	on	on	on
	1202	201501021606	on	on	on	on
	1203	201501021607	on	on	on	on
	1204	201501021608	on	on	on	on
*	NULL	NULL	NULL	NULL	NULL	NULL

图 4.35　数据采集单元通信状态表格

4.3 基于 GWT 的温室环境测控应用开发

随着互联网技术的发展，主流的 Web 开发技术包括 Java 方向和 ASP.net 方向，编写动态 Web 应用程序需要花费大量时间处理浏览器和系统平台的不兼容问题，且由于 JavaScript 不够完善，导致 AJAX(异步 JavaScript 和 XML) 组件的共享、测试、复用相对困难 (陈凌和王建东，2009)。Web 应用的测控界面多数采用预先在布局文件上进行设计各个测控参数显示信息，不具有根据用户测控需求进行自适应生成功能。使用 Google Web Toolkit(GWT) 开发温室环境测控应用软件，有效地避免浏览器兼容、AJAX 应用困难等问题，根据测控参数信息配置，通过各种丰富界面显示组件，实现基于 B/S 模式的温室环境测控界面的自适应生成。在此基础上，开发基于 Android 手机的 App 与基于 GWT 的 Web 应用的服务器进行数据交互，实现基于 C/S 模式的温室环境测控界面自适应生成。

4.3.1　总体结构

基于 GWT 的温室环境测控应用的总体结构如图 4.36 所示，主要包括：

(1) 构建 Web 服务器后台处理程序，实现浏览器交互 Servlet、Android 手机交互 Servlet、Agent 通信、监测参数诊断、监测参数预警、数据库操作等功能。

(2) 浏览器实现面向用户的实时数据监测、历史数据查询、测控单元配置、管理员登录、环境控制等交互应用。

(3)Android 手机实现面向用户的实时数据监测、历史数据查询、环境控制等交互应用。

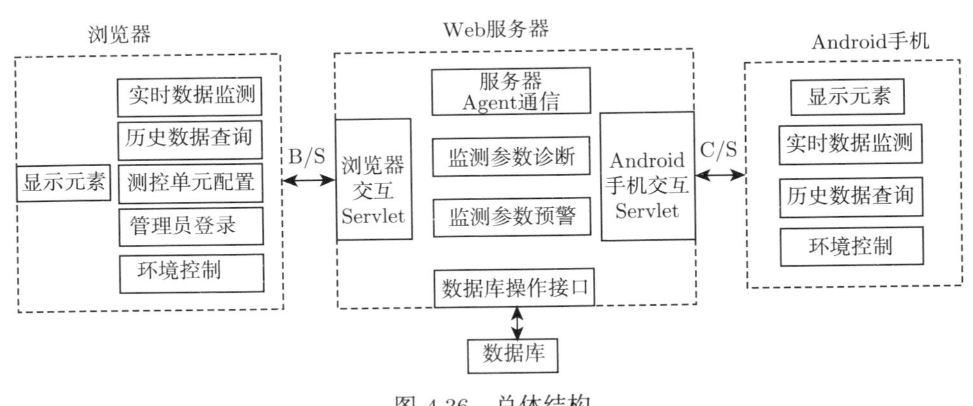

图 4.36　总体结构

4.3.2　基于 GWT 的温室环境测控应用软件开发

4.3.2.1　软件总体结构

针对基于物联网的温室环境 Web 应用的测控界面多数采用预先在布局文件上进行设计各个测控参数显示信息，不具有根据用户测控需求进行自适应匹配的功能，开发的基于 GWT 的温室环境测控应用软件主要模块如图 4.37 所示。

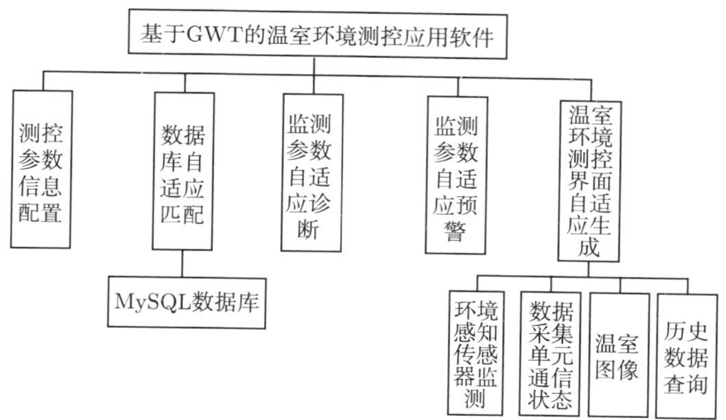

图 4.37 软件总体结构

使用 GWT 开发基于 AJAX 的 Web 应用软件的特点之一是：浏览器与服务器的数据交互机制采用远程方法调用 (RPC)，不必更新整个 HTML 页面 (Dewsbury，2008)。其实现原理是：浏览器的调用进程发送一个带有参数信息的方法到服务进程，然后等待应答。在服务器端等待调用信息到达，并获得方法的参数并计算结果，然后发送答复信息，最后，浏览器接收答复信息，获得进程结果并继续执行程序。

4.3.2.2 测控参数信息配置

构建监测参数信息、控制参数信息配置的浏览器界面与 Web 服务器实现 AJAX 应用，实现测控参数信息的添加、查看、删除、编辑功能，实现原理与智能网关的测控参数信息配置主要过程类似，区别在于浏览器通过远程方法调用与 Web 服务器进行数据查询和结果返回，浏览器对数据进行解析。

4.3.2.3 数据库自适应匹配

在测控参数信息配置过程中，实现监测参数信息、控制参数信息、监测参数数值、数据采集单元通信状态、控制参数数值、监测参数诊断状态表格的自适应生成，实现原理与智能网关数据库自适应匹配类似。其中，监测参数诊断状态表格的列名为各个监测参数 ID 和存储时刻，表格记录为监测参数诊断信息，包括数值过高、数值过低、数值跃变、正常等 4 个状态。

4.3.2.4 监测参数自适应诊断

根据数据库的监测参数信息表中的各个监测参数 ID 对应的监测参数数值、最大值、最小值、突变阈值等信息与监测参数实际值进行自适应地诊断判断，实现过程为：

(1) Web 服务器周期性地向监测参数数值表格查询最近两次时刻的监测参数数值信息，将两次数值分别存储在哈希表。

(2) 对各个监测参数 ID 所对应的信息进行诊断判断，判断依据为：如果新值大于最大值，则表示过高；如果新值小于最小值，则表示过低；如果新值与前时刻值的绝对差大于变化幅值，则表示跃变；否则认定该监测传感器参数正常。主要软件流程如图 4.38 所示。

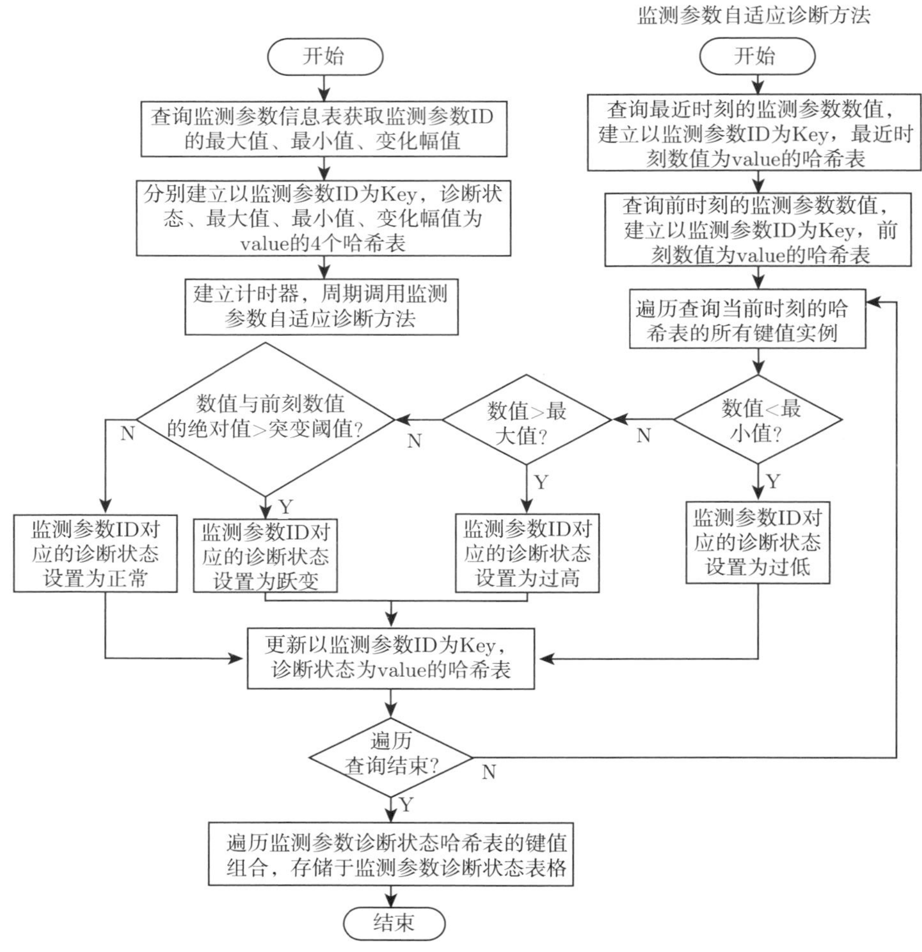

图 4.38　监测参数自适应诊断软件流程图

4.3.2.5　监测参数自适应预警

周期性地查询监测参数诊断状态表格，对诊断结果进行判断：如果监测参数的数值过高、过低的诊断结果存在，则查询监测参数信息表，获取诊断结果为异常的监测参数 ID 所对应的监测地点和监测参数名称，结合 Twilio 提供的通讯模块 API 向指定用户手机发送短信，前后时刻相同的故障信息只发送一次。主要软件流程如图 4.39 所示。

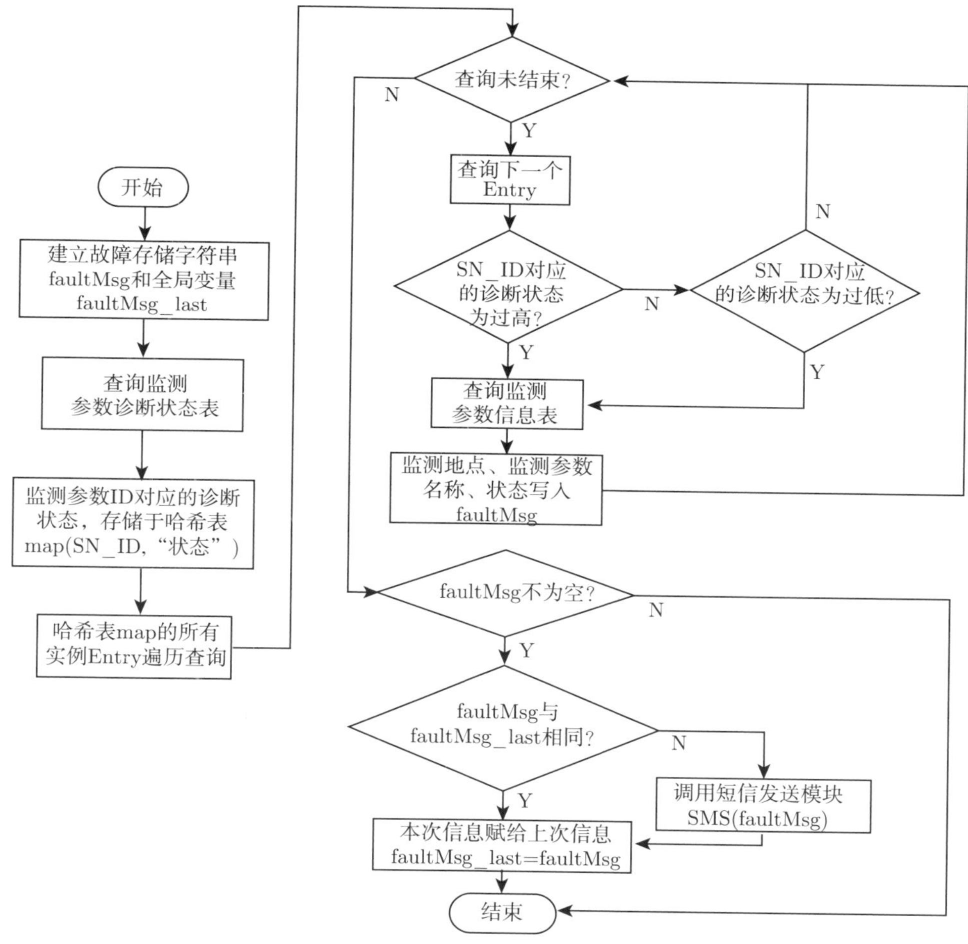

图 4.39 监测参数预警流程图

4.3.2.6 温室环境测控界面自适应生成

1. 环境感知传感器监测

针对不同的监测参数信息配置，实现传感器监测界面的自适应显示，显示元素主要包括：监测地点、监测参数的名称、数值、单位、监测参数诊断状态。通过 GWT 的 RPC 调用向 Web 服务器请求查询界面显示相关的数据，进行界面自适应生成，主要软件流程如图 4.40 所示，其过程为：

(1) 查询监测参数信息表，获取所有监测地点描述并进行归类，不相同的每个监测地点描述作为一个监测区域的标题。

(2) 查询各个监测地点内的各个监测参数 ID 对应的监测参数名称、监测参数数值、数值单位、监测参数诊断状态，进行初始界面生成。

(3) 周期性地查询监测参数数值表、监测参数诊断状态，对界面进行实时更新。

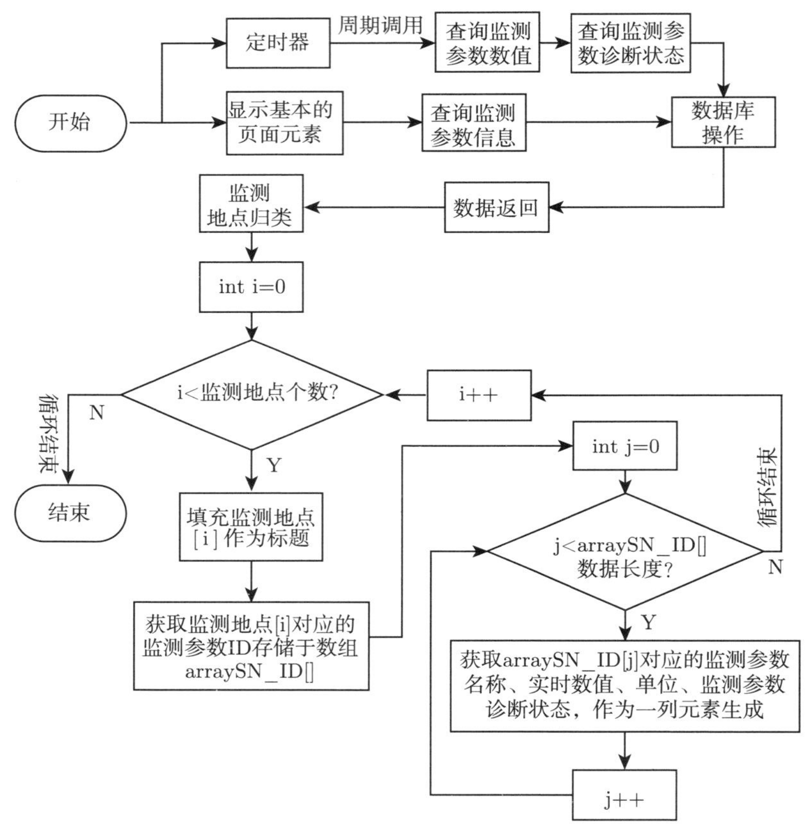

图 4.40　温室环境传感器监测界面自适应生成流程图

2. 数据采集单元通信状态显示

针对不同的监测参数信息配置，实现数据采集单元通信状态的自适应显示功能，原理为：周期性地通过 GWT 的 RPC 调用向服务器查询数据采集单元通信状态信息，将数据采集单元 ID 和对应的通信状态进行列表返回。浏览器对列表进行遍历查询，逐行填充数据采集单元 ID、通信状态对应的图片，主要软件流程如图 4.41 所示。当数据采集单元通信状态为 “off” 时，将该采集单元下的所有监测参数显示置成灰色。

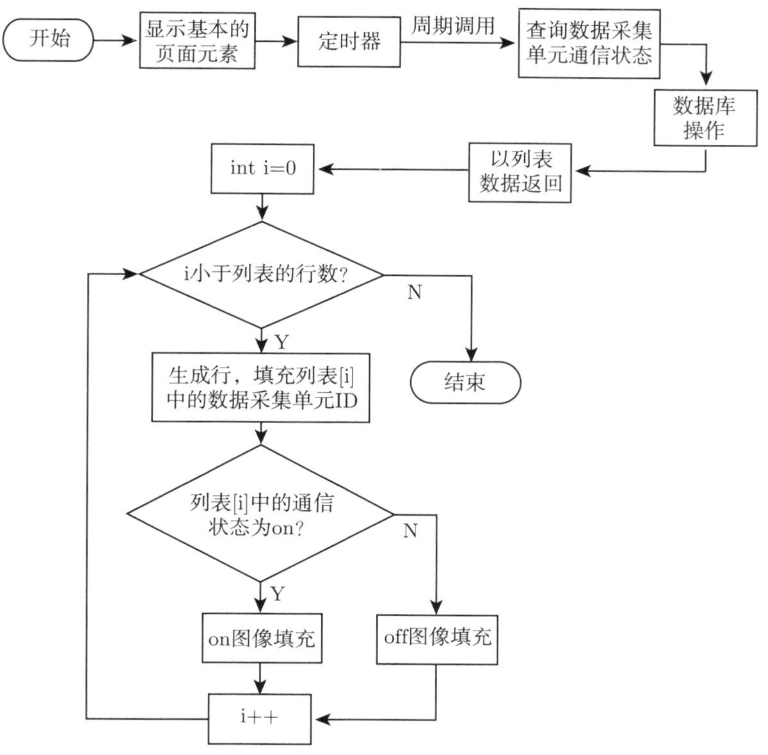

图 4.41 数据采集单元通信状态自适应判断流程图

3. 温室图像显示

构建 Web 浏览器的温室图像显示界面，通过 RPC 调用向服务器请求查询最近时刻的图像，服务器将 Base64 格式的图像数据进行解码，并在服务器的指定文件下生成图片，并将图片路径返回给浏览器前端，浏览器前端通过 GWT 的图片访问机制，更新至浏览器前端。主要软件流程如图 4.42 所示。

4. 历史数据查询

1) 传感器历史数据查询

针对不同的参数信息配置，实现历史数据查询界面的自适应生成，界面主要元素有：时间段选择、监测地点、监测参数、历史数据显示列表、历史数据趋势图。历史数据查询界面自适应生成的原理为：查询监测参数信息表，获取所有监测地点描述并进行归类，不相同的每个监测地点描述作为下拉列表框的选项，设置下拉列表框每一项选中监听操作，当被选中后，将该选项所对应的监测地点中的所有监测参数名称作为按钮进行显示，设置按钮的点击监听操作，当被点击后，根据用户输入的查询时间段，向数据库查询当前被点击按钮对应的监测参数 ID 在查询时间段的历史数据。为了避免大量数据在网络传输，利用 MySQL 的平均值检索功能，服务器对时间段查询进行区别处理：时间段小于 1h，则传输每隔 1min 的数据；时间段小于 1d，则传输每隔 5min 的均值数据；时间段小于 7d，则传输每隔 1h 的均值数据；大于 7d，则传输每隔 1d 的均值数据。数据返回至浏览器后，进行解析并显示至浏览器的表格。同时，根据监测参数 ID 对应的最大值和最小值，绘制出历史数据趋势图。主要软件流程如图 4.43 所示。

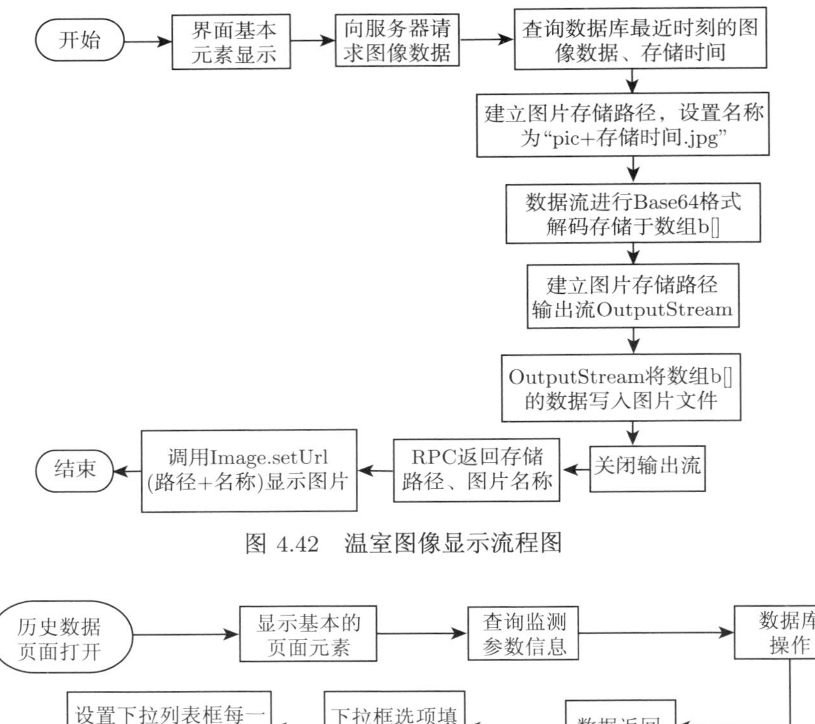

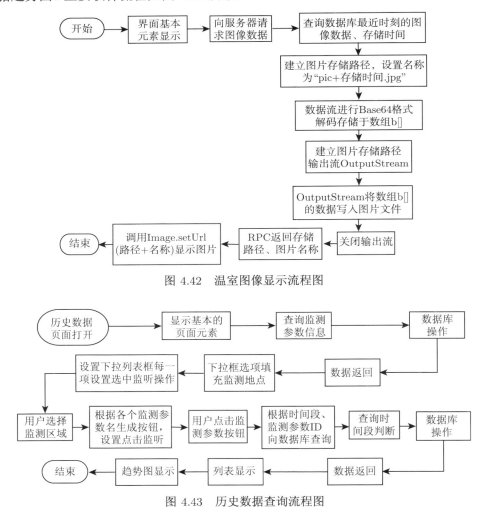

图 4.42　温室图像显示流程图

图 4.43　历史数据查询流程图

2) 历史图像查询

浏览器的历史图像查询模块通过 RPC 接口向 Web 服务器查询一定时间段的

图片存储时刻，填充到下拉框的列表选项。通过对列表选项设置选中监听操作，当选中后向服务器查询该列表选项对应时刻的温室图像，通过 GWT 的图片传输机制，在界面进行生成图像。

5. 控制界面生成

针对不同的控制参数信息配置，实现控制参数以及最近时刻控制数值的自适应界面生成，实现原理为：首先，浏览器通过 RPC 接口向 Web 服务器请求控制参数信息、最近时刻的控制参数数值，根据返回的数据进行控制地点归类，并将每个控制地点作为标题。查询各个控制地点的所有控制参数 ID 对应的控制参数名称、控制参数数值进行控件显示。设置控制参数数值控件点击监听操作，点击后切换控制参数数值到另一个状态值。预先在界面设置保存控件，并对其设置点击操作监听，用户在浏览器上点击保存控件，则读取各个控制参数 ID 对应的数值，并通过 RPC 接口发送至 Web 服务器，存储至数据库，并通过标志位触发 Web 服务器向智能网关的控制参数数值同步，进而实现温室执行器的驱动。主要软件流程如图 4.44 所示。

4.3.3 基于 Android 手机的温室环境测控应用软件开发

为满足用户使用便携手机进行随时随地接入互联网实现温室环境的远程测控，开发基于 Android 手机的 App 与 Web 服务器应用软件进行数据交互，实现基于 C/S 模式的测控界面生成。

根据温室环境测控界面生成原理，实现手机 App 的实时数据监测、历史数据查询、环境控制自适应生成，主要区别在于数据获取方式为手机向 Web 服务器发起 Http 通信请求，并获得服务器的回应进行数据解析。手机 App 实现的功能主要包括：

(1) 应用程序初始运行时，向服务器请求并获取监测参数信息、控制参数信息等数据生成初始界面。

(2) 周期性地向服务器查询监测参数数值、数据采集单元通信状态、监测参数诊断状态、控制参数数值等表格的最近时刻数据，实现温室环境测控界面实时更新。

(3) 对控制参数数值控件设置点击操作监听，当用户点击后，将控制参数数值切换到另一状态；对界面的写入 Web 服务器控件设置点击操作监听，点击后读取所有控制信息并发送至服务器，更新控制参数数值表格，并通过标志位触发服务器向智能网关实现控制参数数值同步。

(4) 对显示的监测参数数值控件设置点击监听，点击则向服务器查询当前控件的监测参数 ID 对应的近 12h 的历史数据，弹出 Dialog 窗口进行 ListView 显示和趋势图显示。

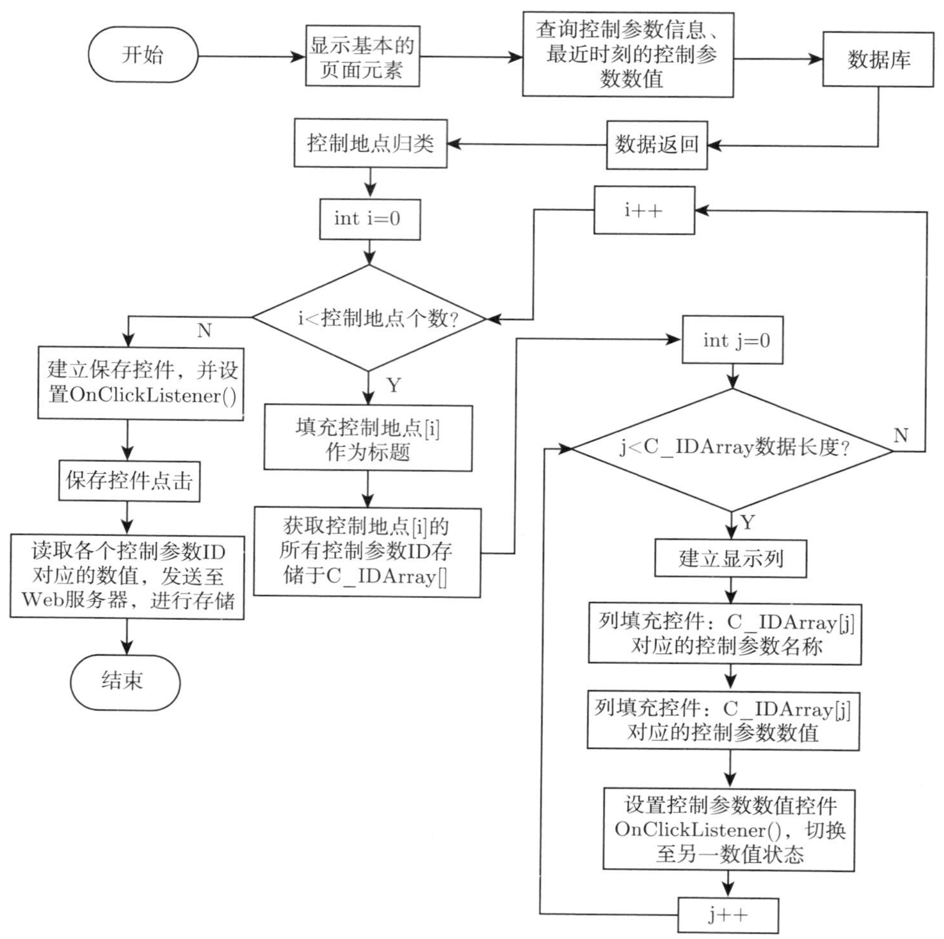

图 4.44　控制界面生成流程图

4.3.4　运行试验

4.3.4.1　基于阿里云的 Web 应用软件运行部署

为避免购买服务器以及对服务器的管理、性能扩展、设备维护等方面的要求，采用基于云计算的阿里弹性服务器实现的 Web 应用软件部署。根据本系统访问量需求，通过付费的方式购买弹性的服务器配置，在阿里云服务器上安装运行软件包括：

(1) JAVA 运行平台，JDK 1.7。

(2) Web 应用服务器，使用 Apache Tomcat 7.0，导入 mysql-connector-java-5.1.24-bin、JADE 运行库文件，应用程序部署在 Tomcat 7.0/webapps/。

(3) 数据库，MySQL 5.5、Mysql Workbench 6.1.7。

4.3.4.2 浏览器的测控界面功能

1. 实时数据监测

根据环境感知传感器监测、数据采集单元通信状态、温室图像的界面生成原理，在浏览器上生成如图 4.45 所示的温室环境监测界面。结果表明浏览器实现了温室环境监测界面的自适应生成。

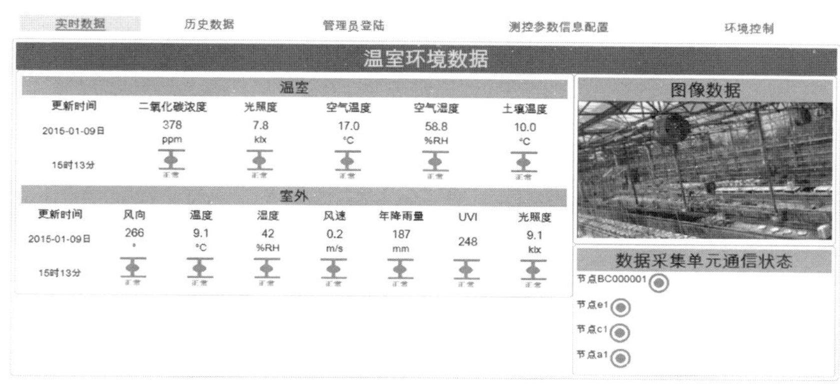

图 4.45 温室环境实时数据监测界面

2. 历史数据查询

根据历史数据查询界面生成的原理，生成的界面如图 4.46 所示，选择查询的时间段，选中监测区域，如室外，则生成当前监测地点下的所有监测参数控件，点击参数控件，向服务器查询该监测参数从起始时间至终止时间的历史数据并以列表显示，并生成历史趋势柱图。结果表明浏览器实现了环境感知传感器历史数据查询界面的自适应生成。

3. 环境控制

根据控制界面生成原理以及控制参数信息配置，在浏览器随机输入控制参数数值的界面如图 4.47(a) 所示，并点击保存控件，则 Web 服务器自适应地将各个控制参数 ID 对应的数值更新到数据库的控制参数数值表格中，并传输至智能网关，实现如图 4.47(b) 所示的 16 路继电器驱动。验证结果表明浏览器实现了温室环境控制界面的自适应生成以及远程驱动。

4.3.4.3 Android 手机的测控界面功能

根据 Android 手机测控应用软件功能设计以及测控信息配置，Android 手机与 Web 服务器进行数据交互，生成的温室环境监测界面如图 4.48(a) 所示。在手机的控制界面进行随机输入图 4.48(b) 所示的驱动命令，并点击“写入 Web 服务器控件”可实现继电器的远程驱动。结果表明手机 App 实现了温室环境测控界面的自适应生成。

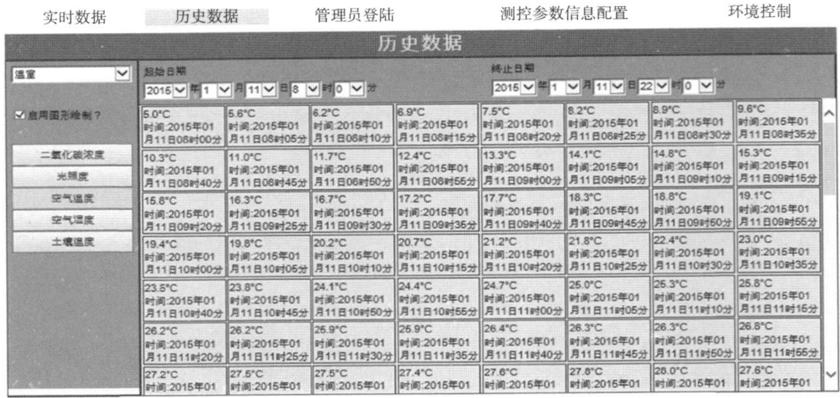

图 4.46　历史数据查询界面

环境控制

温室

天窗驱动	东侧窗驱动	西侧窗驱动	内遮阳驱动	外遮阳驱动	风机1	风机2	湿帘	环流风机
off	on	off	on	off	on	off	on	off

保存

(a) 温室环境控制界面

(b) 继电器控制

图 4.47　温室环境控制

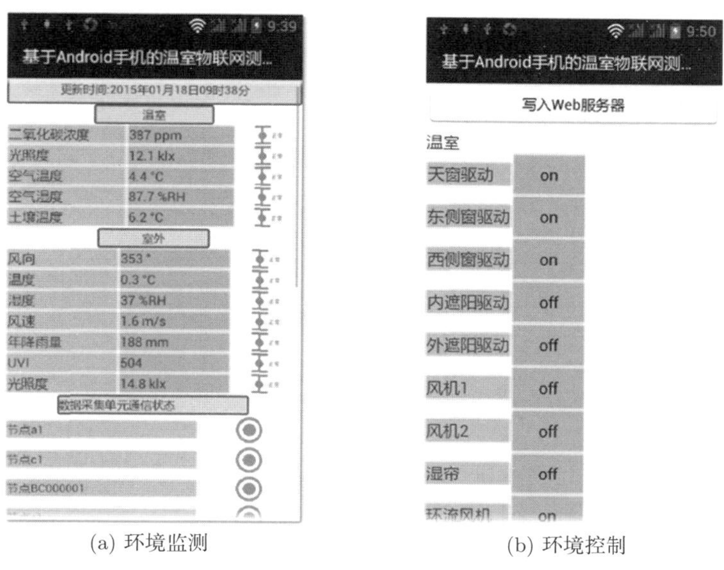

(a) 环境监测　　(b) 环境控制

图 4.48 Android 手机 App 测控界面

4.4 草莓栽培环境智能监测系统运行与测试

4.4.1 系统部署

根据基于信息化的高架草莓–叶菜复种方式生态安全技术与装备项目的需要进一步验证系统的运行性能，于 2014 年 12 月 12 日在江苏省农科院溧水植物基地的草莓栽培温室中进行系统部署和运行测试，构建草莓栽培环境智能监测系统。该温室是东西向的塑料连栋温室，为研究温室环境对草莓生长的影响，对温室的环境信息进行全方位采集，系统布局如图 4.49 所示，分为 4 个传感器采集的监测区域，分别是节点 1(东温室北面)、节点 2(东温室南面)、节点 3(西温室中部)、室外气象，每个监测区域下安装数个数据采集单元、环境感知传感器实现全方位的信息采集，系统安装部署情况如图 4.50 所示。

在第一节中传感器、数据采集单元选型基础上，增加数字型空气温湿度变送器，用于采集温室中部的空气温度、空气湿度，数据流传输协议如表 4.9 所示。

表 4.10 为系统部署传感器信息，通过计算机的超级终端设置数据采集单元 ID、数据传输周期 1min；设置光照度、二氧化碳浓度、空气温湿度变送器以及自动气象站等数字型输出传感器的网络协议为非 SZ06 设备的内部协议，数据传输周期为 1min。为防止大批数据同时间上传，错开各设备的开始运行时间，数据采集单元上电后并自组织构建 Zigbee 星型网络，自动实现各电压型传感器的信息采集传输，

以及变送器、自动气象站等数据的透明传输，数据传输至 Zigbee 汇聚节点，接入智能网关 RS-232 通道 1，串口通信速率为 9600b/s。

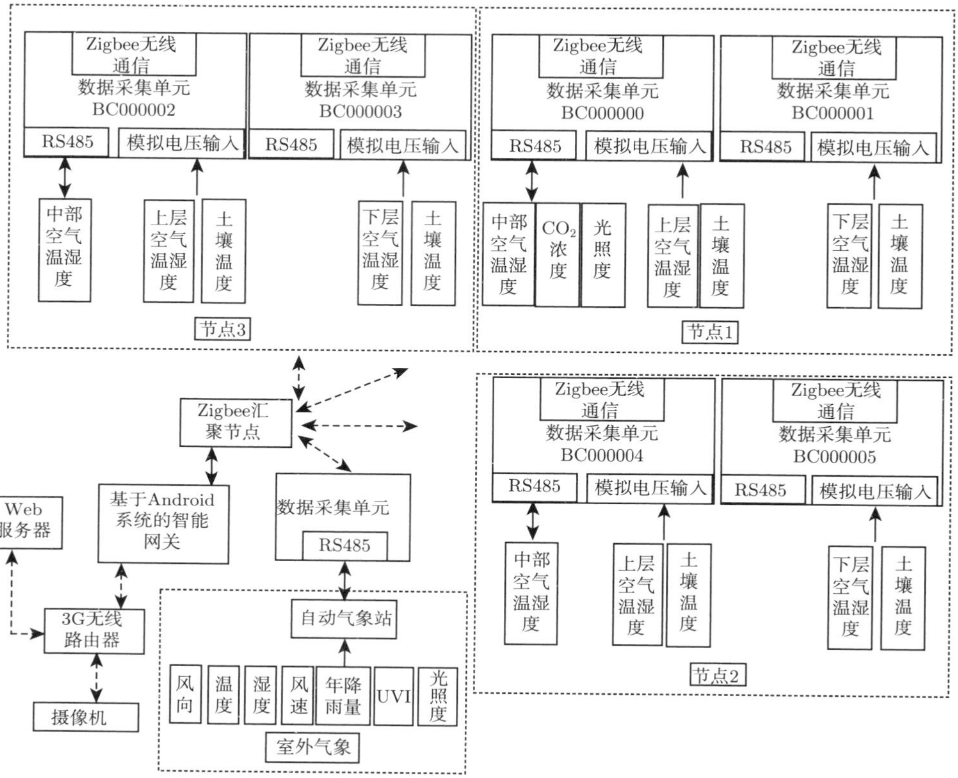

图 4.49　草莓栽培环境智能监测系统布局

(a) 节点1　　(b) 节点2　　(c) 节点3

(d) 数据采集单元

(e) 自动气象站

(f) 数据采集集成箱

图 4.50 草莓栽培环境智能测控系统安装

表 4.9 空气温湿度变送器数据流传输协议

字节 1	字节 2	字节 3	字节 4~5	字节 6~7	字节 8~9
网络协议标识	03	04	空气温度	空气湿度	校验和

注：字节 1 为网络协议标识，空气温度 (转换系数：0.1，偏移量：−400，单位：℃)，空气湿度 (转换系数：0.1，偏移量：0，单位：%RH)。

表 4.10 监测系统传感器信息表

节点	DRU_ID	SN_ID	传感器类型	单位	协议	数据类型
节点 1	f1	f11	空气温度	℃	RS-485	数字量
		f12	空气湿度	%RH		
	c1	c1	CO_2 浓度	μmol/mol		
	e1	e1	光照度	klx		
	BC000000	f41	空气温度	℃	Zigbee	模拟量
		f42	空气湿度	%RH		
		b1	土壤温度	℃		
	BC000001	f51	空气温度	℃		
		f52	空气湿度	%RH		
		b2	土壤温度	℃		
节点 2	f2	f21	空气温度	℃	RS-485	数字量
		f22	空气湿度	%RH		
	BC000004	f61	空气温度	℃	Zigbee	模拟量
		f62	空气湿度	%RH		
		b5	土壤温度	℃		
	BC000005	f71	空气温度	℃		
		f72	空气湿度	%RH		
		b6	土壤温度	℃		

续表

节点	DRU_ID	SN_ID	传感器类型	单位	协议	数据类型
节点 3	f3	f31	空气温度	℃	RS-485	数字量
		f32	空气湿度	%RH		
	BC000002	f81	空气温度	℃	Zigbee	模拟量
		f82	空气湿度	%RH		
		b3	土壤温度	℃		
	BC000003	f91	空气温度	℃		
		f92	空气湿度	%RH		
		b4	土壤温度	℃		
室外	a1	a11	风向	(°)	RS-485	数字量
		a12	空气温度	℃		
		a13	空气湿度	%RH		
		a14	风速	m/s		
		a15	降雨量	mm		
		a16	UVI	null		
		a17	光照度	klx		

温室图像采集摄像机以 2h 周期采集温室图像并通过 3G 无线路由器生成的 WiFi 无线网络传输至智能网关，由于 3G 无线路由器内部实现了 WiFi 与 3G 网络转换功能使智能网关与互联网建立了连接途径。基于 GWT 的温室环境测控 Web 应用程序进行温室地点、栽培作物等基本信息输入界面的构建，将应用软件部署在阿里云服务器上。

4.4.2　草莓栽培环境智能监测系统功能验证

4.4.2.1　网络协议信息输入

根据温室现场部署，智能网关网络协议信息配置如表 4.11 所示，并输入云服务器的地址为 121:41:24:222，JADE 端口号为 1099。

表 4.11　网络协议信息配置

网络协议标识	数据格式	测控单元 ID 在数据流的起始字节	终止字节	波特率
3131	ASCII	5	12	9600
e1	16	1	1	
c1	16	1	1	
f1	16	1	1	
f2	16	1	1	
f3	16	1	1	
24	16	2	2	
69	rgb	1	1	null

4.4.2.2 监测参数信息配置

在系统安装的初始阶段，对现场的传感器、数据采集单元等设备部署进行变更，对各个参数命名、传感器标定值、诊断阈值等信息进行修改，最终在 Web 浏览器的监测参数信息配置界面上输入表 4.10 的监测参数信息并保存至 MySQL 数据库，同时实现表格的自适应生成。通过点击浏览器上的数据同步按钮，触发向智能网关进行监测参数信息的数据同步并保存至 SQLite 数据库，同时实现表格的自适应生成。

同理，由智能网关向 Web 服务器进行表 4.10 所示的监测参数信息同步，实现效果一致。

4.4.2.3 温室环境监测界面

根据监测参数信息配置，智能网关自适应实现异构网络数据管理，并向服务器同步监测参数数值、数据采集单元通信状态、温室图像等数据，服务器应用程序实现信息处理。

在 Web 浏览器输入系统应用程序的运行网址，浏览器生成的温室环境实时数据监测界面如图 4.51 所示。

图 4.51 温室环境实时监测界面

在 Android 手机打开 App 后，通过与 Web 服务器进行数据交互，生成的温室环境实时数据监测界面如图 4.52 所示。

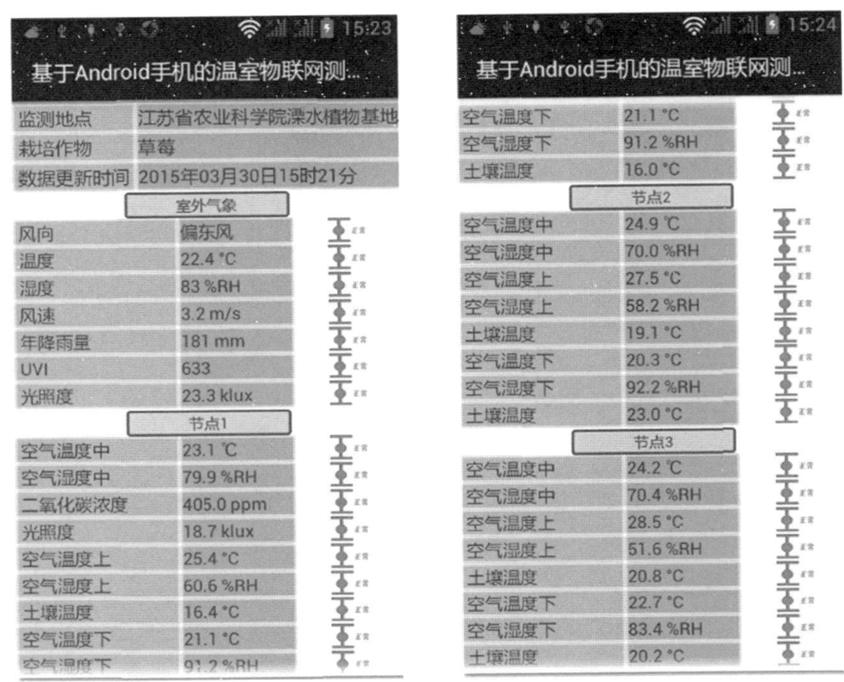

图 4.52　Android 手机 App 实时监测界面

4.4.2.4　系统自适应性功能验证

为了验证系统的自适应功能，对原系统的安装配置人为地进行监测区域命名、传感器变动接线、传感器数量变动等方面验证，步骤如下：

(1) 将表 4.10 中的“节点 2”的数据采集单元和传感器全部下电，从浏览器的监测参数信息配置界面中删除原“节点 2”的配置信息。

(2)“节点 1”更名为“东温室”，“二氧化碳浓度”更名为“CO_2 浓度”。

(3)“节点 3”更名为“西温室”。

(4) 将数据采集单元的 BC000000 的土壤温度传感器的接线从端口 0 变更为端口 1，更改土壤温度信息在数据流的起始字节为 25、终止字节为 29，重新标定该土壤温度传感器的偏移量为 0.09、转换系数为 10。

(5) 在浏览器的监测参数信息配置界面点击“同步按钮”后，则智能网关更新监测参数信息表，并解析、存储监测参数数值和同步至 Web 服务器。在 Web 浏览器输入系统运行的网址后，根据配置信息生成的温室环境实时监测界面如图 4.53 所示，对比图 4.53 的配置信息可知，系统具有根据配置信息的自适应生成监测界面的功能。

图 4.53 新生成的温室环境实时监测界面

4.4.3 系统性能验证

4.4.3.1 异常数据过滤

系统运行期间，智能网关每隔 1min 存储所有监测参数的原始数据，由于数据采集单元、传感器变送器的掉电或者突然重启等意外因素，造成监测参数数值发生突变为 0 或者数值瞬时变大等现象的发生，如图 4.54(a) 所示。考虑到温室环境的变化慢，远程 Web 服务器应用软件添加异常数据过滤处理模块，对异常数据进行判断并使之保持上次数据。Web 服务器应用软件处理后的数据如图 4.54(b) 所示。

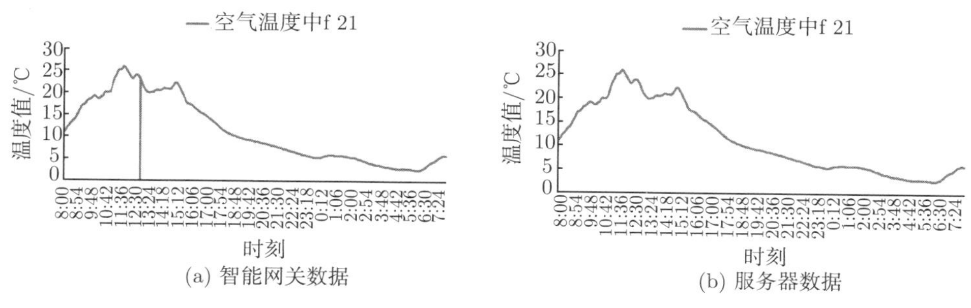

(a) 智能网关数据　　(b) 服务器数据

图 4.54 异常数据过滤

4.4.3.2 数据同步稳定性验证

智能网关每隔 1min 将温室环境监测参数的数值向远程服务器进行数据同步，

为验证此过程的数据传输稳定性，在服务器应用程序中添加测试用例，主要步骤如下：

(1) 设定计数器 counter，每当接收到监测参数数值更新至数据库表格一行完整记录后，counter 累加 1 次。

(2) 新建一个数据库表格用于存储 counter 的数值和当前时刻。

(3) 设定 Timer() 定时器实现每分钟读取一次 counter 的数值，于当前时刻存储至步骤 (2) 的数据库表格。

测试期间，将 3G 无线路由器关闭，造成智能网关与服务器的网络从 10 时至 12 时断开 2h 后，再恢复。counter 值与时间的对应关系如图 4.55 所示，网络断开期间 counter 值停止，恢复后连续更新数据库。在其余时间段，也存在因网络信号不畅导致短时间的 counter 值停止，网络顺畅后又进行连续累加的现象，表明系统在短时间内互联网网络异常情况下，具有自动恢复数据传输功能。

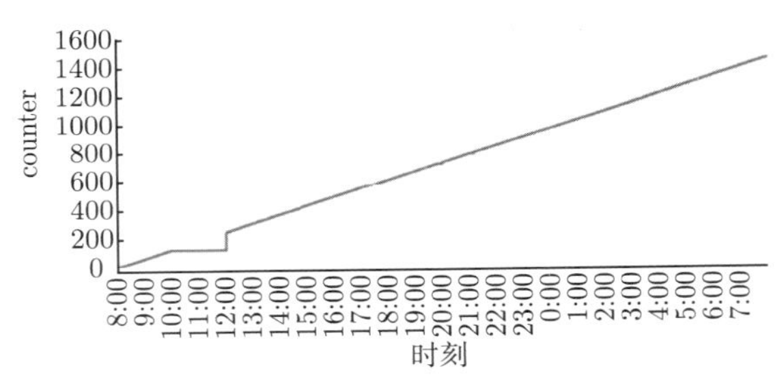

图 4.55　数据同步稳定性测试结果

4.4.3.3　数据采集单元与智能网关的数据丢失率测试

设定各个数据采集单元的传输间隔设置为 1min，智能网关应用程序添加测试用例，主要功能包括：

(1) 添加哈希表 lostPacketMap(String，Integer)，String 类型为部署在温室的所有 DRU_ID，Integer 类型为接收计数值。建立表格 lostPacketTable 用于存储各个数据采集单元 ID 的数据接收次数。

(2) 根据智能网关的监测参数自适应解析原理，每当接收到一个数据采集单元的数据流进行解析时，获取当前数据流的 DRU_ID 后执行语句 lostPacketMap.put (DRU_ID，lostPacketMap.get(DRU_ID)+1)，进而统计各个 DRU_ID 的数据接收次数。

(3) 每隔 1h，将 lostPacketMap 的所有实例更新至表格 lostPacketTable，测试时间为 1d。

根据存储于智能网关的数据库表格 lostPacketTable 的数据记录进行丢失率统

计，如表 4.12 所示，平均丢失率为 1.52%，最大丢失率为 2.08%。考虑到智能网关接收的数据流较多并进行相对繁琐的处理，根据一些学者针对网络传输丢失率对温室环境监测系统影响的研究 (李方敏等，2009；张荣标等，2009b)，智能网关的数据丢失率在符合要求的范围内，满足温室环境监测系统的要求。

表 4.12 数据丢失率

数据采集单元 ID	期望数	实际值	丢失数	丢失率/%
f1	1440	1416	24	1.67
f2	1440	1422	18	1.25
f3	1440	1421	19	1.32
c1	1440	1414	26	1.81
e1	1440	1411	29	2.01
a1	1440	1430	10	0.69
BC000000	1440	1410	30	2.08
BC000001	1440	1413	27	1.88
BC000002	1440	1419	21	1.46
BC000003	1440	1418	22	1.53
BC000004	1440	1421	19	1.32
BC000005	1440	1422	18	1.25

4.4.3.4 Web 服务器与智能网关的数据丢失率测试

对服务器数据库中的监测参数数值、数据采集单元通信状态表格的存储时刻进行分析，发现存在少量的数据丢失现象。统计的数据丢失率如表 4.13 所示，智能网关与服务器的数据传输丢失率均值为 0.40%，最大丢失率为 0.52%。根据数据丢失率对温室监测系统要求，表明本研究的系统设计能够满足智能网关与 Web 服务器数据传输要求。

表 4.13 数据丢失率测试

时间	发送数	丢失数	丢失率/%
3 月 20 日	2880	12	0.42
3 月 21 日	2880	13	0.45
3 月 22 日	2880	10	0.35
3 月 23 日	2880	11	0.38
3 月 24 日	2880	15	0.52
3 月 25 日	2880	7	0.24
3 月 26 日	2880	13	0.45

第5章　基于时空信息的温室环境无线传感器网络故障诊断

在温室环境测控系统中，传感器节点故障或网络故障的发生，并由此产生的数据异常或数据缺失对温室环境监测准确性、环境控制可靠性都会产生严重危害 (王海涛等，2013)，并且温室内高湿、高温、电磁环境复杂等恶劣的工作环境，常常导致温室环境监测系统传感器故障、网络故障的发生十分频繁且无法避免，系统的健壮性在监测过程中无法得到保障。温室环境的监测准确度与系统稳定性是环境监测系统的基础，因此在温室环境无线监测系统基础上开展基于实际需要的传感器节点和数据传输网络故障诊断具有重要的意义。

5.1　环境参数时空关联性研究

由于温室是一种半封闭系统，温室内外能量交换速度缓慢，在温室内环境参数构成小气候系统，该系统内环境参数间相互耦合、变化缓慢，温室环境间具有较强的时空关联性。在时间尺度上对主要的环境参数时间相关性进行研究，对比分析几种环境参数时间相关性方法的效果；在空间尺度上对环境参数的空间相似性进行研究，分别从同质传感器、异质传感器角度对空间相似性进行讨论；开展基于时空关联性的节点环境参数信息预测。

温室环境具有典型的时空相关性特点，针对环境参数时空关联性问题，现有的研究主要从时间相关性和空间相似性两个角度分别展开。

在时间相关性研究方面，Sharaf 等 (2003) 提出一种 TINA 时间相关性预测模型，采集节点自主判断数据是否上传至汇聚节点，减少数据平稳阶段的数据传输，适用于小型监测网络。Xue 等 (2007) 提出一种基于自适应回归移动平均数的时间相关性估计算法，该算法能够实时调整预测参数，保证预测精度。Gedik 等 (2007) 提出一种基于自适应算法的时间预测算法，该算法在保证数据监测精度的同时，能够有效地减少 70%以上的监测数据。Borgne 等 (2007) 提出一种基于自适应选择的时间序列预测算法，由传感器自主选择合适的候选模型库，并赋予动态权重来实现数据预测。Yan 等 (2010) 基于最小二乘支持向量机 (LS-SVR) 的时间预测方法，该方法利用历史数据与当前数据来预测未来的数据，但该方法预测误差较高，仅用于预测传感器网络中的数据缺失处理。赵继军等 (2012) 通过对历史数据的分阶段分析，建立一个周期性模型，实现时间相关性预测算法，该算法充分挖掘数据在时间序列上的规律性。卢昭 (2016) 将监测数据分解为线性与非线性两部分，对线性部分利用最小二乘法拟合线性预测算法；对非线性部分采用灰色预测，建立基于自适应时间相关性预测算法。

在空间相关性研究方面，主要是利用相邻节点的空间数据进行监测数据空间分析的研究，国内外学者做了大量研究。Batista 和 Monard(2003) 提出了一种典型的空间相关性方法 ——KNN 算法，该方法是利用最近邻节点构成的数据集进行填充。Krishnamachari 和 Iyengar(2004) 利用节点信息的空间相似性观点，轮询比较相邻节点的信息来确定本节点当前状态。针对节点较多时适用，当节点较少时，节点信息的空间相似性降低，且多次比较增加了数据处理的计算量。关键等 (2012) 利用相关系数和消除趋势波动分析方法研究非相参、相参条件下海洋环境数据的空间相关性。黄冬梅等 (2015) 针对环境数据的多模型、多模态、高维等特点，提出了一种基于空间相关性的海洋环境监测数据优化抽样方法，在减少数据量的同时，保证其抽样精度。杨亮 (2015) 以同时刻相邻节点采集的环境信息为参数，通过多元线性回归模型对环境参数信息进行最优估计。卢昭 (2016) 针对时间预测方法在数据波动剧烈导致精度下降问题，提出了一种基于 Delaunay 的空间相似性预测算法，并由邻近节点间距离来赋予动态权重系数。

为了提高数据分析的准确性，通过时间和空间相关性进行环境参数的关联性分析，Luo 和 Zhang(2006) 构造了一种双层结构的时空相关性数据融合模型，并利用模糊数学和 DS 证据理论进行数据融合，但存在传输时间延迟、计算复杂等问题。Vuran 等 (2004) 提出了一种基于时间相关性计算函数 D(T) 和空间相似性计算函数 D(S) 的计算公式，为时空关联性奠定理论基础。赵继军等 (2009) 总结了不同数据类型进行时空相关性数据融合预测算法的应用。

5.1.1 环境参数数据来源

为了分析温室环境参数的时空关联性特征， 利用课题组开发设计的基于 Android 系统的温室环境无线监测通用系统 (陈美镇，2015)，并且 2015 年 12 月中旬在江苏省农科院溧水植物科学基地部署该环境监测系统，将被监测区域划分为 4 个传感器采集节点，分别是节点 1、节点 2、节点 3、室外，每个监测区域安装数个数据采集单元、各类型传感器实现全方位、多层次的环境信息采集。温室环境无线监测系统架构如图 4.49 所示。其中，温室环境无线监测系统中环境感知传感器的配置信息如表 4.10 所示，主要环境参数感知节点包含：9 路空气温度 (f11~f91)、9 路空气湿度 (f12~f92)、1 路光照度传感器 (e1)，以及 1 套室外气象站 (其中集成有 1 路温度 (a12)、1 路湿度 (a13) 和 1 路光照度 (a17) 传感器) 等。本研究对数据进行分析时，选用的环境数据时间范围为 2016 年 1 月 28 日至 2016 年

6 月 12 日。

5.1.2 环境参数时空特性

在温室小气候环境中，时空关联性是指环境参数随着时间和空间的变化规律。温室环境时空关联性问题旨在发现环境数据的时空关联规则，分析环境参数在时间与空间尺度上的变化趋势。

5.1.2.1 时间相关性

在温室环境中，传感器所处的环境不会频繁地改变，会在一定时间段内维持在某一值范围内，该时间段内的传感器的测量值将保持相对稳定，不会发生急剧变化，并且时间尺度越小，传感器数据间相关性越大。温室环境参数的时间相关性与时间尺度呈负相关，即随着时间尺度的增加而降低；反之，随着时间尺度的降低而时间相关性变强。温室内主要环境参数不同时间尺度下的变化趋势，如图 5.1 所示。

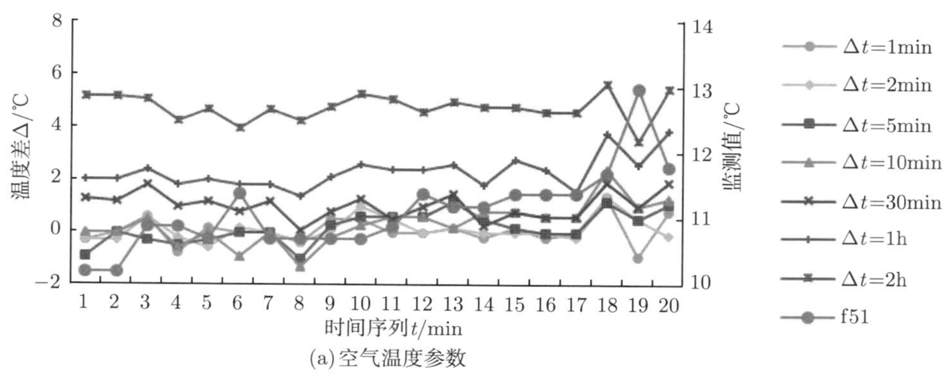

(a) 空气温度参数

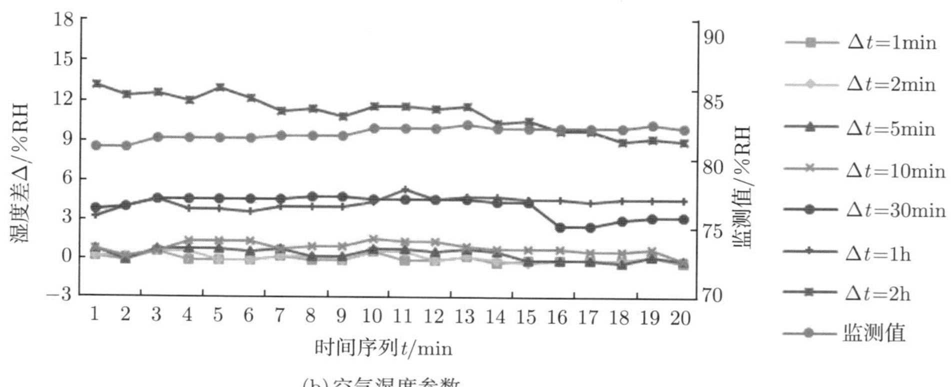

(b) 空气湿度参数

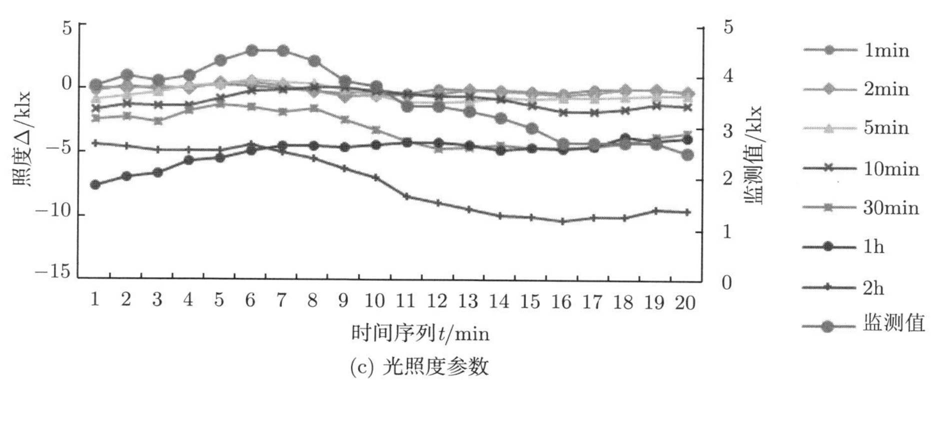

(c) 光照度参数

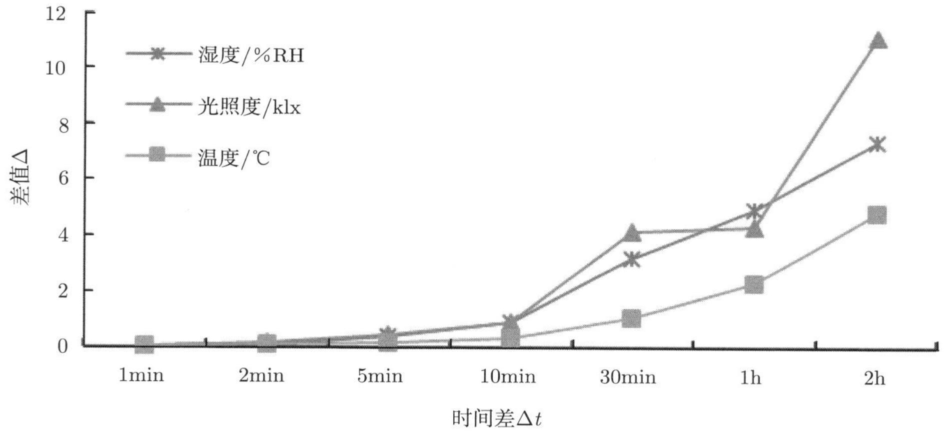

(d) 不同时间间隔变化情况

图 5.1 时间相关性结果

通过对温室 WSN 监测系统采集的温室环境数据进行分析发现，温室内环境参数变化缓慢，并且温室内环境参数的时间相关性随时间尺度变化规律如图 5.1(d) 所示。从时间角度看，当前时刻采集的环境数据与历史时间尺度上的同传感器数据保持缓慢变化，具有时间相关性；并且在传感器正常状态下，短时间尺度内采集值前后时刻差值的绝对值小于阈值 δ。

对温室内主要的环境参数间进行不同时间尺度下的时间相关性分析，分析结果如表 5.1 所示。结果表明，各系列环境参数在白天的时间相关性较强于夜间的时间相关性，晴天的环境参数时间相关性较强于阴天的环境参数的时间相关性，并且当时间尺度 $t_1 < t_2$ 时，环境参数的时间相关性降低。

表 5.1　时间相关性分析

参数类型	时间	气象状态	时间尺度/min					
			1	5	10	15	20	25
空气温度	白天	晴	0.9938	0.9942	0.9943	0.9942	0.9941	0.9940
		阴	0.9824	0.9789	0.9812	0.9816	0.9818	0.9819
	夜间	晴	0.9113	0.9149	0.9207	0.9162	0.9139	0.9146
		阴	0.8430	0.8478	0.8 42089	0.8453	0.8446	0.8441
空气湿度	白天	晴	0.9995	0.9995	0.9995	0.9995	0.9995	0.9995
		阴	0.9404	0.9292	0.9367	0.9382	0.9390	0.9395
	夜间	晴	0.9935	0.9935	0.9935	0.9934	0.9933	0.9933
		阴	0.9399	0.9419	0.9414	0.9411	0.9413	0.9412
照度	白天	晴	0.9883	0.9885	0.9885	0.9884	0.9884	0.9885
		阴	0.9880	0.9860	0.9861	0.9869	0.9869	0.9871

随机抽取监测系统采集的环境参数信息，对一天采集的 1440 组环境参数数据展开统计学分析。以 $a(t-4)$、$a(t-3)$、$a(t-2)$、$a(t-1)$ 两两之间的延长线为约束条件，统计 $a(t)$ 在 t 时刻的检测值的落点区间，结果如图 5.2 所示。对传感器采集的时间相关性数据进行分析，$a(t-4)$、$a(t-3)$、$a(t-2)$、$a(t-1)$ 两两之间的延长线在 t 时刻的交点分别为 $\{a_{11}, a_{12}, a_{13}, a_{14}, a_{23}, a_{24}, a_{34}\}$。从大到小排列为 $\{b_1, b_2, b_3, b_4, b_5, b_6\}$，根据大小排列可以将其分为 7 个区间，分别为 $\{(+\infty, b_1], (b_1, b_2], (b_2, b_3], [b_3, b_4], [b_4, b_5), [b_5, b_6), [b_6, -\infty)\}$，将其实际值与预测区间比较。对统计结果分析，发现 99.65%的传感器数据分布在预测值的阈值区间 $[r(t)-\delta, r(t)+\delta]$ 内，其中，$r(t)$ 表示环境参数真值。上述研究结果表明温室内的环

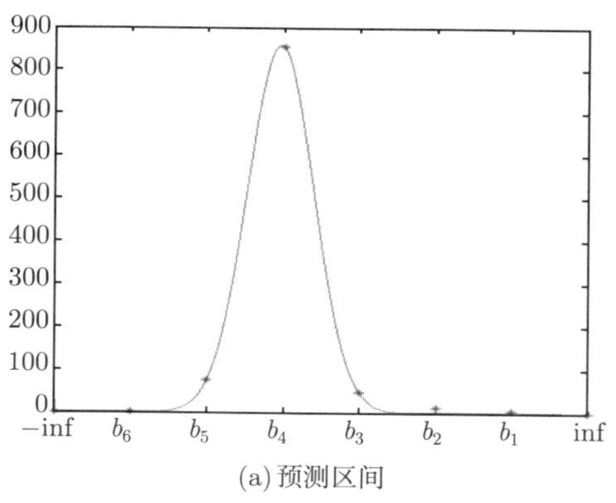

(a) 预测区间

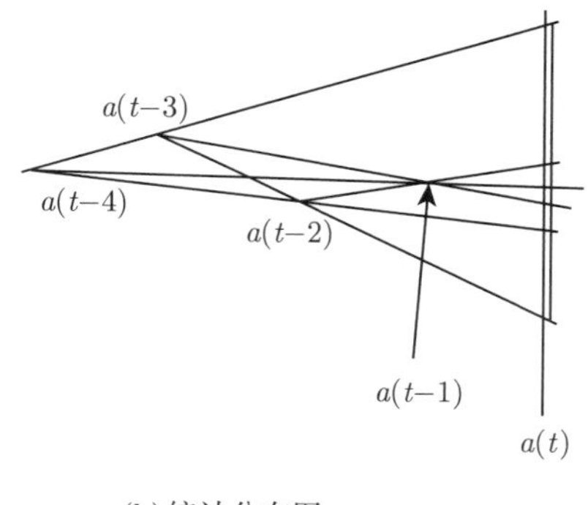

(b) 统计分布图

图 5.2　时间相关性统计

境参数在时间尺度上具有时间相关性，传感器数据具有良好的平滑性。

5.1.2.2 空间相似性分析

温室生态环境系统主要由温室小气候环境组成，其小气候环境既区别于室外气象环境，又受到室外气象条件的影响。温室在各个季节大部分时间都处于密闭状态，形成一个自循环系统，尤其在低温季节 (李萍萍和李冬生，2011)。从空间角度看，温室环境参数之间相互影响，各种环境参数具有耦合性，部分环境参数间具有强耦合，即环境参数信息在温室内空间方向上缓慢变化，在传感器正常状态下，相邻节点的同质传感器采集的温室环境数据具有空间相似性。

关于同质与异质传感器，现阶段并没有标准定义说法。本书设定：同质传感器是指用于感知同一被监测环境对象的传感器组，如空气温度–空气温度、空气湿度–空气湿度、光照度–光照度等；异质传感器是指用于感知不同类型环境参数对象的传感器组，如空气温度–空气湿度、空气湿度–光照度、光照度–空气温度等。

根据上述对同质与异质传感器的定义和温室环境参数采集的特点，温室环境中的空间相似性按照感知节点采集的环境参数类型大体上可以分为同质传感器空间相似性、异质传感器空间相似性。

1. 同质传感器空间相似性

为提高温室内环境参数监测准确性，在温室区域内布置相同传感器测量同一个参数。温室环境参数在空间方向上具有空间相似性，则处于相邻节点的同质传感器在同一时刻有相近的测量值，并且在相同时间段内同增同减，整体的变化趋势上相近。相邻同质传感器的空间相似性如图 5.3 所示，相邻节点的同质传感器信息具有空间相似性和变化趋势的同步性。图中温湿度信息出现的拐点主要是因为温室通风设备开启、室外环境的变化等，光照度信息出现拐点主要是外界太阳光照被云彩遮挡等原因导致。

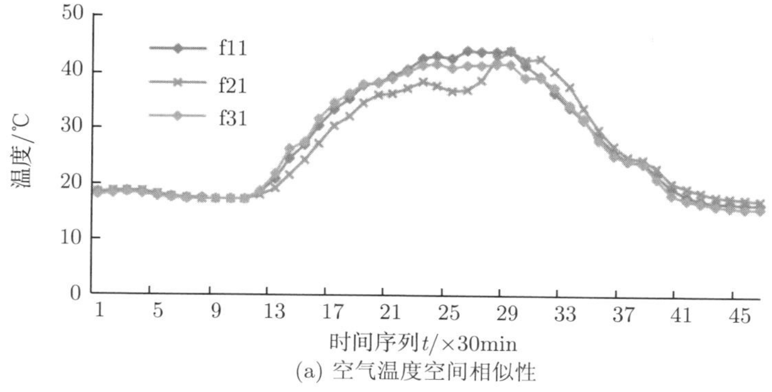

(a) 空气温度空间相似性

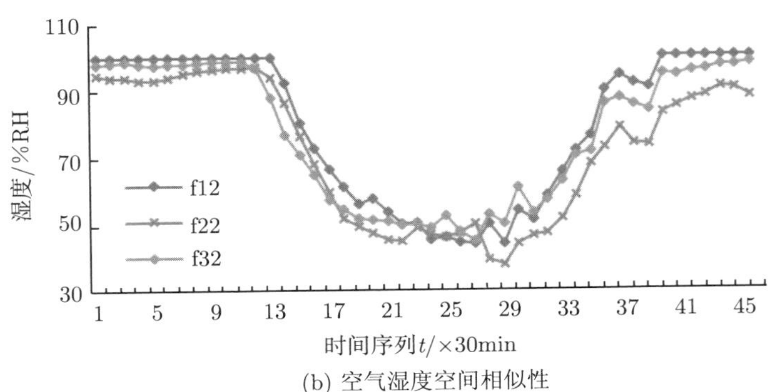

(b) 空气湿度空间相似性

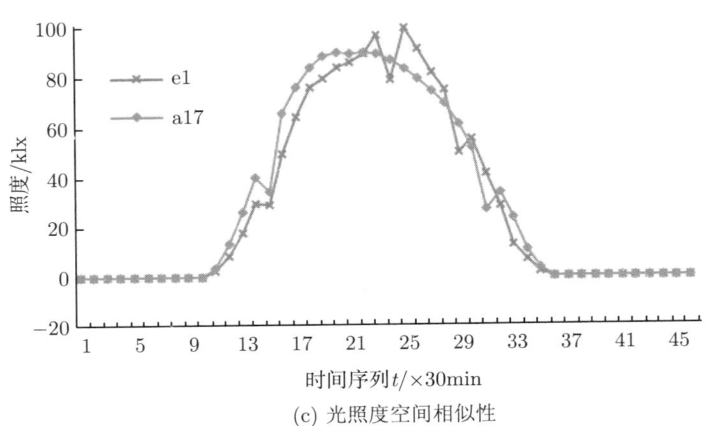

(c) 光照度空间相似性

图 5.3 同质传感器空间相似性

在监测系统正常运行状态下，选定的相邻传感器的测量值在同时刻 t，满足式 (5-1)：

$$|x_i(t)-y_i(t)|\in(\varepsilon_i\pm\delta) \tag{5-1}$$

式中，ε_i 为环境参数信息差值；δ 为系统随机误差，表明温室内环境参数在空间尺度上具有空间相似性。利用相关系数来验证空间相似性，相关系数的计算公式如下 (郭红霞，2010)：

$$r_{x,y}=\frac{\mathrm{Cov}(X,Y)}{\sigma_x\sigma_y}=\frac{\mathrm{Cov}(X,Y)}{\sqrt{D(X)}\sqrt{D(Y)}} \tag{5-2}$$

式中，$\mathrm{Cov}(X,Y)$ 为 X、Y 的协方差；$D(X)$、$D(Y)$ 分别为 X、Y 的方差。其中

式 (5-3) 给出了相关性的相关程度分类。

$$\begin{cases} 1 \geqslant |r_{x,y}| > 0.8, & \text{高度相关} \\ 0.8 \geqslant |r_{x,y}| \geqslant 0.3, & \text{中度相关} \\ 0.3 > |r_{x,y}| \geqslant 0, & \text{低度相关} \end{cases} \tag{5-3}$$

1) 空气温度传感器间空间相关性

选择温室内 3 路和温室外 1 路空气温度作为温室主要环境参数，对空气温度的对象进行数据分析，得到各路空气温度传感器间相关系数 r_{temp}，如式 (5-4) 所示。

$$r_{\text{temp}} = \begin{bmatrix} 1.0000 & 0.9841 & 0.9800 & 0.5356 \\ 0.9841 & 1.0000 & 0.9763 & 0.5309 \\ 0.9800 & 0.9763 & 1.0000 & 0.5432 \\ 0.5356 & 0.5309 & 0.5432 & 1.0000 \end{bmatrix} \tag{5-4}$$

由相关系数的定义可知，温室内任意两路空气温度传感器数据的相关系数均大于 0.97625，得到各路空气温度环境参数感知节点获取的空气温度数据具有比较强的正线性相关性，认为空气温度参数间具有空间相似性。而且，当空气温度参数间相关系数越接近 1，则温度传感器的正线性相关性越强，空间相似性越强，并且室内的空间相关性强于室内与室外空气温度间的空间相关性。

2) 空间湿度传感器间空间相关性

选择温室内 3 路和温室外 1 路空气湿度作为温室主要环境参数，对空气湿度的对象进行数据分析，得到各路空气湿度传感器间相关系数 r_{humi}，如式 (5-5) 所示。

$$r_{\text{humi}} = \begin{bmatrix} 1.0000 & 0.9669 & 0.9735 & 0.4787 \\ 0.9669 & 1.0000 & 0.9676 & 0.5074 \\ 0.9735 & 0.9676 & 1.0000 & 0.4807 \\ 0.4787 & 0.5074 & 0.4807 & 1.0000 \end{bmatrix} \tag{5-5}$$

由相关系数的定义可知，温室内任意两路空气湿度传感器数据的相关系数平均值大于 0.9669，得到各路空气湿度传感器采集的空气湿度信息具有比较强的正线性相关性，认为空气湿度参数间具有空间相似性。而且，当空气湿度参数间相关系数越接近 1，则空气湿度传感器的正线性相关性越强，空间相似性越强，并且室内的空间相关性强于室内与室外空气湿度间的空间相关性。

3) 光照度间空间相关性

选择温室内 1 路和温室外 1 路光照度作为温室主要环境参数，对光照度的对象进行数据分析，得到各路光照度变送器间相关系数 r_{illu}，如式 (5-6) 所示。

$$r_{\text{illu}}=\begin{bmatrix} 1.0000 & 0.7383 \\ 0.7383 & 1.0000 \end{bmatrix} \tag{5-6}$$

由相关系数的定义可知，监测系统具有的两路光照度变送器数据的相关系数达到 0.7 以上，得到光照度采集节点采集的光照度信息具有中度的正线性相关性，认为光照度参数间具有空间相似性。

2. 异质传感器空间相关性

温室环境无线监测系统在温室内布置大量传感器，被监测环境参数类型各种各样，参数类型间具有耦合性。在对环境参数进行分析过程中发现，温度类型参数、湿度类型参数、光照度类型参数间具有强耦合性，如图 5.4 所示。温室内环境参数中的空气温度信息和空气湿度信息间呈现负相关、空气温度信息和光照度信息间呈正相关，即空气温度信息在一段时间内的变化趋势与空气湿度信息变化趋势呈相反方向、而空气温度信息与光照度信息在白天的变化趋势呈现一致性。

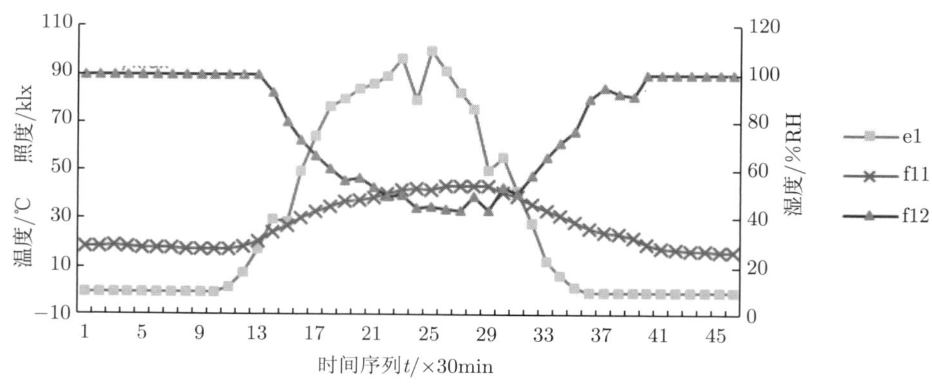

图 5.4 异质传感器空间相似性

对不同异质传感器环境参数的空间相似性进行分析，得到不同条件下异质传感器空间相似性规律如表 5.2 所示。异质传感器的空间相似性受到不同条件的影响，但是异质传感器间的空间相似性变化不大。在监测系统采集的环境参数中，温度与湿度异质传感器间呈负相关、温度与光照度异质传感器间呈正相关、湿度与光照度异质传感器间呈负相关。

表 5.2 异质传感器相关系数 r

项目		晴天			阴天		
		温度	湿度	光照度	温度	湿度	光照度
白天	温度	1.0000	−0.8223	0.7556	1.0000	−0.5222	0.3008
	湿度	−0.8223	1.0000	−0.6219	−0.5222	1.0000	−0.3565
	光照度	0.7556	−0.6219	1.0000	0.3008	−0.3565	1.0000
夜间	温度	1.0000	−0.7033	—	1.0000	−0.5255	—
	湿度	−0.7033	1.0000	—	−0.5255	1.0000	—

由上述时间相关性和空间相似性分析结果可知，温室内环境参数变化比较缓慢，传感器真值在较短时间内保持平稳，可认为基于时间相关性、空间相似性的时空特性的传感器预测值在同时刻服从正态分布 (魏巨魏，2011)。

5.1.2.3 时间相关性预测算法

时间相关性预测就是利用传感器在温室环境监测过程中的环境参数具有的时间相关性特点，利用基于时间特性的预测算法获得下一时刻的预测值。在温室环境测量过程中，传感器采集的数据时间之间往往具有一定的依存性，即传感器采集的数据构成的时间序列，下一时刻的环境参数信息受到当前时刻与历史时刻数据的约束。结合温室环境的特点，选取一阶自回归、趋势移动平均、二次曲线趋势三个常用的时间预测算法对温室环境参数进行时间序列估计 (索瑞霞和王福林，2010)。

1. 一阶自回归时间预测算法

在一般情况下，历史环境参数数据对现在和未来环境数据的影响随着时间间隔的增大而降低。温室环境测量过程中，当前时刻的传感器数据主要和其前一时间段有关，而受到更前一时间段的传感器数据影响较少，即影响可以忽略不计，认为环境参数具有一阶动态性。环境监测系统采集的环境参数数值构成时间序列数据集 $\{x_{i1}, x_{i2}, x_{i3}, \cdots, x_{in}\}$，利用一阶自回归预测算法进行时间相关性预测，则第 $(n+1)$ 时刻的预测值如式 (5-7) 所示：

$$\hat{X}_{i(n+1)} = \varphi_1 X_{in} + \varepsilon_{n+1} \tag{5-7}$$

式中，$\varphi_1 = \dfrac{n}{n-1} \dfrac{\sum\limits_{j=2}^{n} X_{ij} X_{i(j-1)}}{\sum\limits_{j=1}^{n} X_{ij}^2}$，为样本的自相关系数；$\varepsilon_{n+1}$ 为 $(n+1)$ 时刻的随机干扰，为标准正态白噪声；i 为传感器标志号；n 为时间尺度，为正整数。

2. 趋势移动平均预测算法

温室环境监测系统采集的环境参数数值构成时间序列数据值 $\{x_{i1}, x_{i2}, x_{i3}, \cdots, x_{in}\}$，利用趋势移动平均算法进行时间相关性预测，则第 $n+1$ 时刻的预测值如式 (5-8) 所示：

$$\hat{X}_{i(n+1)} = a_n + b_n \tag{5-8}$$

式中，$a_n = 2M_n^{(1)} - M_n^{(2)}$；$b_n = \dfrac{2}{n-1}(M_n^{(1)} - M_n^{(2)})$；$M_n^{(1)} = \dfrac{1}{n}(x_{i1} + x_{i2} + \ldots + x_{in})$；$M_n^{(2)} = \dfrac{1}{n}(M_1^{(1)} + M_2^{(1)} + \ldots + M_n^{(1)})$；$i$ 为传感器标志号；n 为时间尺度，为正整数。

3. 二次曲线时间预测算法

假设温室环境监测系统采集的环境参数数值构成时间序列数据值 $\{x_{i1}, x_{i2}, x_{i3}, \cdots, x_{in}\}$，利用二次曲线趋势进行时间相关性预测，则第 $(n+1)$ 时刻的时间预测值如式 (5-9) 所示：

$$\hat{X}_{i(n+1)} = a_n + b_n + \frac{1}{2}c_n \tag{5-9}$$

式中，$a_n = 3S_n^{(1)} - 3S_n^{(2)} + S_n^{(3)}$；$b_n = 3.5S_n^{(1)} - 6S_n^{(2)} + 2.5S_n^{(3)}$；$c_n = S_n^{(1)} - 2S_n^{(2)} + S_n^{(3)}$;$S_n^{(1)} = 0.5x_{in} + 0.5S_{n-1}^{(1)}$;$S_n^{(2)} = 0.5S_n^{(1)} + 0.5S_{n-1}^{(2)}$,$S_n^{(3)} = 0.5S_n^{(2)} + 0.5S_{n-1}^{(3)}$；$i$ 为传感器标志号；n 为时间尺度，为正整数。

5.1.2.4　空间相似性预测算法

空间相似性估计就是利用相邻传感器间空间环境分布特性，利用基于空间相似性的预测算法计算出本节点的估计值。根据空间相似性理论，可以知道不同传感器在同一时刻采集的温室环境参数之间存在着关联。在监测系统运行过程中，发现相邻传感器之间不同或相同类型传感器采集的数据之间存在着近线性关系。

空间相似性依据采用对比的传感器类型不同，可将其分为同质传感器相似性和异质传感器相似性。按照进行空间相似性预测的输入变量，可以将空间相似性预测分为同质传感器间空间相似性预测、异质传感器间空间相似性预测。

1. 同质传感器空间相似性预测

利用同种类型的多组传感器同时对观测区域的同一目标进行观测时，同质传感器之间具有很强的线性关系。通过对同质传感器采集的参数数值进行相互比较，建立一个基于相邻节点环境参数信息对本节点的当前时刻聚合值 (杨亮，2015)，如式 (5-10) 所示。

$$\hat{X}_{i(n+1)} = X_{j(n+1)} + \delta_{ij} \tag{5-10}$$

式中，i, j 为相邻同质节点；n 为时间尺度。

2. 异质传感器相似性预测

根据对温室内各参数的相关性分析结果，温室各种环境参数之间存在着耦合关系。相对于同质传感器相似性，异质传感器能够更好地应用环境及性能的互补作用，可以扩展空间上的观测范围，增强数据的可靠性。

若具有 $(m+1)$ 个异质监测参数，设 m 个异质传感器的监测参数为自变量，1 个目标监测参数为因变量，令自变量表示如式 (5-11) 所示:

$$X=\{x_{t1},x_{t2},\cdots,x_{tv}\} \tag{5-11}$$

则回归关系模型可以构造成矩阵形式为 $\boldsymbol{S}=\boldsymbol{\beta}\boldsymbol{X}+\boldsymbol{\varepsilon}$(潘立强和李建中，2009)，即

$$\begin{bmatrix} s^2{}_{(t+1)1} \\ s^2{}_{(t+1)2} \\ \vdots \\ s^2{}_{(t+1)q} \end{bmatrix} = \begin{bmatrix} \beta_{11} & \beta_{21} & \cdots & \beta_{q1} \\ \beta_{12} & \beta_{22} & \cdots & \beta_{q2} \\ \vdots & \vdots & & \vdots \\ \beta_{1v} & \beta_{2v} & \cdots & \beta_{qv} \end{bmatrix} \begin{bmatrix} x_{t1} \\ x_{t2} \\ \vdots \\ x_{tv} \end{bmatrix} + \begin{bmatrix} \varepsilon_0 \\ \varepsilon_1 \\ \vdots \\ \varepsilon_q \end{bmatrix} \tag{5-12}$$

式中，$\boldsymbol{\beta}$ 为回归关系参数矩阵；v 为异质传感器个数；q 为同质传感器个数；$\boldsymbol{\varepsilon}$ 为随机误差，服从 $\varepsilon \sim N\left(0,\sigma^2\right)$。

5.1.3 时空关联性预测验证

5.1.3.1 时间相关性预测验证

以时间相关性预测算法得到的预测值为期望，以环境参数的数据预处理值为实际值，以时间尺度 n =5 对预测数据进行时间相关性验证，则环境参数数值验证效果如图 5.5 所示。

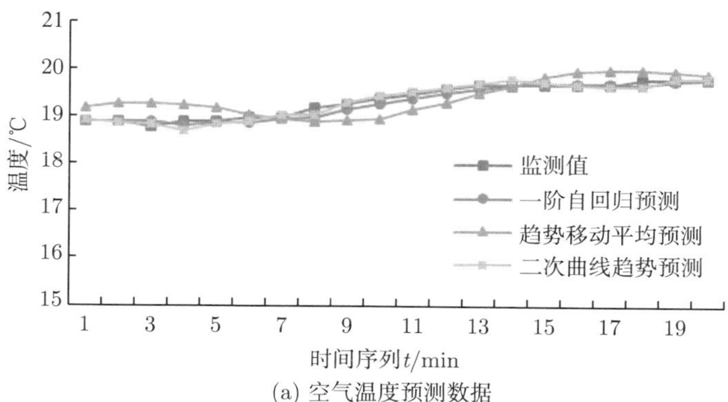

(a) 空气温度预测数据

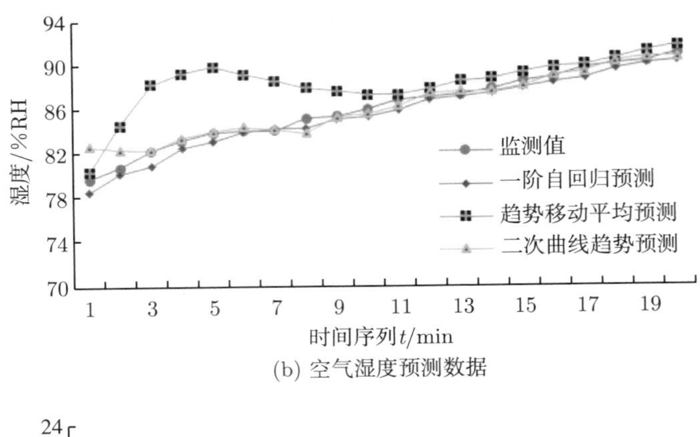

(b) 空气湿度预测数据

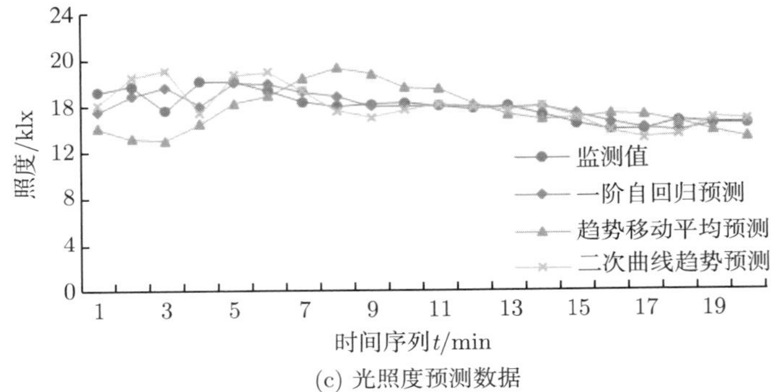

(c) 光照度预测数据

图 5.5　时间相关性验证

对一阶自回归、趋势移动平均、二次曲线趋势这三种经典的基于时间序列的时间预测算法进行分析与对比，对比结果如表 5.3 所示。基于一阶自回归的时间相关性预测算法的预测效果优于另外两种经典序列预测算法。

表 5.3　时间相关性预测算法对比分析

	预测方法	样本方差 (s^2)
时间相关性预测	一阶自回归预测	1.439
	趋势移动平均预测算法	1.451
	二次曲线趋势预测算法	1.701

在上述三种基于时间序列的传感器时间预测算法基础上开展时间相关性分析，得到相关系数 r、均方根误差 RMSE 如表 5.4 所示。随着时间尺度的增大，温度、湿度、光照度在时间序列上整体呈现先上升后下降的变化趋势，验证了时间尺度较小时受到单一历史参数的影响较大；时间尺度较长时，时间相关性降低，并且发现一阶自回归预测算法的预测效果好于其他预测算法。

表 5.4 时间相关性验证结果

参数类型	尺度/个	一阶自回归预测		趋势移动平均预测		二次曲线趋势预测	
		相关系数 r	RMSE	相关系数 r	RMSE	相关系数 r	RMSE
温度/°C	5	0.9999	2.0702	0.9997	2.0710	0.9999	2.0692
	10	0.9999	2.0809	0.9993	2.0732		
	15	0.9999	2.0750	0.9987	2.0765		
	20	0.9999	2.0730	0.9980	2.0811		
	25	0.9999	2.0704	0.9973	2.0867		
湿度/%RH	5	0.9984	2.3608	0.9937	2.3691	0.9976	2.4371
	10	0.9985	2.4225	0.9935	2.3421		
	15	0.9985	2.3772	0.9928	2.3411		
	20	0.9985	2.3690	0.9918	2.3444		
	25	0.9985	2.3635	0.9905	2.3495		
光照度/klx	5	0.9926	5.3748	0.9528	5.4774	0.9899	5.4220
	10	0.9933	5.4038	0.9644	5.4641		
	15	0.9934	5.3883	0.9601	5.4462		
	20	0.9935	5.3834	0.9572	5.4356		
	25	0.9935	5.3758	0.9562	5.4438		

5.1.3.2 空间相似性预测验证

利用传感器间的空间相似性，分别构建同节点的同质传感器间、异质传感器间，以及不同节点间同质传感器间的空间相似性验证，得到的空间相似性效果如图 5.6 所示。

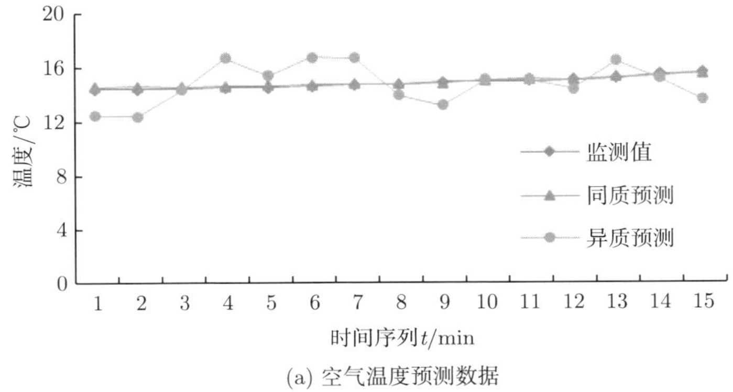

(a) 空气温度预测数据

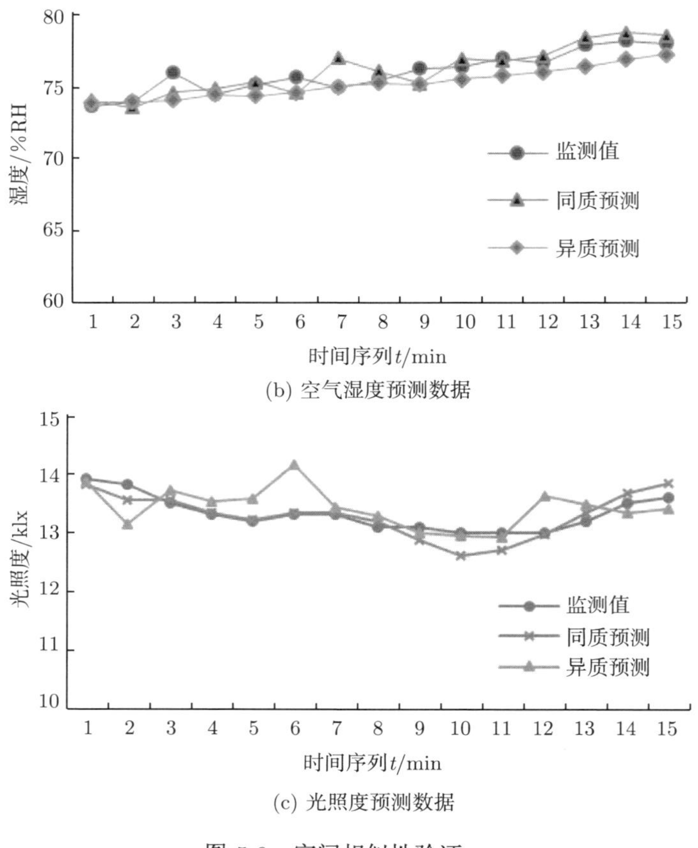

(b) 空气湿度预测数据

(c) 光照度预测数据

图 5.6　空间相似性验证

通过分析数据得到，基于空间相似性的预测值与量测值进行对比，得到的数据样本分析如表 5.5 所示。

表 5.5　空间相似性预测算法对比分析

	预测方法	样本方差 (s^2)	均方根误差 (RMSE)
空间相似性预测	同质传感器预测	1.493	0.319
	异质传感器预测	1.883	0.645

由表 5.5 可知，基于空间相似性的预测效果能够有效地反映温室环境在空间上的变化，并且基于同质传感器预测的空间相似性的预测效果明显好于基于异质传感器预测算法。空间相似性验证结果如表 5.6 所示。由表可知，同质/异质传感器间环境参数数值的相关系数 r 均大于 0.9，传感器空间预测数据间满足高度相关要求，认为同质/异质传感器间具有空间相似性。

表 5.6 空间相关性验证结果

参数类型	同质传感器预测			异质传感器预测		
	尺度/个	相关系数 r	RMSE	尺度/个	相关系数 r	RMSE
温度/°C	3	0.9955	2.0856	3	0.9740	2.1094
	6	0.9992	2.0900	6	0.9770	2.1090
	9	0.9928	2.0884	9	0.9681	2.1188
	—	—	—	12	0.9661	2.1181
湿度/%RH	3	0.9370	2.3013	3	0.9424	2.3027
	6	0.9346	2.3067	6	0.9382	2.3090
	9	0.9242	2.3162	9	0.9376	2.3085
	—	—	—	12	0.9053	2.3582
光照度/klx	1	0.9971	6.5751	3	0.9943	5.8437
	2	0.9976	6.2050	6	0.9928	5.8473
	—	—	—	9	0.9923	5.8484
	—	—	—	12	0.9879	5.8612
	—	—	—	15	0.9831	5.8756
	—	—	—	18	0.9815	5.8778

对监测系统中应用最广泛的温湿度传感器预测信息进行分析，利用 3 路空气温度传感器 (室内 2 路 + 室外 1 路)、3 路空气湿度传感器 (室内 2 路 + 室外 1 路)、2 路光照度 (室内 1 路 + 室外 1 路) 传感器参数进行分析，则同质传感器间的相关系数空气温度 r_{temp}、空气湿度 r_{humi}、光照度 r_{illu}，如式 (5-13)~ 式 (5-15) 所示。

$$\boldsymbol{r}_{\text{temp}}=\begin{bmatrix} 1.0000 & 0.9926 & 0.9923 \\ 0.9926 & 1.0000 & 0.9984 \\ 0.9923 & 0.9984 & 1.0000 \end{bmatrix} \tag{5-13}$$

$$\boldsymbol{r}_{\text{humi}}=\begin{bmatrix} 1.0000 & 0.9697 & 0.9731 \\ 0.9697 & 1.0000 & 0.9824 \\ 0.9731 & 0.9824 & 1.0000 \end{bmatrix} \tag{5-14}$$

$$\boldsymbol{r}_{\text{illu}}=\begin{bmatrix} 1.0000 & 0.9969 \\ 0.9969 & 1.0000 \end{bmatrix} \tag{5-15}$$

其中，$\boldsymbol{r}_{\text{temp}}$、$\boldsymbol{r}_{\text{humi}}$、$\boldsymbol{r}_{\text{illu}}$ 分别为空气温度、空气湿度、光照度传感器的同质传感器参数间的相关系数矩阵。对 3 路空气温度、3 路空气湿度与 2 路光照度传感器的异质传感器间环境参数的相关系数 $\boldsymbol{r}_{\text{temp-humi-illu}}$ 矩阵如式 (5-16) 所示：

$$\boldsymbol{r}_{\text{temp-humi-illu}}=\begin{bmatrix} \boldsymbol{r}_{\text{temp}} & \boldsymbol{r}_{\text{temp-humi}} & \boldsymbol{r}_{\text{temp-illu}} \\ \boldsymbol{r}_{\text{temp-humi}}^{\mathrm{T}} & \boldsymbol{r}_{\text{humi}} & \boldsymbol{r}_{\text{humi-illu}} \\ \boldsymbol{r}_{\text{temp-illu}}^{\mathrm{T}} & \boldsymbol{r}_{\text{humi-illu}}^{\mathrm{T}} & \boldsymbol{r}_{\text{illu}} \end{bmatrix} \tag{5-16}$$

式中，$\boldsymbol{r}_{\text{temp-humi}}$ 是 3 路空气温度与 3 路空气湿度间异质传感器间的相关系数；$\boldsymbol{r}_{\text{temp-illu}}$ 是 3 路空气温度与 2 路光照度间异质传感器间的相关系数；$\boldsymbol{r}_{\text{humi-illu}}$ 是 3 路空气湿度与 2 路光照度间异质传感器间的相关系数，如式 (5-17)～ 式 (5-20) 所示。

$$\boldsymbol{r}_{\text{temp-humi}}=\begin{bmatrix} -0.9528 & -0.9590 & -0.9428 \\ -0.9526 & -0.9587 & -0.9426 \\ -0.9576 & -0.9636 & -0.9487 \end{bmatrix} \tag{5-17}$$

$$\boldsymbol{r}_{\text{temp-illu}}=\begin{bmatrix} 0.9095 & 0.9102 \\ 0.9087 & 0.9094 \\ 0.8992 & 0.9000 \end{bmatrix} \tag{5-18}$$

$$\boldsymbol{r}_{\text{humi-illu}}=\begin{bmatrix} -0.8078 & -0.8090 \\ -0.8126 & -0.8134 \\ -0.7963 & -0.7964 \end{bmatrix} \tag{5-19}$$

基于空间预测算法的传感器预测信息间具有较强的空间相似性，可得到以下结论：

(1) 空气温度与空气湿度信息间呈现负相关；

(2) 空气温度与光照度信息间呈现正相关；

(3) 空气湿度与光照度信息间呈现负相关。

5.1.3.3　时空关联性预测验证

选取基于一阶自回归算法的时间预测数据 (空气温湿度、光照度时间尺度 $\Delta=$ 5、10、15)、同质传感器空间预测数据 (空气温湿度空间尺度 $\Delta=$3、6、9，光照度空间尺度 $\Delta=$1)、异质传感器预测数据 (空气温湿度空间尺度 $\Delta=$3、6、9，光照度空间尺度 $\Delta=$3、6、9、12、15) 进行时空关联性预测验证，得到空气温度 $\boldsymbol{r}_{\text{temp}}$、空

气湿度 $\boldsymbol{r}_{\text{humi}}$、光照度 $\boldsymbol{r}_{\text{illu}}$ 如式 (5-20)~ 式 (5-22) 所示。

$$\boldsymbol{r}_{\text{temp}}=\begin{bmatrix} 1.0000 & 0.9999 & 0.9999 & 0.9932 & 0.9992 & 0.9992 & 0.9756 & 0.8599 & 0.9488 \\ 0.9999 & 1.0000 & 0.9999 & 0.9932 & 0.9992 & 0.9992 & 0.9756 & 0.8599 & 0.9488 \\ 0.9999 & 0.9999 & 1.0000 & 0.9932 & 0.9992 & 0.9756 & 0.9756 & 0.8599 & 0.9488 \\ 0.9932 & 0.9932 & 0.9932 & 1.0000 & 0.9926 & 0.9923 & 0.9689 & 0.8791 & 0.9414 \\ 0.9992 & 0.9992 & 0.9992 & 0.9926 & 1.0000 & 0.9984 & 0.9754 & 0.8595 & 0.9476 \\ 0.9992 & 0.9992 & 0.9756 & 0.9923 & 0.9984 & 1.0000 & 0.9773 & 0.8604 & 0.9536 \\ 0.9756 & 0.9756 & 0.9756 & 0.9689 & 0.9753 & 0.9773 & 1.0000 & 0.8537 & 0.9296 \\ 0.8599 & 0.8599 & 0.8599 & 0.8791 & 0.8594 & 0.8604 & 0.8537 & 1.0000 & 0.8171 \\ 0.9488 & 0.9488 & 0.9488 & 0.9414 & 0.9476 & 0.9536 & 0.9296 & 0.8171 & 1.0000 \end{bmatrix} \tag{5-20}$$

$$\boldsymbol{r}_{\text{humi}}=\begin{bmatrix} 1.0000 & 0.9999 & 0.9999 & 0.8718 & 0.8821 & 0.8768 & 0.8765 & 0.8755 & 0.8769 \\ 0.9999 & 1.0000 & 0.9999 & 0.8719 & 0.8822 & 0.8768 & 0.8766 & 0.8756 & 0.9770 \\ 0.9999 & 0.9999 & 1.0000 & 0.8719 & 0.8822 & 0.8769 & 0.8766 & 0.8456 & 0.8770 \\ 0.8718 & 0.8719 & 0.8719 & 1.0000 & 0.9697 & 0.9731 & 0.9793 & 0.9820 & 0.9793 \\ 0.8821 & 0.8822 & 0.8822 & 0.9697 & 1.0000 & 0.9824 & 0.9883 & 0.9874 & 0.9895 \\ 0.8768 & 0.8768 & 0.8769 & 0.9731 & 0.9824 & 1.0000 & 0.9934 & 0.9925 & 0.9933 \\ 0.8765 & 0.8766 & 0.8766 & 0.9793 & 0.9883 & 0.9934 & 1.0000 & 0.9992 & 0.9999 \\ 0.8755 & 0.8755 & 0.8456 & 0.9820 & 0.9874 & 0.9925 & 0.9992 & 1.0000 & 0.9991 \\ 0.8769 & 0.9770 & 0.8770 & 0.9793 & 0.9895 & 0.9933 & 0.9999 & 0.9991 & 1.0000 \end{bmatrix} \tag{5-21}$$

$$\boldsymbol{r}_{\text{illu}}=\begin{bmatrix} 1.0000 & 0.9993 & 0.9993 & 0.8665 & 0.8738 & 0.8661 & 0.8660 & 0.8667 & 0.8616 \\ 0.9993 & 1.0000 & 0.9998 & 0.8670 & 0.8752 & 0.8666 & 0.8665 & 0.8670 & 0.8621 \\ 0.9993 & 0.9998 & 1.0000 & 0.8681 & 0.8760 & 0.8677 & 0.8678 & 0.8684 & 0.8632 \\ 0.8665 & 0.8670 & 0.8681 & 1.0000 & 0.9829 & 0.9999 & 0.9986 & 0.9986 & 0.9931 \\ 0.8738 & 0.8752 & 0.8760 & 0.9828 & 1.0000 & 0.9827 & 0.9833 & 0.9823 & 0.9764 \\ 0.8661 & 0.8666 & 0.8677 & 0.9999 & 0.9827 & 1.0000 & 0.9985 & 0.9986 & 0.9930 \\ 0.8660 & 0.8665 & 0.8678 & 0.9986 & 0.9833 & 0.9985 & 1.0000 & 0.9974 & 0.9913 \\ 0.8667 & 0.8670 & 0.8684 & 0.9986 & 0.9823 & 0.9986 & 0.9974 & 1.0000 & 0.9917 \\ 0.8616 & 0.8621 & 0.8632 & 0.9931 & 0.9764 & 0.9913 & 0.9913 & 0.9917 & 1.0000 \end{bmatrix} \tag{5-22}$$

5.2 基于时空关联性的传感器故障识别与数据重构

温室环境在短时间内是保持缓慢变化的，异常传感器数据会造成数据波动，给出一种方法实现对当前周期内传感器数据进行检测，并基于时空信息比较实现故障识别，利用多传感器数据融合值进行故障数据的重构，最终实现故障数据的修复。

目前，国内外科研人员针对无线监测系统开发与设计的研究很多，对其故障进行检测与诊断的探索也比较广泛。20 世纪 90 年代对其有很多研究，随着物联网技术的广泛应用，对监测系统故障诊断的研究又重新回到人们的视野中。国内外科学技术人员已经对传感器故障诊断开展了许多研究。常用的传感器故障诊断方法是解析冗余法，通过系统不同输出量之间的解析关系来提供冗余信息 (钱朋朋，2013；李凤保等，2002)。

对传感器的故障诊断方面，在国外，Naidu 等 (1990) 建立一种基于反向传播算法的三层前馈神经网络模型，该模型适用于一阶线性系统和二阶非线性系统中的传感器故障诊断。Menke 和 Maybeck(1995) 运用多模型自适应估计的方法进行传感器的故障诊断，取得了较好的效果。周东华 (1995) 提出一种基于时间序列预测和专家系统的故障诊断方法，该方法首先利用序列预报得到具有故障特征的有用信息后，再通过专家系统的方法推理出系统中故障的具体信息，该方法成功地解决了控制系统中故障信息互相关联带来的难题。汪声远 (1995) 运用卡尔曼滤波方法实现传感器故障检测、分离等功能。Belle 等 (1997) 设计基于局部线性模型的检测方法，该方法在局部上利用空间一致性方法实现故障识别。Scholkopf 等 (1997) 提出一种基于 KPCA(Kernel principal comp onent analysis) 的故障识别方法，该方法将输入变量映射到高维空间，在高维空间进行线性主元分析 (PCA)。Kim 等 (2001) 提出一种结合伪偏差分离估计和贝叶斯分类算法的故障识别算法，可以实现对非线性监测系统的异常识别。吴希军 (2005) 根据不同机理构建多个主元模型，并利用数据融合信息进行初步的故障检测，然后利用神经网络单元实现故障识别，并且将被监测变量的变化趋势信息作为神经网络输入向量，其能够有效地降低输入变量的维数。张荣标等 (2009a) 设计了一种利用时空序列分析的无线传感器网络的故障诊断方法，该方法利用环境数据在时空上的相关性，对时空序列数据进行预处理，分别建立基于时间相关性与空间相关性的故障诊断数学模型，分别利用上述模型开展识别诊断，对诊断结果利用综合算法分析节点的状态。钱朋朋等 (2011) 提出一种基于多方法融合的故障诊断方法，结合主元分析、小波分析、能量分析等算法，通过分析计算实现故障的识别。

5.2.1 传感器故障识别体系结构

根据前文得到的温室内空气温度、空气湿度与光照度间的时空关联性特征，通过比较节点间时空信息实现故障识别，根据时空信息间差距的显著性判断节点是否存在异常，从而实现感知节点故障的识别。采用基于主成分分析方法(principal component analysis，PCA) 和节点时空信息比较的传感器故障识别方法，是利用主成分分析方法初步判断监测系统当前时刻是否存在故障。当传感器存在故障时，通过对传感器时空关联性数据进行信息比较实现对每一路传感器的判断，从而实现传感器故障识别。传感器故障识别体系结构主要包括主元成分分析和节点信息比较两大模块，其体系结构如图 5.7 所示。所建立的传感器故障识别方法是一种总分结构的故障识别方法，即先通过基于 PCA 的传感器故障检测方法对传感器进行实时总体故障评估，筛选出可能存在故障的时间点；当存在可能的故障时间点被筛选出来时，利用节点信息比较实现状态的具体判断，通过对所有的节点预测数值进行状态判断后，确定具体的故障，并实现故障识别。时空信息比较模块利用传感器空间尺度或时间尺度上的数据比较，实现传感器故障源的识别与定位。

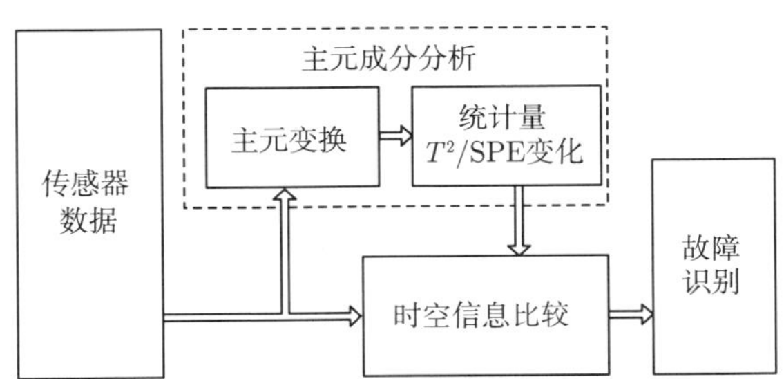

图 5.7 传感器故障识别体系结构

基于节点时空信息比较的故障识别方法，其主要过程如下所示：

(1) 针对温室环境监测系统中采集的温室环境数据变化缓慢，短时间内保持线性变化的特点，利用主元成分分析计算主元，构造平方预测误差(squared prediction error, SPE) 和统计量 T^2(Hotelling's T^2，简称 T^2) 检测传感器故障的发生 (王婉，2014)。

(2) 针对温室环境参数间存在的耦合关系，对节点时空预测信息进行比较，实现感知节点的故障诊断。在进行时空信息比较时，充分考虑时空尺度、时空关联性对信息比较结果的影响。

5.2.2 基于 PCA 的传感器故障检测

主元分析是一项前景广阔的过程监控和故障诊断技术，其在生产过程中得到初步应用。根据温室环境时空关联性可知，同质传感器采集的正常值在短时间内保持线性变化，而异质传感器采集的正常值则存在非线性变化，但温室环境在短时间内是线性变化的。

针对上述问题，提出一种基于主成分分析方法的故障检测算法，该算法将监测系统采集的参数信息进行主成分分析，主元分析将测量向量空间奇异值分解为两个子空间：主元子空间 (principal component subspace，PCS) 和残差子空间 (residual subspace，RS)(王婉，2014)。

当传感器数据发生异常波动时，数据在主元子空间内的投影会偏离，而残差子空间内的投影将会显著增加。可以利用检测平方预测误差 SPE 和统计量 T^2 的变化来实现故障检测。基于 PCA 的故障检测的流程图如图 5.8 所示，利用 PCA 方法实现传感器故障的初步检测，其中 NOC(normal operating condition) 是指正常运行工况下经过预处理的传感器数据。

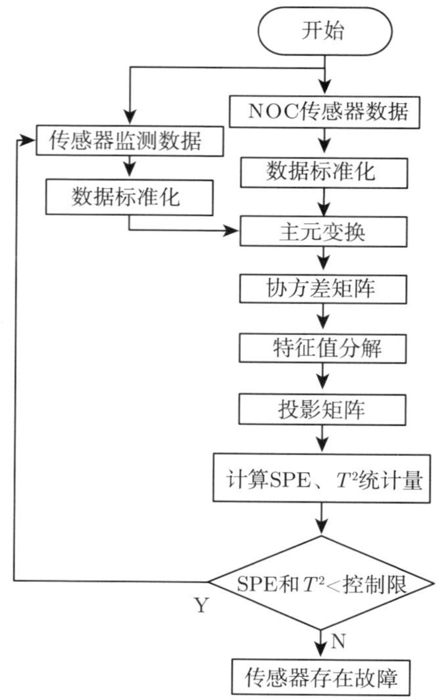

图 5.8　基于 PCA 的故障检测流程图

5.2.2.1　主元分析变换

在环境测量过程中，设在正常运行状态下采集的传感器数值构成数据矩阵 $\boldsymbol{X}$，

如式 (5-23) 所示。

$$\boldsymbol{X}=\begin{bmatrix} X_1 & X_2 & \cdots & X_n \end{bmatrix}^{\mathrm{T}}=\begin{bmatrix} x_{11} & x_{12} & \cdots & x_{1m} \\ x_{21} & x_{22} & \cdots & x_{2m} \\ \vdots & \vdots & \ddots & \vdots \\ x_{n1} & x_{n2} & \cdots & x_{nm} \end{bmatrix} \tag{5-23}$$

式中，m 为测量样本数；n 为测量向量的变量个数。

为了避免量纲不同对过程检测的影响，对数据矩阵 $\boldsymbol{X}$ 进行标准化变换 (胡玉成，2011)，如式 (5-24) 所示。

$$\boldsymbol{k}_{ij}=\frac{x_{ij}-\mu_j}{\sigma_j} \tag{5-24}$$

式中，μ_j 为变量 x_j 的 m 个取值的均值；σ_j 是变量 x_j 的 m 个取值的标准差。得到线性的数据矩阵 $\boldsymbol{K}$，如式 (5-25) 所示。

$$\boldsymbol{K}=\begin{bmatrix} K_1 & K_2 & \cdots & K_n \end{bmatrix}^{\mathrm{T}}=\begin{bmatrix} k_{11} & k_{12} & \cdots & k_{1m} \\ k_{21} & k_{22} & \cdots & k_{2m} \\ \vdots & \vdots & \ddots & \vdots \\ k_{n1} & k_{n2} & \cdots & k_{nm} \end{bmatrix} \tag{5-25}$$

5.2.2.2 投影矩阵计算

根据统计学知识，样本协方差矩阵 $\boldsymbol{R}$ 是数据矩阵 $\boldsymbol{K}$ 的协方差矩阵 $\boldsymbol{\Sigma}$ 的一个无偏估计，且标准化后的 $\boldsymbol{K}$ 的均值都为 0，可以用下式估算 $\boldsymbol{\Sigma}$(肖应旺，2007)。

$$\boldsymbol{\Sigma}=\frac{1}{n-1}\sum_{i-1}^{n}k_ik_i^{\mathrm{T}}=\frac{1}{n-1}\boldsymbol{K}^{\mathrm{T}}\boldsymbol{K} \tag{5-26}$$

对协方差矩阵 $\boldsymbol{\Sigma}$ 进行特征值分解，求出特征值 $\boldsymbol{\lambda}=\{\lambda_1,\lambda_2,\cdots,\lambda_n\}$ 和特征向量矩阵 $\boldsymbol{P}$，用前 k 个特征值之和在所有特征值之和的占比大于 90%来确定主元数 k，从而确定投影矩阵 $\hat{\boldsymbol{C}}$ 和 $\tilde{\boldsymbol{C}}$。

$$\hat{\boldsymbol{C}}=\hat{\boldsymbol{P}}\hat{\boldsymbol{P}}^{\mathrm{T}} \tag{5-27}$$

$$\tilde{\boldsymbol{C}}=\tilde{\boldsymbol{P}}\tilde{\boldsymbol{P}}=(\boldsymbol{I}-\hat{\boldsymbol{C}}) \tag{5-28}$$

则 $\boldsymbol{K}$ 可以表示成为

$$\boldsymbol{K}=\hat{\boldsymbol{K}}+\tilde{\boldsymbol{K}} \tag{5-29}$$

$$\hat{\boldsymbol{K}}=\hat{\boldsymbol{C}}\boldsymbol{K} \tag{5-30}$$

$$\tilde{\boldsymbol{K}}=\tilde{\boldsymbol{C}}\boldsymbol{K}=\left(1-\hat{\boldsymbol{C}}\right)\boldsymbol{K} \tag{5-31}$$

式中，$\hat{\boldsymbol{K}}$ 是 $\boldsymbol{K}$ 在 PCS 内的投影，而 $\tilde{\boldsymbol{K}}$ 是 $\boldsymbol{K}$ 在 RS 内的投影。

5.2.2.3 传感器故障检测

经主元成分变化后，传感器故障检测是通过监控统计量变化来实现。通常用平方预测误差 SPE 和统计量 T^2 的变化来检测传感器稳定性 (肖应旺，2007)。

其中，平方预测误差 SPE 衡量的是测量数据在残差子空间上投影的变化，表示模型的预估误差 (肖应旺，2007)，平方预测误差 SPE 的计算公式定义为

$$\mathrm{SPE}=||\tilde{k}_i||^2\leqslant\delta^2_{\mathrm{SPE}} \tag{5-32}$$

$$\delta^2_{\mathrm{SPE}}=\theta_1\left[1+\frac{C_\alpha h_o\sqrt{2\theta_2}}{\theta_1}+\frac{\theta_2 h_o(h_h-1)}{\theta_1^2}\right]^{\frac{1}{h_o}} \tag{5-33}$$

式中，$\theta_i=\sum\limits_{j=k+1}^{n}\lambda_j^i$，$i=1,2,3$；$C_\alpha$ 正态分布置信水平为 0.05 的统计值；$h_o=1-\dfrac{2\theta_1\theta_3}{3\theta_2^2}$。

统计量 T^2 衡量的是测量数据在主元子空间上投影的变化，表示测量数据在变化趋势和幅值上偏离模型的程度 (张杰和阳宪惠，2000)，定义统计量 T^2 计算公式定义为

$$T_i^2=k_i\hat{\boldsymbol{P}}\boldsymbol{\lambda}_k^{-1}\hat{\boldsymbol{P}}^{\mathrm{T}}k_i^{\mathrm{T}}\leqslant\delta_T^2 \tag{5-34}$$

$$\delta_T^2=\frac{k\,(n-1)}{n-k}F_\alpha(k,n-k) \tag{5-35}$$

式中，$\boldsymbol{\lambda}_k=\mathrm{diag}\,[\lambda_1,\lambda_1,\ldots,\lambda_k]$；$\delta_T^2$ 是 T^2 的控制限；$F_\alpha(k,n-k)$ 是自由度 k 和 $(n-k)$、置信水平 α 的 F 分布值。

因此，基于 PCA 分析的故障检测共用四种检测结果 (肖应旺，2007)：

(1) 平方预测误差 SPE $\geqslant\delta^2_{\mathrm{SPE}}$ 和统计量 $T^2\leqslant\delta_T^2$；

(2) 平方预测误差 SPE $\geqslant\delta^2_{\mathrm{SPE}}$ 和统计量 $T^2\geqslant\delta_T^2$；

(3) 平方预测误差 SPE $\leqslant\delta^2_{\mathrm{SPE}}$ 和统计量 $T^2\leqslant\delta_T^2$；

(4) 平方预测误差 SPE $\leqslant\delta^2_{\mathrm{SPE}}$ 和统计量 $T^2\geqslant\delta_T^2$。

对于检测结果 (1) 和 (2) 认为存在故障不存在争议，对于检测结果 (3) 认为是无故障状态也是不存在争议的，但对于检测结果 (4) 是否故障存在争议 (Dunia and Qin，1998)。本研究中假设检测结果 (1)、(2) 和 (4) 均为初步故障状态，即

$$\begin{cases}\mathrm{SPE}\leqslant\delta^2_{\mathrm{SPE}}\ \text{和}\ T^2\leqslant\delta_T^2, & \text{运行正常}\\ \mathrm{SPE}\geqslant\delta^2_{\mathrm{SPE}}\ \text{或}\ T^2\geqslant\delta_T^2, & \text{初步故障}\end{cases}$$

传感器数据经过核主元变换与主元成分分析后，通过监控统计量 T^2 和平方预测误差 SPE 的变化，实现传感器状态的初步故障检测。

5.2.3 传感器故障识别

对节点间的时间相关性或空间相似性进行比较是多数传感器故障诊断常用的方法，通过比较两节点之间的测量值来判定节点的状态 (刘亚红，2014)，而这些方法都是单方面的考虑时间相关性或空间相似性。针对时间相关性适用于时间周期较短、空间相似性适用于空间区域内节点密度大的特点，提出了一种基于时空信息比较的传感器故障识别算法，该算法充分考虑传感器的时间相关性预测数据与空间相似性预测数据。

温室环境监测系统内的传感器 $V=\{v_i, i=1,\cdots,n\}$ 采集的传感器数据构成一个传感器采集数据集合 $S_0(t)$，其中 n 是各类传感器个数之和。

$$S_0(t)=\{s_i(t), i=1,\cdots,n\} \tag{5-36}$$

相邻同质传感器采集参数信息值构成数据集 X_1 为

$$X_1=\{x_i(t), i=1,\cdots,m_1\} \tag{5-37}$$

则对应的同质传感器空间相似性预测值构成的数据集 $S_1(t)$ 为

$$S_1(t)=\{s_{1i}(t), i=1,\cdots,m_1\} \tag{5-38}$$

相邻异质传感器采集参数信息值构成数据集 X_2 为

$$X_2=\{x_j(t), j=1,\cdots,m_2\} \tag{5-39}$$

则对应的异质传感器空间相似性预测值构成的数据集 $S_2(t)$ 为

$$S_2(t)=\{s_{2i}(t), i=1,\cdots,m_2\} \tag{5-40}$$

被比较节点的历史数据，传感器 v_i 时间尺度上环境参数采集值 X_3 为

$$X_3=\{x_{k(t-1)},\cdots,x_{k(t-i)}, k=1,\cdots,p\} \tag{5-41}$$

则对应的异质传感器时间相关性预测值构成的数据集 $S_3(t)$ 为

$$S_3(t)=\{s_3 i(t), i=1,\cdots,p\} \tag{5-42}$$

对传感器 v_i 进行比较时，将上述的同质传感器和异质传感器空间相似性预测值，以及环境参数历史数据值汇聚，得到一个基于时空关联性预测的传感器时空特性的数据集为

$$Y=\{s_j(t), S_1(t),\ S_2(t),\ S_3(t)\} \tag{5-43}$$

式中，$s_j(t)$ 为被比较传感器采集的环境参数值。

基于时空信息比较的传感器故障诊断流程图如图 5.9 所示，在当前点与相邻节点预测数据和历史数据预测数据之间进行信息比较，比较集合中元素中 $y_j(t)$ 与 $x_i(t)$ 信息值。当 $|y_j(t)-x_i(t)|<\delta$(其中 δ 表示给定阈值)，则表示比较点环境参数数据相似，记 $c_{ij}=0$，相反，当 $|y_j(t)-x_i(t)|>\delta$，则表示比较点环境参数数据不相似，记 $c_{ij}=1$。

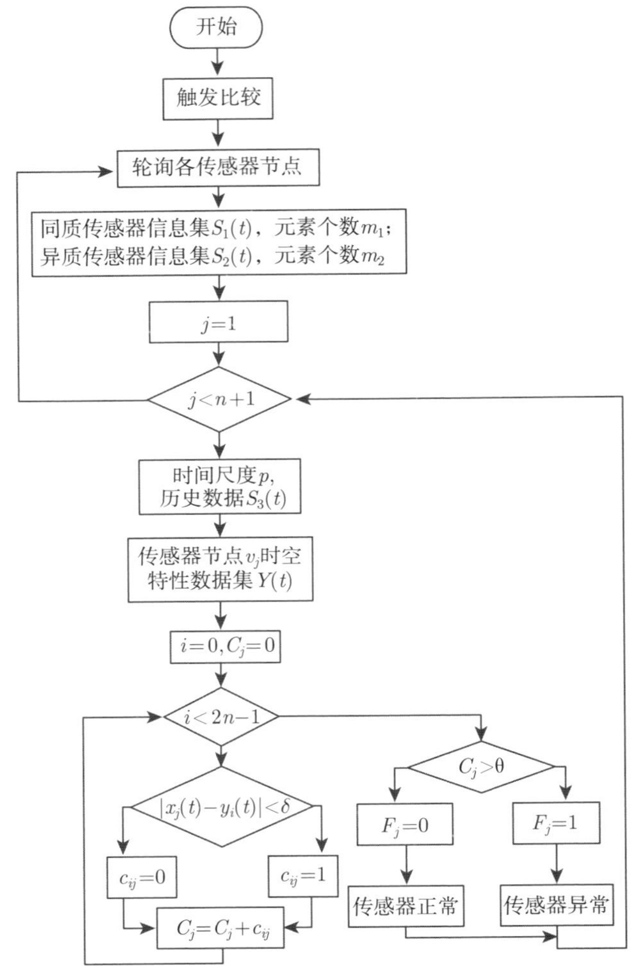

图 5.9　基于时空信息比较的传感器故障诊断流程

根据节点状态和对应测量值与时空预测值的绝对差比较结果，c_{ij} 所有可能出现的比较结果 (徐小龙等，2012)，如表 5.7 所示。

表 5.7 节点信息比较结果

$x_i(t)$	$y_j(t)$	c_{ij}
正常	正常	0
正常	异常	1
异常	正常	1
异常	异常	0

再通过上述方法依次比较本节点数据与其他时空节点的信息值，得到所有的 c_{ij} 值。循环结束，统计 $c_{ij}=1$ 的个数 C_j，记为式 (5-44)：

$$C_j = \sum_{i=1}^{m_1+m_2+p} c_{ij} \tag{5-44}$$

若 $C_j \leqslant \theta$，则表示节点 v_j 的状态正常，令 $F_j=0$；否则，当 $C_j > \theta$ 时，传感器 v_j 的状态异常，令 $F_j=1$。其中，θ 表示为给定节点状态阈值，采用简单多数策略控制。通过判断状态标志 F_j，实现传感器的故障识别。

5.2.4 故障识别方法验证

通过对多组传感器数据分析并进行验证，为了验证效果，将空间尺度、时间尺度参数设置为：$n=5$、10、15、20、25。并利用数据处理软件对传感器故障识别效果等进行了验证，并在不同方法之间做了对比分析。

5.2.4.1 传感器故障检测

利用温室监测系统的环境数据进行基于 PCA 的故障检测方法，得到统计量 T^2 和平方预测误差 SPE 的变化曲线如图 5.10 所示。

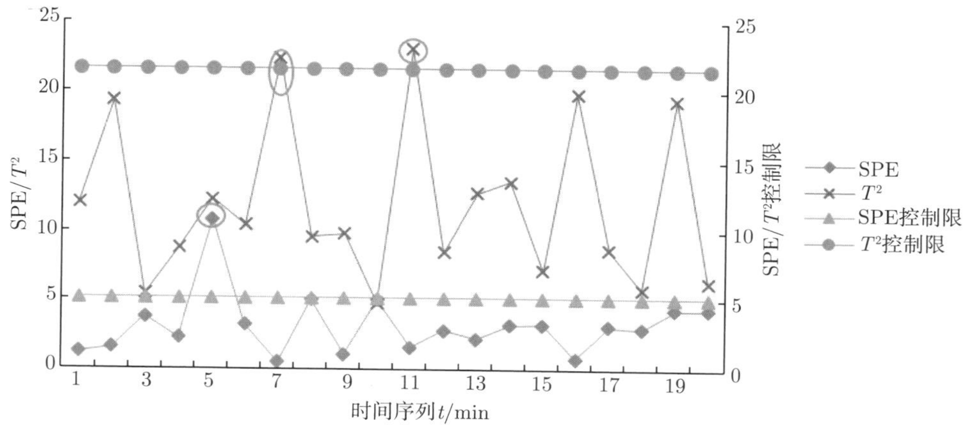

图 5.10 统计量变化曲线

通过分析发现，图中存在统计量 T^2/平方预测误差 SPE 波动范围明显的点，对比传感器数据发现传感器数据存在异常。对部分环境感知数据进行基于 PCA 的传感器故障检测，得到平均故障准确率 CDR 为 90.23%，系统检测虚警率 FAR 为 16.20%，能够有效地实现对温室监测系统采集的环境数据异常数据波动的初步检测。

5.2.4.2 传感器故障识别

对监测系统传感器数据进行验证，得到其中 1 路空气温度传感器 f51 的故障诊断变化曲线如图 5.11 所示。提出的基于时空信息比较的方法能够有效地实现每路传感器的故障识别，当传感器数据波动时，C_j 发生改变。当跃变时，C_j 超过给定阈值 θ，实现传感器的故障识别，验证结果表明故障识别效果明显。给定阈值 θ 由多数投票策略控制 (鲍连承等，2007)，当 C_j 达到被比较数据个数统计值的 1/2 时，认为多数被比较值存在差异。

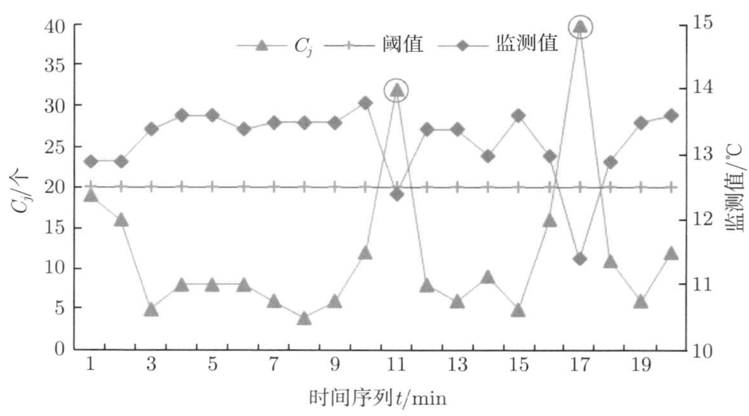

图 5.11 传感器故障诊断

对监测系统中主要的几种传感器实测数据进行不同形式的节点信息比较方式进行对比分析，其对比结果如表 5.8 所示。

由表 5.8 可知，在基于时间尺度的节点信息比较的故障诊断过程中，随着时间尺度增大，基于时间相关性节点信息比较的传感器故障诊断的诊断精度会下降，这是由于随着时间尺度的增加，时间周期变长，其采集的传感器数据的时间相关性降低，数据随着时间尺度的增加导致误检率上升。在基于空间尺度的节点信息比较的故障诊断中，随着空间尺度的增多，诊断精度下降。随着空间尺度的增多，空间上分布充分的传感器能够提高空间相似性，但本监测系统采用的传感器不足，空间相似性无法得到补充。表 5.8 中的时空比较充分利用时间相关性、空间相似性的特点，利用短时间段内的时间节点补充空间节点不足，得到如图 5.12 所示故障识别效果。

表 5.8 不同节点信息比较方式对比结果

比较方式	尺度 n/个	温度		湿度		光照度	
		CDR/%	FAR/%	CDR/%	FAR/%	CDR/%	FAR/%
时间比较	5	97.19	2.88	89.46	11.79	90.18	10.88
	10	97.56	2.50	89.83	11.31	90.55	10.43
	15	97.37	2.69	89.36	11.90	90.74	10.20
	20	97.29	2.79	89.74	11.43	91.11	9.75
	25	97.20	2.88	89.64	11.55	90.47	10.37
空间比较	5	85.88	16.41	78.80	26.84	79.60	25.62
	10	87.47	14.30	86.69	15.32	81.37	22.90
	15	86.16	16.02	85.11	17.45	80.62	24.04
	20	85.74	16.60	88.33	13.18	81.52	22.67
	25	85.67	16.70	84.76	17.93	81.36	22.90
时空比较	5+5	99.12	0.89	93.44	7.00	92.87	8.12
	10+10	98.92	1.09	92.21	8.45	91.34	9.93
	15+15	98.54	1.49	92.51	8.10	91.15	10.16
	20+20	98.25	1.78	92.31	8.33	90.77	10.61
	25+25	98.06	1.98	92.00	8.69	91.15	9.71

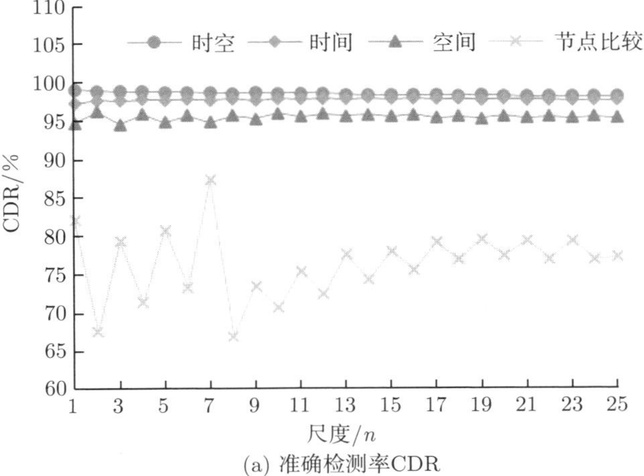

(a) 准确检测率CDR

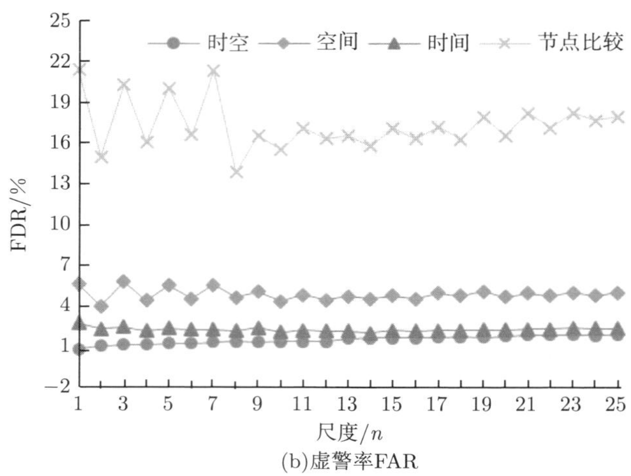

(b)虚警率FAR

图 5.12 故障识别效果对比

与传统的传感器故障识别方法对比发现，基于时空信息比较的传感器故障识别方法相较于时间比较、空间比较方法故障诊断精度 CDR 分别能够提高 2.69%、3.64%，虚警率 FAR 分别降低 3.05%、3.38%。

在研究故障识别的过程中发现，根据实际需要选择误差带宽 $\Delta_{\rm CDR} = 0.1\%$、$\Delta_{\rm FAR} = 5\%$时，包络线同时进入误差带，可以认为时空信息比较效果达到稳定状态，当时空尺度为 $n=16$ 时，进行时空信息比较选择效果最好，最优时空比较效果如表 5.9 所示。

表 5.9 时空信息比较最优效果 ($n = 16$)

	温度	湿度	光照度	平均值
CDR/%	99.70	98.53	90.39	98.37
FAR/%	0.30	1.49	10.64	1.72

由表 5.9 可知，对主要的温室环境参数可以实现传感器故障识别。然而，相较于温度、湿度传感器故障识别效果，光照度传感器的故障识别效果不佳，主要原因在于温湿度异质传感器间的时空关联性强于温湿度与光照度异质传感器间时空关联性，降低了同质传感器在故障识别中的重要性。降低异质传感器预测数据 $S_2(t)$ 在空间相似性预测数据集 $S_1(t) + S_2(t)$ 中的占比，即适当提高同质传感器预测数据 $S_1(t)$ 的权重，得到如表 5.10 所示的光照度故障识别效果。

由表 5.9 和表 5.10 可知，基于时空信息比较的传感器故障识别算法充分利用环境信息的时间与空间相关性特征，在节点不足的情况下充分利用传感器短时间段内的历史数据补充为空间相似性的比较节点，利用相邻节点预测数据和节点历史数据时间序列预测数据进行时空信息比较，其能够提高故障诊断精度、降低虚警率。

表 5.10 光照度故障识别效果

	1:16	1:4	1:1	4:1	16:1
CDR/%	91.53	91.91	92.29	94.06	98.44
FAR/%	9.71	9.26	8.80	6.77	2.03

5.2.5 传感器故障诊断

5.2.5.1 调控措施对传感器故障诊断的影响

在温室作物栽培过程中，通过控制设备动作来实现温室内环境调控，用于满足温室栽培的需要。为了减少由于调控措施对温室内环境变化而导致感知节点的误判，当调控措施执行时，通过对温室内环境传感器在时空关系上变化特征来诊断。根据温室环境调控设施的调控特点，设定当环境变化满足“时变空不变”特征时，认为传感器数据没有发现异常；“时变空不变”是指调控措施动作时，环境在时间序列上发生波动，而同质传感器间有着相同的变化趋势，如式 (5-45) 所示。

$$\begin{cases} x_i\left(t\right)+\delta_i \neq x_i(t+1), \\ \Delta x_i\left(t+1\right)\times \Delta x_j\left(t+1\right)\geqslant 0, \end{cases} \text{(时变空不变)} \tag{5-45}$$

式中，$x_i(t)$ 为传感器采集值；δ_i 为传感器跳变阈值；$\Delta x_i\left(t+1\right)$ 为传感器采集值变化值，$\Delta x_i\left(t+1\right)=x_i\left(t+1\right)-x_i\left(t\right)$；$i$，$j$ 为传感器标志。

5.2.5.2 传感器故障诊断流程

传感器故障诊断就是在故障识别的基础上，针对识别出来的传感器异常数据点开展故障诊断，主要流程如图 5.13 所示。

故障诊断的主要流程如下：

(1) 判断当前时刻调控设备是否发生动作，若未调控则跳到 (2)；否则跳到 (3)；

(2) 当未发生调控时，根据故障特征实现故障诊断，然后跳到 (4)；

(3) 当发生调控时，在跳变阈值基础上补偿调控效果的影响，从而根据故障特征实现故障诊断；

(4) 无调控措施且发生故障，用“时空信息融合值”实现故障数据重构。

(5) 有调控措施且发生故障，用“时空信息融合值 + 调控措施效果”实现故障数据重构。

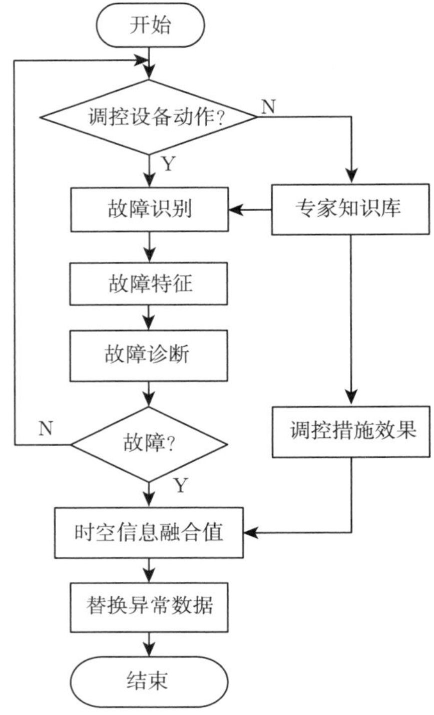

图 5.13 传感器故障诊断流程

5.2.6 传感器数据融合模型

5.2.6.1 基于时空关联性的数据融合模型

为了实现提高环境监测系统的多传感器采集数据准确性的目的，通过算法实现异常波动节点的数据重构，设计一种基于改进型支持度函数的多传感器数据融合算法，如图 5.14 所示。

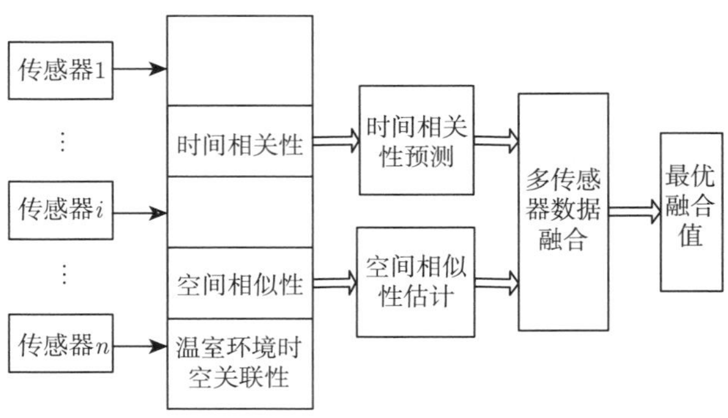

图 5.14 基于时空关联性温室环境多传感器数据融合

该算法主要过程如下：以时空相关性预测结果作为输入量，利用基于改进型支持度函数的数据融合算法估计传感器的数值，获得传感器最优估计值，并对比基于主成分分析的数据融合方法、平均值法进行融合值与量测值间比较和分析。

5.2.6.2 基于支持度函数的传感器数据融合

多传感器数据融合目标就是将不同传感器的多维信息通过合并和处理，获得符合要求的数据结果的整体过程 (刘准钆等，2009，2010)。数据融合在监测系统中最简单的方法是平均值法，即将被测对象测量值不加区别地计算数据平均值，而忽略不同采集值的权重，适用于大量相同类型传感器。而在实际的数据融合过程中需要根据不同传感器对目标测量值的贡献程度，通过权重、相关性等方法进行融合。

1. 支持度函数

对同一时刻不同的状态估计值呈正态分布形式随机分布，越靠近峰值的估计值越多，并且估计值之间的支持力度越大，趋近于 1；反之，两个估计值之间的数据差值越大，两值中至少有一个点偏离正态分布峰值点，则两者之间的互相支持度越小，趋近于 0。

通过不同的状态预测算法得到的表征数据或不同采集节点待融合数据之间存在着关系，其量测方程可以表达为如式 (5-46)。

$$x_i(t) = s(t) + v_i(t) \quad i = 1, 2, \cdots, n \tag{5-46}$$

式中，$x_i(t)$ 为第 i 个输入量在 t 时刻对参数 s 的量测值；$s(t)$ 为被测量对象的实测值；$v_i(t)$ 为 t 时刻的量测噪声。

Yager(2001) 提出了一种表示两者之间隶属度的表示方法，如式 (5-47) 和式 (5-48)，即利用支持度函数 $\sup(a, b)$ 表示数据 b 对数据 a 的支持程度。

$$\sup(a, b) = D(a, b, K, \beta) \tag{5-47}$$

$$= \frac{K}{1 + \beta|a - b|^4} \tag{5-48}$$

式中，K 为支持度函数幅度控制参数，$K \in [0, 1]$；β 为支持度衰减因子，$\beta \geqslant 0$。

2. 改进型支持度函数

根据环境参数时空特性分析建立的采用多种预测算法对传感器信息进行预测，并将各种时空预测值作为数据融合算法的输入变量，利用提出的基于改进型支持度函数的数据融合算法进行信息融合，其融合输出量作为最终估计值，该算法能够在保存有效数据的同时剔除冗余数据，为后续的精准控制、故障数据恢复提供数据基础。

对输入变量之间的差值进行归一化处理，得到式 (5-49) 所示。

$$d_{ij}(t) = \frac{D_{ij}(t) - \min(D_{ij}(t))}{\max(D_{ij}(t)) - \min(D_{ij}(t))} \tag{5-49}$$

孙智国 (2015) 提出一种的经典支持度函数算法，如式 (5-50) 所示。

$$\sup(x_i(t), x_j(t)) = 1 - \frac{d_{ij}(t)}{\max\{d_{ij}(t)\}} \tag{5-50}$$

常用的经典支持度函数认为相邻数据间互相支持度随着数值间的差值呈等差数列，忽视 $d_{ij}(t)$ 低值区域的重要性，对 $d_{ij}(t)$ 低值区域的重视程度不足。考虑到温室环境监测系统中多变量、多层次使用支持度函数会使计算量急剧增加的特点，构造了两种改进型支持度函数，如式 (5-51)~ 式 (5-52)。

$$\sup(x_i(t), x_j(t)) = 1 - \frac{4}{\pi}\arctan(d_{ij}(t)) \tag{5-51}$$

$$\sup(x_i(t), x_j(t)) = 1 - \tan(\frac{\pi}{4} \times d_{ij}(t)) \tag{5-52}$$

构造的改进型支持度函数能够赋予差值 $d_{ij}(t)$ 低值区域更大的比例权重，其中改进型支持度函数算法 6(如式 (5-51)) 赋予差值 $d_{ij}(t)$ 高值区域较传统支持度函数更低的权重；改进型支持度函数算法 7(如式 (5-52)) 赋予差值 $d_{ij}(t)$ 低值区域较传统支持度函数更高的权重。这两种改进型支持度函数满足支持度所需的几个定义条件 (Yager，2001)：

(1) $\sup(a, b) \in [0,1]$；

(2) $\sup(a, b) = \sup(b, a)$；

(3) 如果 $|a-b| < |x-y|$，那么 $\sup(a, b) > \sup(x, y)$；

(4) $\sup(x_i(t), x_j(t))$ 是距离 $D_{ij}(t)$ 的单调减函数。

3. 基于支持度函数的数据融合流程

将温室环境数据不同状态预测值代入改进型支持度函数，建立支持度矩阵函数 R，确定第 i 组数据在全体数据集合中自身的权系数，最终通过计算得到当前节点与当前时刻的节点最优融合值。

基于改进型支持度算法 (式 (5-51)、式 (5-52)) 的输入变量包括：① 基于一阶自回归算法的时间相关性预测值；② 基于邻居节点信息的同质传感器预测值；③ 基于回归关系模型的异质传感器预测值。基于改进型支持度函数的数据融合方法的主要流程如图 5.15 所示。

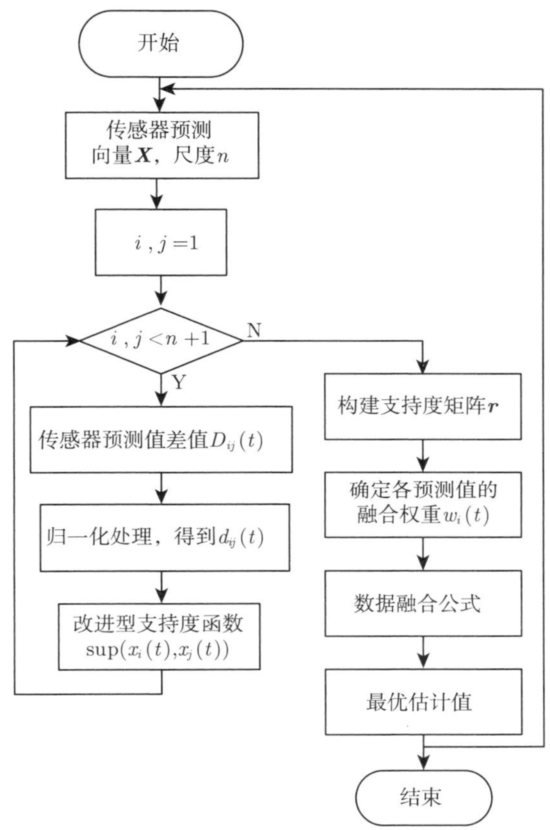

图 5.15 基于改进型支持度函数的数据融合方法

基于支持度函数的数据融合算法属于数据融合算法中加权平均法，其利用数据间的数据支持程度赋予数据动态加权值。

5.2.6.3 数据融合效果

数据融合的主要目的是将多种预测方法求得的预测值作为多数据融合的输入变量，利用数据融合算法求得最优估计值，支持度函数幅度控制参数 $K=1$，支持度衰减因子 $\beta=1$。

1. 数据融合效果验证

利用基于时间相关性的时间预测值、基于空间相似性的同质/异质传感器预测值，以此作为改进型支持度函数算法的输入量进行数据融合，对比平均值法及其他多种数据融合方式，得到如图 5.16 所示的一路温度传感器数据融合验证结果。

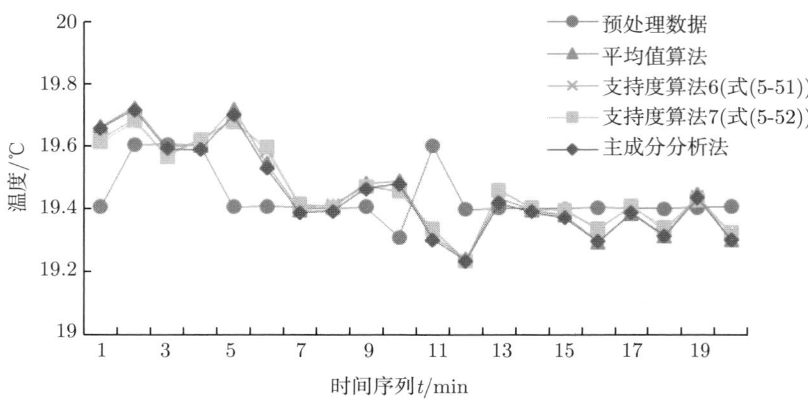

图 5.16 数据融合验证

为检验各支持度函数算法、主成分分析算法及传统方法的融合效果，进行该路温度环境数据的验证，各种常用的数据融合效果如表 5.11 所示。

表 5.11 数据融合结果对比

融合算法	融合样本方差 s^2
平均值算法	1.474636
主成分分析法	1.470180
改进型支持度函数算法 6	1.462841
改进型支持度函数算法 7	1.463860

其中，样本方差计算公式为

$$s^2 = \frac{1}{n-1}\sum_{i=1}^{n}(x_i - \bar{x})^2 \tag{5-53}$$

由表 5.11 可知，平均值算法、主成分分析法以及支持度函数算法均能有效的实现数据融合。支持度函数算法效果优于其他算法，并且改进型支持度函数算法 6 较其他数据融合算法更能表现出较好的性能。

2. 不同组合融合效果验证

根据上述的研究内容，选择基于时间相关性的一阶自回归预测算法，以及基于空间相似性的同质传感器、异质传感器预测算法，并结合改进型支持度函数数据融合算法 (式 (5-51)～ 式 (5-52)) 对温室环境监测系统的主要环境参数进行组合对比验证。以平均值算法、传统支持度函数等作为对比算法，得到如表 5.12 所示的不同组合对比的验证效果。

表 5.12 组合对比验证结果

预测方法	融合算法	均方根误差 RMSE		
		温度	湿度	光照度
时间相关性	平均值法	0.435	2.517	1.027
	传统支持度函数	0.428	2.506	0.994
	改进型支持度函数 6	0.428	2.504	0.987
	改进型支持度函数 7	0.432	2.504	0.992
空间相似性	平均值法	0.354	2.541	1.059
	传统支持度函数	0.355	2.541	1.039
	改进型支持度函数 6	0.353	2.540	1.039
	改进型支持度函数 7	0.356	2.541	1.041
时空关联性	平均值法	0.324	2.412	0.706
	传统支持度函数	0.320	2.434	0.702
	改进型支持度函数 6	0.319	2.432	0.703
	改进型支持度函数 7	0.321	2.433	0.704

其中，均方根误差的计算式为

$$\mathrm{RMSE}=\sqrt{\frac{\sum_{i}^{n}(x_{\mathrm{obj},i}-x_{\mathrm{model},i})^2}{n}} \tag{5-54}$$

表 5.12 中给出时间相关性、空间相似性和时空关联性在温度、湿度、光照度等主要温室环境参数的数据估计的实验效果分析结果，从表中可以看出基于时空关联性的温室环境数据融合得到的数据估计值要比基于时间相关性、空间相似性的数据融合结果较好。

基于改进型支持度函数的数据融合效果要好于基于平均值法、传统的支持度函数算法结果。结果表明基于时空关联性和改进型支持度函数的温室环境多传感器数据融合能够更好地反映温室环境参数变化，表现出更好的数据估计效果。

5.2.7 故障数据重构

传感器故障数据重构是利用数据融合得到的最优估计值，根据故障特征实现传感器故障数据点的修复。

5.2.7.1 传感器故障数据特征

当传感器发生故障时，采集的环境参数会产生特定的现象来反映故障类型，这些现象具有显著的传感器故障数据特征。温室环境无线监测故障诊断系统根据前期的数据分析得到故障特征如表 5.13 所示。以温度传感器为例，表中 V_0 为传感器检测范围最小值，$X(t)$ 为传感器实时检测值，$V(t)$ 为环境变化真值，为环境变化阈值。

表 5.13　传感器故障特征

故障类型	故障特征	说明 (以实际值 11.3℃为例)
数据缺失	0	0℃
供电不足	V_0	−20℃
数据跃变	$\|V(t)-X(t)\|$	7.3℃
正常	$\|V(t)-X(t)\|$	11.2℃

5.2.7.2　传感器故障数据重构效果

对于环境感知节点发生数据缺失、数据跳变、供电不足等故障，对故障节点进行数据重构的效果如图 5.17 所示。

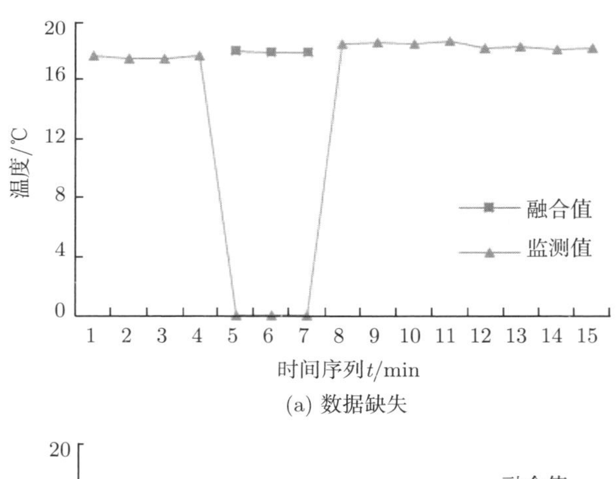

(a) 数据缺失

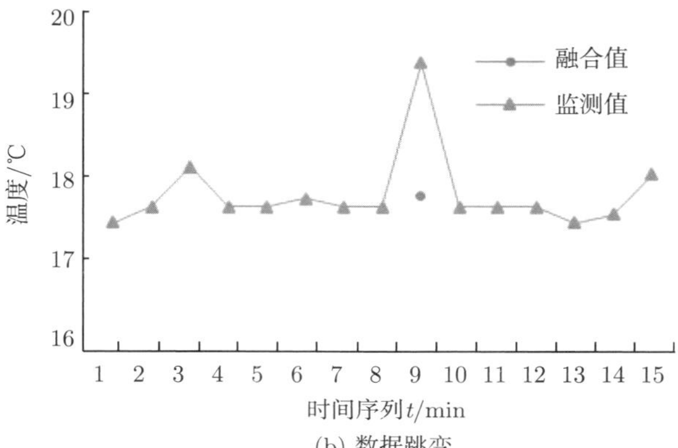

(b) 数据跳变

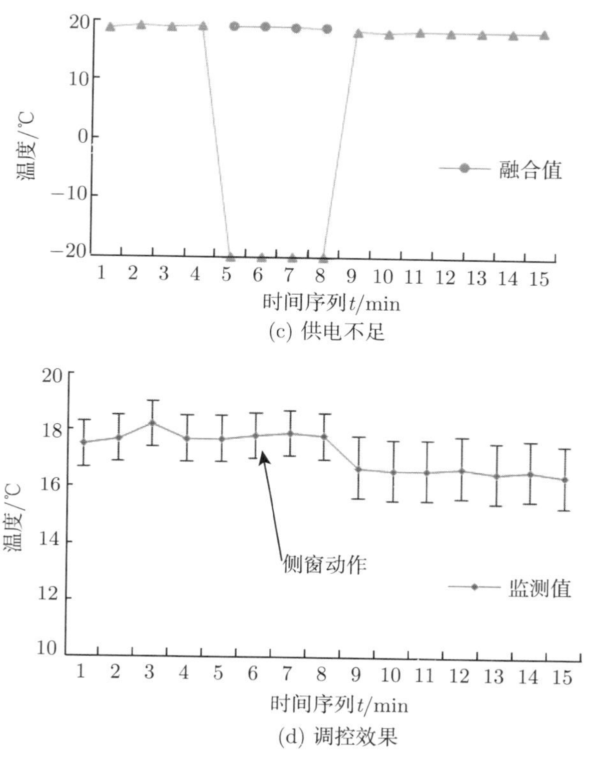

(c) 供电不足

(d) 调控效果

图 5.17 节点故障数据重构结果

图 5.17 所示节点故障数据重构结果表明所提出的改进型支持度函数的数据融合算法可以利用传感器的时空关联性预测数据得到融合值，将其作为传感器故障数据重构值，其基于数据融合算法的故障重构值替换异常故障值，可以有效地反映当前温室内环境的变化。

5.3 监测系统数据传输网络故障诊断

温室环境无线监测系统在运行过程中，因为现场环境恶劣、电磁干扰、网路拥塞等原因易引发监测网络故障，针对智能网关、服务器、数据采集单元之间开展监测系统网络故障诊断，分别从时间异步、数据异步角度开展了基于温室环境无线监测系统的网络故障检测、诊断和修复。

在网络故障诊断方面，Blair 等 (1992) 提出一种基于最小二乘法的数据压缩算法，实现异步传感器数据的同步。Alouani 和 Rice(1998) 提出基于独立模型噪声与量测噪声的最优数据异步处理方法。Chessa 和 Santi(2001) 设计了一种系统级比较的故障诊断方法，该方法利用网络节点间相互测试来实现网络异常诊断。武小平和胡启平 (2003) 构造了一个空间数据异步更新模型，解决空间数据共享与空间数据的同步更新处理，适用于分布式系统。Ping(2003) 提出一种单向时间同步算法，该算法利用接收方通过接收发送方数据时刻与自身处理报文时间周期计算本地时间。Ganeriwal 等 (2003) 提出一种基于双向数据传输的时间同步机制 TPSN，利用数据传输的对称性提高时间同步的精度。Ssu 等 (2006) 利用多路径发送数据，通过比较数据的一致性判断异常网络路径的诊断。Sheth 等 (2005) 提出一种基于故障特征分类的离散传感器网络故障诊断算法，实现对网络故障分层诊断。Hu 和 Servetto(2006) 设计了一种基于萤火虫同步模型的时间同步方法，该方法利用脉冲耦合振荡器的相位周期函数表示，函数与时间呈线性关系。詹晶晶和倪子伟 (2006) 提出一种基于 AJAX 的异步传输模型，构建轻量级 Burlap 协议的传输模型，最后利用 XML 解析器来接收并处理同步信息。郭徽东等 (2006) 对多传感器时间异步数据采样，利用误差协方差阵的迹最小准则建立多传感器异步融合模型，实现时间异步的优化处理。Chatzigiannakis 和 Papavassiliou(2007) 提出一种基于主元分析的网络异常诊断方法，实现了对异构网络的故障管理。雷霖等 (2007) 提出一种基于粗糙集理论的网络故障诊断，通过可辨识矩阵算法得到属性约简，进而利用属性匹配实现诊断决策。张劼等 (2007) 提出一种基于 CBSLFD 算法的簇节点比较故障诊断算法，利用簇与簇内节点的链路关系进行网络故障诊断。原瑾 (2011) 提出一种网络故障诊断方法，该方法是利用故障类型建立融合树，在局部异常区域实现故障的融合诊断。仓晨阳 (2013) 针对 MOST 网络数据异步通信问题，提出一种基于 MOST 数据异步的文件传输系统，发送方通过配置异步数据服务封装来缓存异步数据，调用发送异步数据包函数发送异步数据；接收方通过 PMS 模块接收异步数据并识别异步数据，调用函数 rx_filter/complete_fptr 实现异步处理。邓绯 (2013) 构建一种网络 I/O 模型，在模型中提出一种基于多用户并发的通信数据实时应用，实现异常网络的数据同步。针对时空数据异步及数据回溯问题，杨思吉和吴保国 (2014) 提出一种基于十字链表的小班数据异步更新。陈欢欢 (2014) 提出一种 PAD 方法，该方法是一种通过在每个传感器上写入一段探测器代码，标注该节点转发的数据包，利用传感节点向中心节点发送大量的状态信息，但该方法造成网络带宽占用问题。陈美镇 (2015) 提出一种基于 XML 进行监测参数数值自适应封装和系统间的数据同步方法，利用 XML 数据交互格式具有跨平台特性，实现目标服务器与网关间的数据同步。

5.3.1 无线传感器网络故障诊断

5.3.1.1 网络故障诊断结构

在温室环境无线监测系统中，针对网络故障情况进行网络异常诊断，得到如图

5.18 所示的数据传输网络故障诊断结构框图。

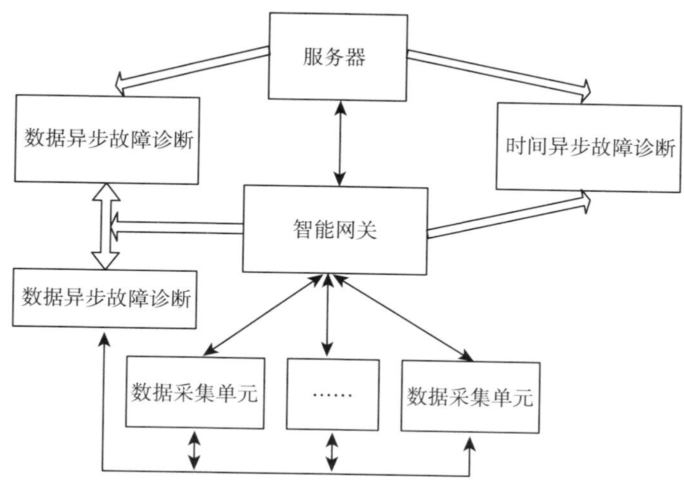

图 5.18 数据传输网络故障诊断结构框图

由于系统时间与网络标准时间的差异导致系统存储、传输数据过程中产生时间异步。针对时间异步问题，基于参考广播同步机制实现温室环境无线监测系统网络时间异步故障诊断，并对诊断的时间异步进行时间同步 (朱道远等，2015)。

无线传感器网络是一种没有基础设施的自组织网络，在异常状态下，往往伴随着数据缺失、数据异步、时间异步、数据异常、数据传输阻塞等情形，数据采集单元与智能网关之间、智能网关与服务器之间都会遇到数据异步问题，针对上述数据异步情况，分别提出了向下感知层数据异步、向上传输数据异步的故障诊断，并对诊断出来的数据异步进行向下感知层数据同步机制和基于 JSON 技术的数据同步机制 (朱道远等，2015；闫晓婷和宋佳，2007；屈展和李婵，2011)。

5.3.1.2 网络故障特征

在系统运行过程中，当网络因电磁干扰、网路拥塞等导致网络故障时，往往伴随着时间异步、数据异步这两种主要的网络故障特征。监测系统数据传输网络的故障特征如表 5.14 所示。

表 5.14 监测网络故障特征

故障类型	故障区间	描述	特征
时间异步	服务器与网关间	服务器与网关时间异步	时间：101080000
数据异步	服务器与网关间	服务器与网关数据异步	网关数据无法传输至服务器
	数采单元与网关间	数采单元与网关数据异步	温湿度变送器采集值为 0℃、0%RH

由表 5.14 可知，在监测系统中由于监测网络问题可以产生多种故障类型，按照故障类型分为：时间异步、数据异步；按照网络故障发生的区间可以分为：智能网关与数据采集单元间故障、智能网关与服务器间故障。

5.3.1.3　网络故障诊断的主要过程

针对温室环境无线监测系统运行过程中因环境恶劣、电磁干扰、网路拥塞等引发的网络故障，在智能网关、服务器、数据采集节点之间开展网络故障诊断，分别从时间异步、数据异步角度开展了基于温室环境无线监测系统的网络故障检测、诊断和恢复，主要的研究内容包括：

(1) 针对时间异步故障，构建一种基于参考广播同步机制的时间异步诊断方法，并针对系统时间无法校正情况，提出一种基于数据存储时间校正的时间异步故障诊断方法。

(2) 针对智能网关与数据采集单元间的数据异步问题，本研究提出一种感知层数据异步检测方法，利用重新读写命令实现感知层传感器的数据同步，并且针对无法同步节点，其根据传感器故障数据缺失诊断方法实现智能网关与数据采集节点间的数据同步。

(3) 针对温室环境监测系统智能网关与服务器间的数据异步问题，根据网络通信监测实现故障诊断方法，并基于 JSON 技术实现对异步数据的累积、封装、传输与解析，实现了网关与目标服务器之间按照协议进行数据同步的方法。

5.3.2　基于参考广播同步机制的时间异步处理

5.3.2.1　时间异步故障描述

智能网关的载体是选用的，Exynos 4412 型开发板，由于断电等系统原因发生故障时，调用智能网关自重启程序重启开发板。

当网络异常时，系统无法根据当前网络时间实现系统时间自我校正，开发板系统默认起始时间为 2000 年 1 月 1 日 8：00am，即 101080000，则在监控参数数值存储过程中，服务器与智能网关间发生时间异步故障，如图 5.19 所示。

如图 5.19(b) 所示，监测系统当前监测参数存储时间应该在前时刻监测参数存储时间之后 1min 左右，即当前网络异常时刻的存储时间理论值为 2015 年 5 月 13 日 7 时 4 分 29 秒，即 selecttime 为 513070429。然而，当发生服务器与智能网关时间异步时，当前存储时间在前期环境参数数值存储时间之前，发生时间异步点的存储时间 date 均从 2000 年 1 月 1 日 8：00am 开始计时，当前 selecttime 为 101080110。

	f82	f91	f92	c1	c2	e1	e2	d1	d2	a11	a12	a13	a14	a15	a16	a17	a18	b1	b2	b3	b4	b5	b6	date	selecttime
61516	27.8	23.	73.4	498.0	0	57.3	0	0	0	163	16.	45	1.2	76	138	73.1	0	16.1	14.5	17.9	16.1	17.1	21.3	2015年3月12日10时16分45秒	312101645
61517	28.0	23.	75.0	501.0	0	57.3	0	0	0	171	15.	44	2.0	76	139	73.1	0	13.7	14.9	18.2	16.2	18.0	22.4	2015年3月12日10时17分45秒	312101745
61518	27.8	23.	75.2	499.0	0	59.0	0	0	0	120	15.	44	3.2	76	140	73.7	0	14.3	14.9	18.4	15.9	18.1	22.4	2015年3月12日10时18分45秒	312101845
61519	27.8	24.	75.2	495.0	0	60.0	0	0	0	61	15.	46	0.8	76	142	74.0	0	17.0	14.9	18.1	16.7	16.9	22.6	2000年1月1日8时1分9秒	101080109
61520	0	23.	73.4	493.0	0	59.5	0	0	0	78	16.	44	4.2	76	142	74.2	0	16.2	14.5	18.0	17.1	0	21.6	2000年1月1日8时2分9秒	101080209
61521	27.2	23.	73.4	503.0	0	59.8	0	0	0	78	15.	49	3.2	76	144	74.2	0	17.4	15.0	18.0	17.8	18.2	23.5	2000年1月1日8时4分46秒	101080446
61522	27.2	23.	74.2	498.0	0	59.1	0	0	0	138	15.	45	3.2	76	144	73.4	0	17.0	14.8	18.4	17.2	18.2	22.9	2015年3月12日10时30分13秒	312103013
61523	27.8	24.	73.0	498.0	0	59.3	0	0	0	78	14.	46	4.5	76	145	73.1	0	15.0	15.7	18.5	17.3	18.5	22.4	2015年3月12日10时31分13秒	312103113
61524	28.0	23.	71.8	504.0	0	58.8	0	0	0	97	14.	46	5.2	76	146	72.9	0	17.5	15.8	18.5	16.9	18.3	23.1	2015年3月12日10时32分13秒	312103213
61525	27.8	24.	73.0	501.0	0	58.8	0	0	0	54	14.	48	2.8	76	149	73.2	0	16.5	15.6	18.3	18.1	17.8	22.4	2015年3月12日10时33分13秒	312103313
61526	28.0	23.	73.4	497.0	0	62.4	0	0	0	56	15.	48	4.0	76	149	73.4	0	15.9	15.4	18.5	17.8	17.7	21.3	2015年3月12日10时34分13秒	312103413
61527	27.8	23.	74.4	497.0	0	61.7	0	0	0	146	15.	48	4.2	76	150	73.4	0	16.8	15.3	18.4	16.8	19.0	22.1	2015年3月12日10时35分13秒	312103513

(a) 短期时间异步

	f82	f91	f92	c1	c2	e1	e2	d1	d2	a11	a12	a13	a14	a15	a16	a17	a18	b1	b2	b3	b4	b5	b6	date	selecttime
149978	75.8	20.	79.4	411.0	0	12.7	0	0	0	28	18.	74	0.2	14	378	17.3	0	21.4	18.8	18.6	17.5	20.9	21.7	2015年5月13日6时59分29秒	513065929
149979	75.2	20.	78.4	406.0	0	13.8	0	0	0	74	18.	74	0.0	14	403	21.5	0	20.5	18.5	18.1	16.6	20.9	21.1	2015年5月13日7时0分29秒	513070029
149980	74.2	20.	77.6	409.0	0	15.3	0	0	0	43	18.	74	0.0	14	419	21.1	0	20.4	18.9	18.2	16.4	20.8	21.8	2015年5月13日7时1分29秒	513070129
149981	73.4	20.	78.6	405.0	0	34.4	0	0	0	40	18.	75	0.0	14	473	45.4	0	18.0	18.3	18.5	17.0	20.5	21.6	2015年5月13日7时2分29秒	513070229
149982	73.0	20.	79.4	410.0	0	38.9	0	0	0	50	19.	74	0.0	14	485	48.9	0	19.0	19.2	18.2	16.4	20.9	22.2	2015年5月13日7时3分29秒	513070329
149983	27.0	30.	41.4	460.0	0	25.6	0	0	0	78	30.	47	1.0	0	516	33.3	0	26.3	25.4	27.5	26.7	25.2	25.0	2000年1月1日8时1分10秒	101080110
149984	26.2	31.	43.8	421.0	0	26.1	0	0	0	100	30.	47	3.0	0	513	34.1	0	25.4	26.0	27.4	26.4	25.4	24.9	2000年1月1日8时2分11秒	101080211
149985	25.8	31.	46.2	404.0	0	26.5	0	0	0	153	30.	48	2.0	0	511	34.8	0	25.6	25.9	27.2	26.5	25.7	26.0	2000年1月1日8时3分11秒	101080311
149986	25.6	30.	41.4	400.0	0	23.6	0	0	0	143	30.	48	2.0	0	509	31.3	0	26.7	25.9	27.4	26.3	25.6	26.1	2000年1月1日8时4分11秒	101080411
149987	26.0	30.	43.0	399.0	0	22.4	0	0	0	63	30.	47	0.2	0	502	28.8	0	25.9	25.9	27.3	26.3	25.8	25.5	2000年1月1日8时5分11秒	101080511
149988	26.8	33.	41.6	393.0	0	19.7	0	0	0	42	30.	47	1.0	0	495	26.6	0	25.7	25.9	27.3	26.4	25.6	25.9	2000年1月1日8时6分11秒	101080611
149989	26.6	33.	46.6	388.0	0	20.4	0	0	0	98	30.	49	0.5	0	491	27.6	0	26.3	25.9	27.3	26.6	25.7	25.9	2000年1月1日8时7分11秒	101080711

(b) 长期时间异步

图 5.19 时间异步

5.3.2.2 时间异步故障诊断机制

针对时间异步故障，提出基于程序对应的数据库表存储的最新一组历史数据的存储时间实现程序时间的校正，时间校正流程如图 5.20 所示。

系统自启动结束后，程序进行初始化，系统搜索当前可用网络，实现网络的连接，当网络连接成功，系统时间自动校正为网络时间，程序正常实现网络通信。当网络连接失败，系统触发时间异步故障诊断机制，获得当前系统时间，并轮询监测参数数值表 sensorvalue0 的最新存储数据的 date。获得系统当前时间 time2、存储数据最新时间 time1，比较上述两组时间 timer1.compareTo(timer2)。当返回值为 1 时，待存储的温室环境信息等的存储时间为 time1 基准上加 1min；当返回值小于 1 时，即返回值为 0 或 −1 时，待存储的温室环境信息存储时间为系统当前时间。

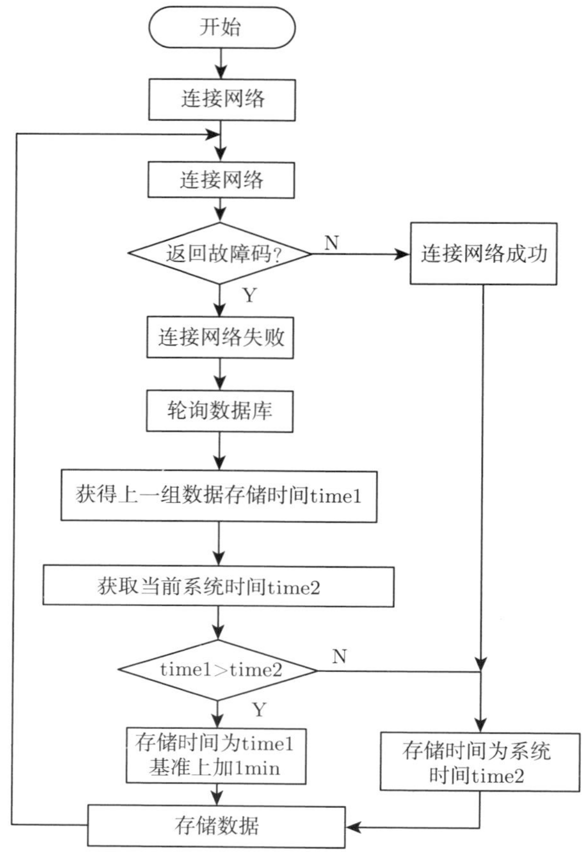

图 5.20 时间异步诊断流程图

5.3.3 数据异步诊断

5.3.3.1 数据异步诊断过程

为实现温室监测系统数据的传输故障诊断，分别建立智能网关与数据采集单元、服务器间的数据异步诊断机制，故障诊断结构流程图如图 5.21 所示。监测系统在运行过程中进行实时数据异步检测，当检测到故障时触发数据同步方法，利用不同的待同步目标的数据同步方法实现数据同步。其中，向上数据异步检测是指智能网关向目标服务器进行数据同步，向下数据异步检测是指智能网关对数据采集单元状态进行检测。数据异步诊断主要针对的是数据采集单元与智能网关间的数据异步检测、网关与服务器间的数据异步检测，使智能网关具备分别与数采集单元、目标服务器间进行数据同步的功能。

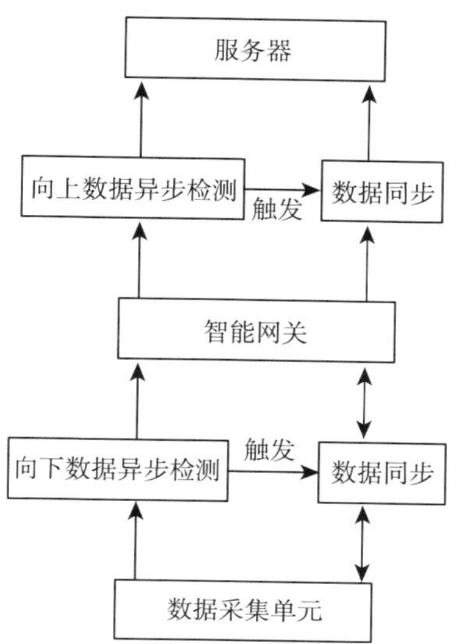

图 5.21 数据异步故障诊断流程

5.3.3.2 数据异步检测

数据异步检测主要实现智能网关与数据采集单元、目标服务器间的数据异步故障识别，根据智能网关故障诊断方向的不同，可将数据异步故障检测分为：向下数据异步检测、向上数据异步检测。

1. 感知层数据异步检测

感知层数据异步检测是指在智能网关实现网关与数据采集单元间进行通信状态异常检测。在温室环境监测系统运行过程中，网关实时检测接收来自采集节点的通信协议数据流，网关实现对检测到的数据格式进行解析，通过监测环境参数变化实现感知层数据异步检测，感知层数据异步检测流程如图 5.22 所示。

实现智能网关与数据采集单元间进行数据异步检测的主要流程如下：

(1) 程序初始化完成后，监测系统查询监测参数信息表中的数据采集单元 DRU_ID，并将其存储在数据列表 List 中；

(2) 根据 List 每一项建立初始化通信状态哈希表 StatusMap(DRU_ID,“off”)，根据 List 每一项建立初始化计数器哈希表 StatusMap_Count(DRU_ID,0)；

(3) 初始化 i，遍历并获取当前数据单元 DRU_ID 数据列表 List[i]，当有数据自适应解析时清零；否则，哈希表 StatusMap_Count 中 DRU_ID 对应的计数器自增 1；每一个 Timer(30000) 周期循环一次；

(4) 判断计数器哈希表 StatusMap_Count 中数据采集单元对应的计数是否超过 3？若超过，则设置通信状态哈希表 StatusMap(DRU_ID,“off”)，跳转至 (5)；不超过，则设置通信状态哈希表 StatusMap(DRU_ID,“on”)，跳转至 (6)；

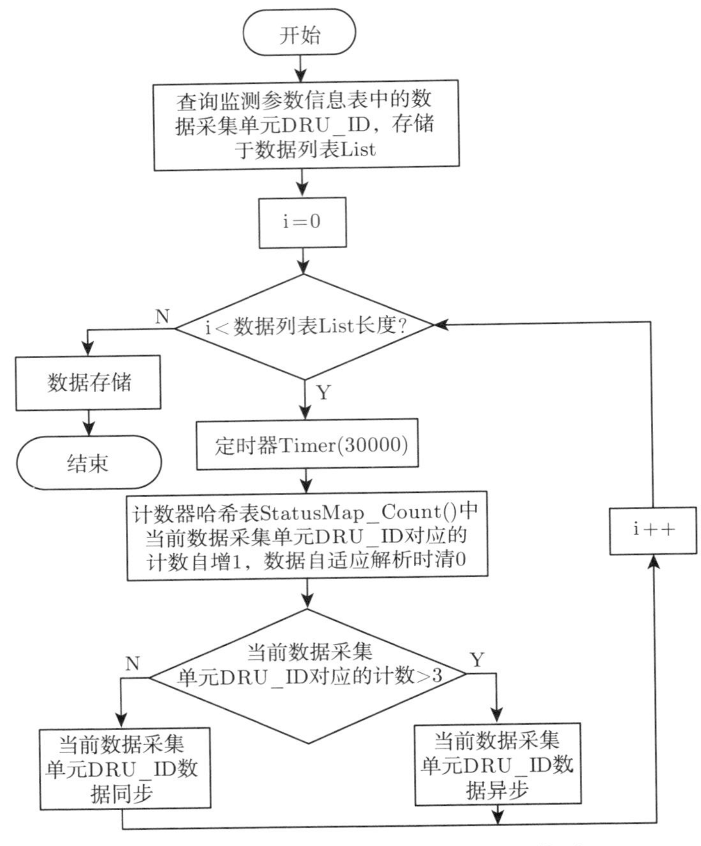

图 5.22 网关与采集节点间数据异步检测

(5) 当前数据列表 List[i] 中数据采集单元 DRU_ID 发生数据异步，循环至下一次数据异步检测；

(6) 当前数据列表 List[i] 中数据采集单元 DRU_ID 未发生数据异步，循环至下一次数据异步检测。

2. 服务器网络数据异步检测

服务器网络数据异步检测是指在智能网关实现网关与服务器间进行通信状态异常检测。温室环境无线监测系统在运行过程中，自动检测与服务器目标地址的连接状态。当智能网关检测到连接服务器成功时，监测系统正常运行；当智能网关检测连接目标服务器失败时，系统实现数据同步的故障检测，触发服务器与智能网关的数据同步机制，开展网关与目标服务器间的数据同步，服务器网络数据异步检测流程如图 5.23 所示。

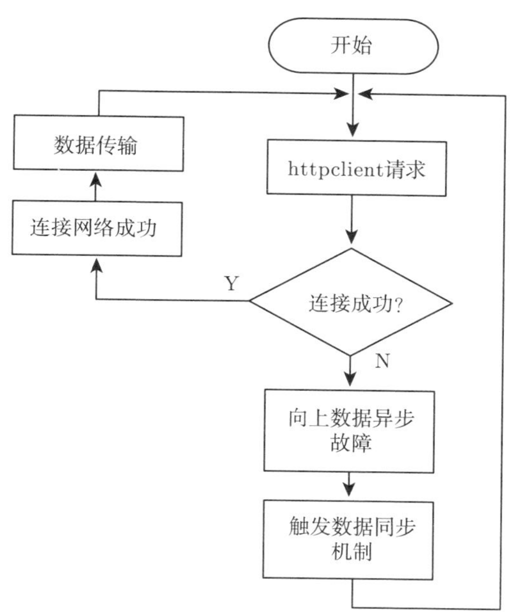

图 5.23 网关与目标服务器间数据异步检测流程图

实现智能网关与目标服务器间进行数据异步检测的主要流程：首先，温室环境无线监测系统智能网关周期性向远程服务器发生 httpclient 请求，请求连接服务器；其次，智能网关获得返回状态码，判断返回状态码；最后，当 noconnnect_server=1 时，网关与目标服务器间发生数据异步，并触发基于 JSON 技术的数据同步机制，实现向上网络传输故障诊断。

5.3.3.3 网关数据同步

当智能网关检测到数据异步故障时，触发智能网关数据同步功能。根据网关异步类型，开展相对应的数据同步方法，分别进行网关与数据采集单元间的数据同步、网关与服务器间的数据同步方法。

1. 网关与数据采集单元的数据同步

当智能网关检测网关与数据采集单元间发生数据异步时，智能网关重新写入数据采集单元读写命令，重新读写环境感知节点采集的环境参数信息，主要的技术路线如图 5.24 所示。

使用的温室环境无线监测系统发生数据异步，触发监测系统数据同步机制，实现智能网关与数据采集单元间的数据同步。若智能网关与环境采集节点间的数据异步无法修复，则网关利用环境采集节点缺失故障的基于数据融合的故障重构值填充对应节点数据值。

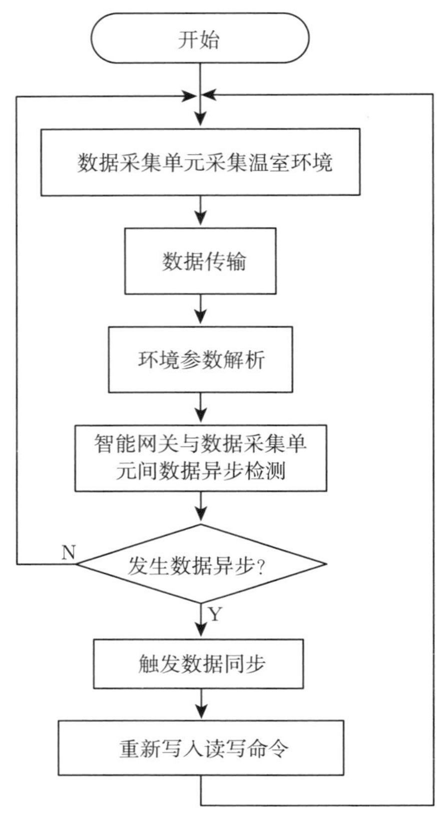

图 5.24 环境感知节点与网关间数据同步机制

2. 基于 JSON 技术的数据同步机制

相较于 XML 具有跨平台数据表述能力以及数据解析工具多样化等特点，JSON 具有数据格式比较简单、易于解析、占用宽带小、易于读写、数据体积小、传输速度快、灵活性强等特点，未来的发展趋势是 XML 技术转向 JSON 技术，将来 Ajax(asynchronous Javascript and XML) 应该变成 Ajaj(asynchronous Javascript and JSON)(马相芬，2015；韩义波等，2009)。

监测系统检测到与远程服务器发生数据异步情况时，触发网关与目标服务器间的数据同步机制。服务器网络数据同步机制是利用 JSON 数据格式实现监测参数数值的封装、传输、解析，以及被同步方的数据库表格自适应生成与存储功能。

1) 基于 JSON 的监测参数自适应封装

根据监测参数数值表格的监测参数 SN_ID 的列名不同，实现基于 JSON 技术的监测参数数值的自适应封装，自适应封装流程如图 5.25 所示。

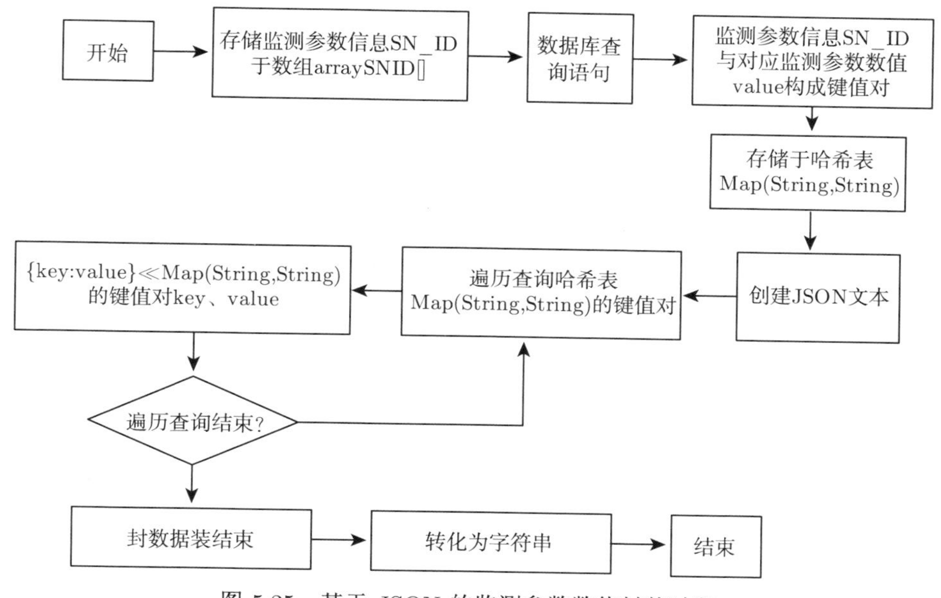

图 5.25 基于 JSON 的监测参数数值封装过程

如图 5.25 所示，监测参数数值自适应封装的主要流程如下：

(1) 查询监测参数信息表的监测参数标识 SN_ID，结果存储于 arraySNID[] 数组；

(2) 利用数据库查询语句向数据库查询 arraySNID[] 中监测参数 SN_ID 的最近时刻监测值，并将监测参数 SN_ID 与对应的监测值 value 组成键值对，存储在哈希表 Map(String,String)；

(3) 创建 JSON 文本，遍历查询哈希表 Map(String,String) 的所有 key、value 键值对；

(4) 将哈希表 Map(String,String) 实例的 key 作为 JSON 的属性名文本，将哈希表 Map(String,String) 实例的 value 作为 JSON 的属性值文本；

(5) 判断遍历查询哈希表 Map(String,String) 是否结束？如结束，则执行下一步 (6)；如未结束，则跳转至 (3) 继续执行遍历查询哈希表 Map(String,String)；

(6) 数据封装结束，转化为字符串。

2) 监测参数数据同步过程

监测参数数值数据同步的技术路线如图 5.26 所示。

当网络发生数据异步时，智能网关实时存储采集到的传感器监测参数信息，建立本地文件 sensorvalue.txt 用于存储监测参数数值。每当传输周期到达时，将监测参数数值封装结果 {key:value,······ }{Yager, 2001 #4}写入 sensorvalue.txt 中的根节点末尾，判断“心跳”连接是否正常。异常，则不发起同步并提示；正常则读取

sensorvalue.txt 文件的内容作为消息内容，向服务器发送消息。

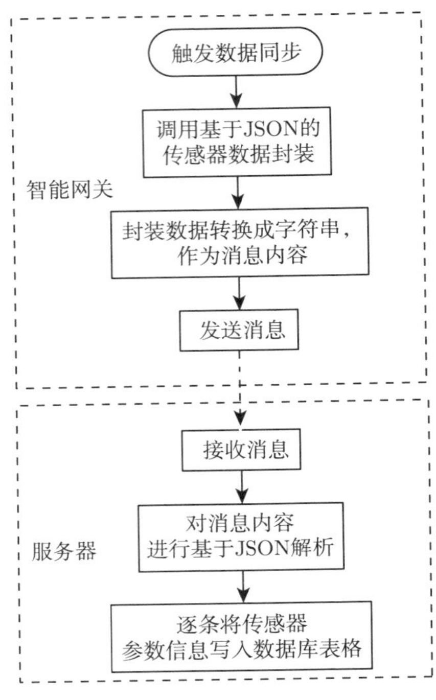

图 5.26　数据同步过程

目标服务器接收到消息，并对消息内容进行读取，判断封装数据节点 {key:value, ……}的记录数，从上到下逐条解析出各监测时刻的监测参数 SN_ID 和数值 value，键值对中的键 key 传输给监测参数 SN_ID，键值对中的值 value 传输给数值 value，写入 MySQL 数据库的监测参数数值表格，并清空 sensorvalue.txt 中的记录，如果数值同步结果为异常则保留 sensorvalue.txt 中的记录，直至下一周期到达再次进行同步。

5.3.4　功能验证

5.3.4.1　时间异步故障诊断验证

1. 时间异步故障诊断

根据 5.3.2.1 节的网络故障中时间异步的诊断方法，在智能网关上温室环境无线监测系统的故障诊断界面得到如图 5.27 所示的网络故障诊断。温室环境无线监测系统在断开网络基础上重启智能网关开发板，温室环境无线监测系统发生时间异步故障。

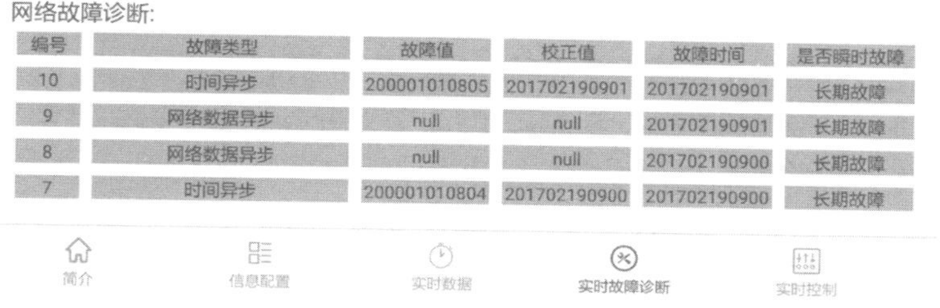

网络故障诊断:

编号	故障类型	故障值	校正值	故障时间	是否瞬时故障
10	时间异步	200001010805	201702190901	201702190901	长期故障
9	网络数据异步	null	null	201702190901	长期故障
8	网络数据异步	null	null	201702190900	长期故障
7	时间异步	200001010804	201702190900	201702190900	长期故障

图 5.27 时间异步故障诊断

如图 5.27 所示，RP4412 开发板时间初始化为 2000 年 1 月 1 日 8：00am，而根据数据库表得到前一时刻监测系统存储时间为 2017 年 2 月 19 日 8:56am，发现监测系统发生时间异步，根据基于参考广播机制的时间同步方法得到时间校正值。

2. 时间同步验证

根据 5.3.2.2 节的时间同步处理机制，在智能网关上的 SQLite 生成监测参数数值表格时间异步处理结果如图 5.28 所示。

date	selecttime
2017年2月19日8时55分36秒	219085536
2017年2月19日8时56分36秒	219085636
2000年1月1日8时1分2秒	101080102
2000年1月1日8时2分2秒	101080202
2000年1月1日8时3分2秒	101080302
2000年1月1日8时4分2秒	101080402
2000年1月1日9时5分2秒	101080502
2017年2月19日9时3分28秒	219090328
2017年2月19日9时4分28秒	219090428
2017年2月19日9时5分28秒	219090528
2017年2月19日9时6分28秒	219090628
2017年2月19日9时7分28秒	219090728

date	selecttime
2017年2月19日8时54分36秒	219085436
2017年2月19日8时55分36秒	219085536
2017年2月19日8时56分36秒	219085636
2017年2月19日8时57分36秒	219085736
2017年2月19日8时58分36秒	219085836
2017年2月19日8时59分36秒	219085936
2017年2月19日9时0分36秒	219090036
2017年2月19日9时1分36秒	219090136
2017年2月19日9时3分28秒	219090328
2017年2月19日9时4分28秒	219090428
2017年2月19日9时5分28秒	219090528
2017年2月19日9时6分28秒	219090628

图 5.28 时间同步处理效果

如图 5.28 所示，监测系统发生时间异步故障时，触发基于参考广播机制实现对时间异步故障的识别，并利用参考基准时间 date 生成下一时刻数据存储时间，完成监测系统的时间同步。

5.3.4.2 数据异步故障诊断验证

1. 网关与数据采集单元数据异步验证

利用故障注入方法断开室内节点 2 上的数据采集单元 BC000004 中的 f2 温湿度传感器，导致传感器 SN_ID：f21、f22 发生感知层数据异步故障，并导致传感器数据缺失故障。根据 5.3.3.2 节的网络故障中智能网关与数据采集单元数据异步的诊断方法，在智能网关上温室环境无线监测系统的实时故障诊断界面，如图 5.29

所示。

其中，在数据采集单元通信状态单元实现感知层数据异步的实时监测，得到如图 5.29(a) 所示异步故障识别。根据 5.3.3.3 节的数据采集单元数据缺失数据同步处理方法，实时故障诊断界面生成数据异步诊断如图 5.29(b) 所示。温室环境无线监测系统在运行过程中断开数据采集单元在 Zigbee 自组网的位置，温室环境无线监测系统发生智能网关与数据采集单元数据异步故障，进而实现数据采集单元与网关数据同步。

编号	节点	DRU_ID	名称	SN_ID	监测值	融合值	故障类型	故障时间	是否瞬间故障
7	节点2	f2	空气湿度22	f22	0.0%RH	36.9%RH	缺失	201702191045	长期故障
6	节点2	f2	空气温度21	f21	0.0℃	20.6℃	缺失	201702191045	长期故障
5	节点2	f2	空气湿度22	f22	0.0%RH	36.9%RH	缺失	201702191044	长期故障
4	节点2	f2	空气温度21	f21	0.0℃	20.6℃	缺失	201702191044	长期故障

编号	故障类型	故障值	校正值	故障时间	是否瞬时故障
19	f22数据异步	0.0%RH	37.1%RH	201702191045	长期故障
18	f21数据异步	0.0℃	20.7℃	201702191045	长期故障
17	f22数据异步	0.0%RH	36.9%RH	201702191044	长期故障
16	f21数据异步	0.0℃	20.6℃	201702191044	长期故障

(a) 数据异步识别　　　　(b) 数据异步诊断

图 5.29　智能网关与数据采集单元数据异步诊断

2. 网关与服务器数据异步验证

根据 5.3.3.2 节的网络故障监测与数据处理过程中，网关与目标服务器间进行数据异步诊断，在网关上监测系统的网络故障诊断界面，如图 5.30 所示。温室环境无线监测系统在运行过程中断开智能网关与目标服务器，温室环境无线监测系统发生智能网关与数据采集单元数据异步故障。

网络故障诊断:

编号	故障类型	故障值	校正值	故障时间	是否瞬时故障
13	网络数据异步	null	null	201702190935	长期故障
12	网络数据异步	null	null	201702190934	长期故障
11	网络数据异步	null	null	201702190933	瞬时故障
10	时间异步	200001010805	201702190901	201702190901	长期故障

简介　信息配置　实时数据　实时故障诊断　实时控制

图 5.30　智能网关与目标服务器间数据异步诊断

监测系统运行期间网关主动从通信网络中断开 10min，根据监测参数累积存储

JSON 文件的插入暂存方法，在网关中生成 sensorvalue.txt 文件，实现基于 JSON 技术的监测参数数值自适应封装，数据封装内容如图 5.31 所示。文件存储了多条 {key:value,······ }封装的数据，且每条因网络故障原因未上传的封装数据插入到累计信息的尾部。对比基于 XML 方法封装的数据格式发现，基于 JSON 技术的数据同步方式较基于 XML 技术封装轻量级。


```
[{f11:13.1,f12:83.9,f21:14.3,f22:67.5,f31:15.1,f32:71.3,f41:14.7,f42:78.4,f51:10.6,f52:100,
f61:14.2,f62:78.6,f71:9.4,f72:96,f81:15.0,f82:75.8,f91:8.3,f92:98.6,c1:500,c2:0,e1:26.4,a11
:74,a12:5.3,a13:66,a14:0.2,a15:31,a16:684,a17:35,a18:0,b1:7.6,b2:7.5,b3:8.1,b4:6.1,b5:7.4,
b6:7.3,savetime:201702190933},          //一次封装

{……},    //一次封装
 ……
{……},   //一次封装

{f11:13.8,f12:82.3,f21:15.3,f22:67.9,f31:16.1,f32:71.2,f41:16.8,f42:76.2,f51:11.4,f52:100.0,
f61:15.4,f62:75.0,f71:9.8,f72:96.0,f81:15.7,f82:71.6,f91:8.0,f92:98.0,c1:500,c2:0,e1:27.1,a
11:160,a12:6.2,a13:63,a14:1.2,a15:31,a16:704,a17:34.2,a18:0,b1:7.4,b2:7.6,b3:8.7,b4:6.6,b
5:7.3,b6:7.4,savetime:201702190942}    //一次封装
]
```


图 5.31 监测参数数值封装累积存储

网络恢复后，当智能网关与服务器连接上后，智能网关将累计数据向目标服务器发送，服务器对多条 {key:value,······ }封装数据进行解析，解析结果更新至服务器 MySQL 数据库的监测参数数值表格中，目标服务器利用实例进行到达数据条数数统计，统计结果如图 5.32 所示。在当前选取的时间段中发生多次数据异步故障。智能网关在网络恢复实现网关与服务器间的通信链接后，将基于 JSON 封装的累计存储数据传输至远程服务器，实现智能网关与服务器间网络数据的同步。

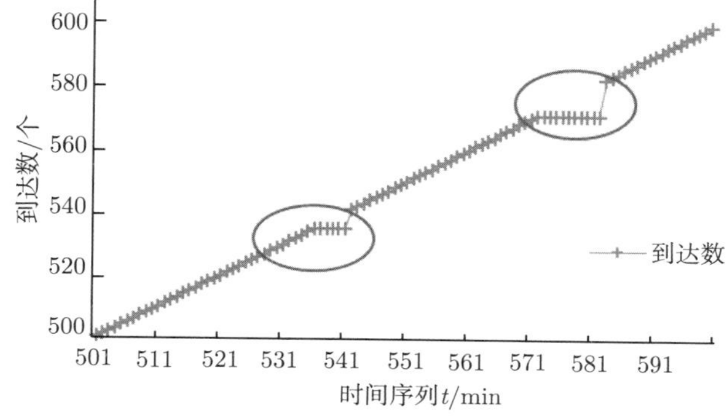

图 5.32 服务器数据到达数统计

5.4 温室环境无线监测系统运行与故障测试

温室环境无线监测系统故障诊断系统于 2017 年 2 月 17 日在江苏省溧水区白马镇农科院植物科学基地的草莓栽培温室中进行实验。该温室是东西向的塑料连栋温室，监测系统实现对温室内草莓栽培过程中的环境参数进行检测，并在此基础上验证系统的运行性能与开展故障诊断。基于 Android 系统的温室环境无线监测系统故障诊断系统实现对温室内主要的环境信息进行全方位、多层次采集，实现浏览器网页、手机 App 实时远程监控。功能简化的故障诊断系统对温室内外主要的环境参数进行传感器故障诊断，并且对系统运行网络进行检测与故障诊断等功能。

5.4.1 智能网关软件功能设计

温室环境无线监测系统所用的智能网关是 RP4412 型开发板，该开发板中烧录 Android4.4 操作系统。

5.4.1.1 软件开发环境

(1) Java 编译环境：JDK1.7.0。

(2) 集成开发环境：Eclipse、Android SDK、ADT。

(3) 数据库平台：SQLite。

5.4.1.2 软件总体结构

温室环境感知节点群以 RS-485、Zigbee 等协议的通信方式将数据汇聚至各自的汇聚节点，汇聚节点以一串表示特定信息的数据流 (B1,· · · ,BN) 与智能网关进行数据传输。同时，智能网关也可以将表示特定信息的数据流向汇聚节点传输，汇聚节点再转发至各个检测单元。智能网关实现特定信息数据流的接收和写入功能 (Tan，2010)。基于 Android 系统的智能网关应用软件主要模块如图 5.33 所示。

在温室环境测控物联网通用系统的基础上，从智能网关角度实现监测系统故障诊断，开发了检测参数数值故障诊断、数据传输网络故障诊断等功能。温室环境无线监测系统故障诊断系统对传感器数据、网络状态进行解析、处理与存储，实现对故障进行检测、识别、判断。

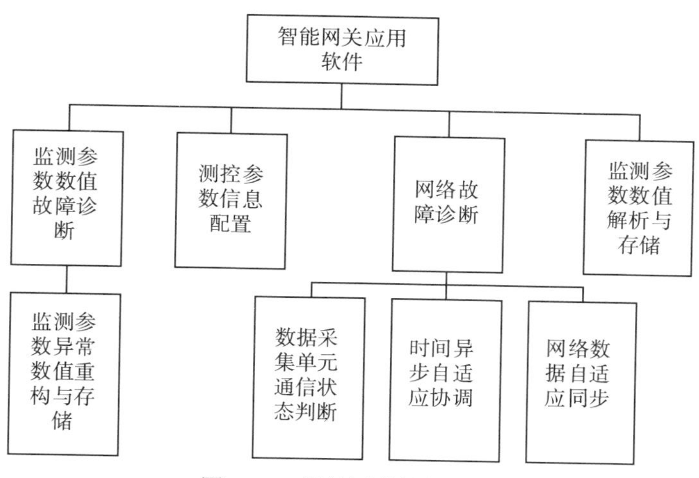

图 5.33 智能网关软件结构

5.4.2 故障诊断系统的软件功能验证

为了保证基于 Android 系统的温室环境无线监测系统开展环境监测与数据传输的准确度和可靠性，设计了一套适用于温室环境无线监测系统的故障诊断系统，实现故障的简化诊断，并且该系统能够从故障发生部位，通过故障检测、故障识别与故障修复等功能实现温室环境无线监测系统自上而下的故障诊断。

温室环境无线监测系统在实现温室环境监测与故障诊断过程中，实现了监测界面与故障诊断界面的自适应生成，实现对信息参数的配置、监测参数的显示、各种故障类型的诊断等功能。

5.4.2.1 监测参数界面生成

根据监测界面生成原理，实现了温室内外多个环境感知传感器监测参数的实时数据更新，实现各个数据采集节点通信状态的实时显示功能。基于 Android 的温室环境无线监测系统的温室环境实时数据监测界面如图 5.34 所示。系统实现了对温室与室外的各类型环境传感器采集的环境参数的实时信息监测、各个数据采集单元 DRU_ID 的通信状态的实时监测以及数据采集单元数据异步的检测。

5.4.2.2 诊断系统界面生成

针对传感器故障节点诊断功能，在温室环境无线监测系统的故障诊断界面上部生成基于 Android 的温室环境无线监测系统的故障诊断系统的传感器诊断界面，如图 5.35 所示，实现对传感器故障诊断结果的实时显示和传感器数据异常诊断的时间、特征、数据重构值等显示。根据监测界面生成原理与传感器故障诊断界面生成原理，实现了传感器的故障检测、故障识别与故障诊断。

温室环境实时数据监测

室外

风向	281°
温度	3.4℃
湿度	76%RH
风速	3.5m/s
降雨量	29mm
UVI	1379
光照度	59.4klux

节点1

空气温度11	20.9℃
空气湿度12	66.4%RH
空气温度41	21.3℃
空气湿度42	62.2%RH
空气温度51	13.8℃
空气湿度52	97.4%RH
土壤温度1	11.8℃
土壤温度2	10.6℃
CO_2 浓度1	467ppm
光照度1	63.2klux

节点2

空气温度21	21.7℃
空气湿度22	56.5%RH
空气温度61	21.1℃
空气湿度62	59%RH
空气温度71	13.6℃
空气湿度72	93%RH
土壤温度5	10.3℃
土壤温度6	10.6℃

节点3

空气温度31	19.8℃
空气湿度32	60.1RH
空气温度81	21.1℃
空气湿度82	61.6%RH
空气温度91	12.2
空气湿度92	96.2%RH
土壤温度3	11.6℃
土壤温度4	10.3℃

图 5.34　监测参数界面

实时故障诊断

传感器节点故障:

编号	节点	DRU_ID	名称	SN_ID	监测值	融合值	故障类型	故障时间	是否瞬间故障
7	节点2	f2	空气湿度22	f22	0.0%RH	36.9%RH	缺失	201702191045	长期故障
6	节点2	f2	空气温度21	f21	0.0℃	20.6℃	缺失	201702191045	长期故障
5	节点2	f2	空气湿度22	f22	0.0%RH	36.9%RH	缺失	201702191044	长期故障
4	节点2	f2	空气温度21	f21	0.0℃	20.6℃	缺失	201702191044	长期故障

网络故障诊断:

编号	故障类型	故障值	校正值	故障时间	是否瞬时故障
19	f22数据异步	0.0%RH	37.1%RH	201702191045	长期故障
18	f21数据异步	0.0℃	20.7℃	201702191045	长期故障
17	f22数据异步	0.0%RH	36.9%RH	201702191044	长期故障
16	f21数据异步	0.0℃	20.6℃	201702191044	长期故障

图 5.35　实时节点故障诊断界面

如图 5.35 所示上半部分，系统实时传感器故障诊断界面，实现了对传感器各类型故障特征的实时诊断、数据重构以及瞬间故障与否的判断。下半部分，系统实时的数据传输网络故障诊断界面，实现了对监测系统中各类型网络故障特征的实时诊断与故障修复。

针对网关故障诊断功能，在温室环境无线监测系统的故障诊断界面下半部生成了网络诊断界面，实现对网络故障诊断结果的实时显示功能，实现传感器数据异常诊断的时间、特征等显示。根据监测界面生成原理与网络故障诊断界面生成原理，实现网络异常时发生网络故障的检测，实现时间异步、数据异步的检测，实现数据传输过程中时间同步、数据同步，实现故障诊断效果的实时显示、更新和存储功能。

5.4.3 故障注入诊断实验

5.4.3.1 传感器故障诊断实验

传感器故障诊断实验针对温室环境主要参数空气温湿度数据开展，根据故障特征可将传感器故障分为数据缺失故障、数据跳变故障、供电不足故障，并针对上述故障特征展开故障诊断实验。

1. 传感器数据缺失故障诊断

数据缺失可以分为数据跳变、数据采集单元与网关数据异步两种。当因数据跳变产生数据缺失时，对传感器产生数据缺失的原因进行分析，发现数据缺失主要是由电磁干扰、数据采集单元供电缺失导致。

利用故障注入法的思想，将节点 2 布置的 f2 温湿度传感器与 Zigbee 传输单元断开 3min，智能网关上的监测系统运行的实时环境监测界面、SQLite 数据库表中传感器参数数值表如图 5.36 所示。在监测系统的实时环境监测界面上的节点 f21 和节点 f22 的实时环境参数采集值温度、湿度分别跳转为 0°C、0%RH，认为监测系统发生温室环境参数数据缺失，触发节点故障诊断机制，得到如图 5.36(a) 所示的环境感知节点数据缺失的实时故障诊断界面。由于故障时间较长，数据缺失故障状态由瞬时故障变更为长时间故障，并且故障重构值为图 5.36(c) 中数据库表 sensorvalue1 中同一节点时间序列上的历史数据与不同节点在空间上节点数据的数据融合值，可以发现传感器故障点的基于数据融合的传感器数据重构值，均能够有效地反映传感器环境参数的变化趋势。

传感器节点故障:

编号	节点	DRU_ID	名称	SN_ID	监测值	融合值	故障类型	故障时间	是否瞬间故障
7	节点2	f2	空气湿度22	f22	0.0%RH	36.9%RH	缺失	201702191045	长期故障
6	节点2	f2	空气温度21	f21	0.0℃	20.6℃	缺失	201702191045	长期故障
5	节点2	f2	空气湿度22	f22	0.0%RH	36.9%RH	缺失	201702191044	长期故障
4	节点2	f2	空气温度21	f21	0.0℃	20.6℃	缺失	201702191044	长期故障

(a) 实时故障诊断界面

f12	f21	f22	f31	f32	f41	f42	f51	f52	f61	f62	f71	f72	f81	f82	f91	f92	c1	c2	e1	a1	a1	a1	a1	a15	a1	a1	a1	b1	b2	b3	b4	b5	b6	date	selecttim
50.9	20.	37.6	17.	43.8	14.4	50.	13.	99.	22.	36.	16.	88.	11.	50.	13.	87.	44	0	35.	8	7.2	58	10.	39	14	63.	0	11.4	10.3	10.6	13.3	10.7	13.7	2017年2月19日10时40分36秒	2191040
51.8	20.	36.0	17.	42.8	13.4	49.	13.	98.	23.	35.	15.	87.	11.	48.	13.	82.	44	0	35.	10	6.8	59	8.2	39	14	63.	0	11.5	10.1	10.6	12.7	10.0	22.1	2017年2月19日10时41分36秒	2191041
49.8	20.	36.7	17.	42.5	13.6	49.	13.	99.	23.	36.	15.	88.	11.	48.	13.	83.	44	0	35.	35	7.1	58	7.2	39	14	64.	0	10.0	9.8	10.7	12.2	10.7	21.5	2017年2月19日10时42分36秒	2191042
49.7	0.0	0.0	17.	43.9	14.4	50.	13.	99.	23.	34.	15.	88.	11.	48.	13.	85.	44	0	35.	26	6.8	59	9.5	39	14	64.	0	10.3	9.8	10.9	12.0	10.5	16.2	2017年2月19日10时43分36秒	2191043
49.8	0.0	0.0	17.	42.6	13.0	49.	13.	98.	23.	34.	16.	88.	11.	50.	14.	86.	44	0	35.	23	6.8	59	9.5	39	14	63.	0	10.3	10.4	11.1	12.4	10.4	16.3	2017年2月19日10时44分36秒	2191044
51.3	0.0	0.0	17.	42.7	13.0	49.	13.	98.	23.	33.	15.	88.	11.	51.	13.	85.	44	0	35.	34	7.2	58	14.	39	14	63.	0	11.6	10.0	11.3	11.8	10.3	13.5	2017年2月19日10时45分36秒	2191045
49.0	0.0	0.0	17.	41.7	12.8	48.	13.	99.	23.	33.	15.	86.	11.	48.	13.	75.	44	0	36.	34	6.7	59	6.0	39	14	64.	0	11.7	10.6	10.5	11.5	10.6	14.9	2017年2月19日10时46分36秒	2191046
51.8	20.	36.8	17.	41.3	13.0	50.	13.	97.	23.	33.	17.	86.	11.	48.	13.	76.	44	0	36.	8	6.8	59	8.2	39	14	64.	0	9.8	10.5	10.6	12.6	10.8	13.3	2017年2月19日10时47分36秒	2191047
52.4	20.	36.8	17.	42.7	13.8	49.	13.	99.	23.	33.	16.	86.	11.	48.	13.	80.	44	0	36.	1	6.7	59	5.8	39	14	64.	0	10.5	10.3	11.2	11.7	11.3	16.9	2017年2月19日10时48分36秒	2191048
53.1	20.	37.2	17.	41.5	13.0	49.	13.	99.	23.	32.	16.	88.	11.	48.	13.	84.	44	0	36.	34	7.1	58	10.	39	14	64.	0	11.8	10.2	11.1	12.8	11.8	12.0	2017年2月19日10时49分36秒	2191049
52.2	20.	35.4	17.	42.4	12.8	49.	13.	98.	23.	33.	17.	87.	11.	49.	13.	78.	43	0	36.	34	6.7	59	9.8	39	14	64.	0	10.6	10.4	10.7	13.1	11.5	15.6	2017年2月19日10时50分36秒	2191050

(b) 传感器参数数值表sensorvalue0

	f21	f22	f31	f32	f41	f42	f51	f52	f61	f62	f71	f72	f81	f82	f91	f92	c1	c2	e1	a11	a12	a13	a14	a15	a16	a17	a18	b1	b2	b3	b4	b5	b6	date
1649	20.6	37.6	17.	43.	14.	50.	13.	99.	22.	36.	16.	88.	11.	50.	13.	87.	44	0	35.	8	7.2	58	10.	39	14	63.	0	11.	10.	10.	13.	10.	13.	2017年2月19日10时40分36秒
1650	20.7	36.0	17.	42.	13.	49.	13.	98.	23.	35.	15.	87.	11.	48.	13.	82.	44	0	35.	10	6.8	59	8.2	39	14	63.	0	11.	10.	10.	12.	10.	22.	2017年2月19日10时41分36秒
1651	20.7	36.7	17.	42.	13.	49.	13.	99.	23.	36.	15.	88.	11.	48.	13.	83.	44	0	35.	35	7.1	58	7.2	39	14	64.	0	10.	9.8	10.	12.	10.	21.	2017年2月19日10时42分36秒
1652	20.7	36.6	17.	43.	14.	50.	13.	99.	23.	34.	15.	88.	11.	48.	13.	85.	44	0	35.	26	6.8	59	9.5	39	14	64.	0	10.	9.8	10.	12.	10.	16.	2017年2月19日10时43分36秒
1653	20.6	36.9	17.	42.	13.	49.	13.	98.	23.	34.	16.	88.	11.	50.	14.	86.	44	0	35.	23	6.8	59	9.5	39	14	63.	0	10.	10.	11.	12.	10.	16.	2017年2月19日10时44分36秒
1654	20.7	37.1	17.	42.	13.	49.	13.	98.	23.	33.	15.	88.	11.	51.	13.	85.	44	0	35.	34	7.2	58	14.	39	14	63.	0	11.	10.	11.	11.	10.	13.	2017年2月19日10时45分36秒
1655	20.8	37.2	17.	41.	12.	48.	13.	99.	23.	33.	15.	86.	11.	48.	13.	75.	44	0	36.	34	6.7	59	6.0	39	14	64.	0	11.	10.	10.	11.	10.	14.	2017年2月19日10时46分36秒
1656	20.8	36.8	17.	41.	13.	50.	13.	97.	23.	33.	17.	86.	11.	48.	13.	76.	44	0	36.	8	6.8	59	8.2	39	14	64.	0	9.8	10.	10.	12.	10.	13.	2017年2月19日10时47分36秒
1657	20.9	36.8	17.	42.	13.	49.	13.	99.	23.	33.	16.	86.	11.	48.	13.	80.	44	0	36.	1	6.7	59	5.8	39	14	64.	0	10.	10.	11.	11.	11.	16.	2017年2月19日10时48分36秒
1658	20.9	37.2	17.	41.	13.	49.	13.	99.	23.	32.	16.	88.	11.	48.	13.	84.	44	0	36.	34	7.1	58	10.	39	14	64.	0	11.	10.	11.	12.	11.	12.	2017年2月19日10时49分36秒
1659	20.9	35.4	17.	42.	12.	49.	13.	98.	23.	33.	17.	87.	11.	49.	13.	78.	43	0	36.	34	6.7	59	9.8	39	14	64.	0	10.	10.	10.	13.	11.	15.	2017年2月19日10时50分36秒
1660	20.9	34.9	17.	43.	13.	49.	13.	96.	24.	33.	15.	84.	11.	50.	14.	81.	43	0	36.	5	6.7	60	7.2	39	14	64.	0	11.	10.	10.	11.	11.	25.	2017年2月19日10时51分36秒

(c) 传感器参数数值表sensorvalue1

图 5.36 传感器节点数据缺失诊断

2. 传感器供电不足故障诊断

对传感器产生数据供电不足故障的原因进行分析，发现传感器供电不足产生的原因主要由电磁干扰、传感器供电不足导致。利用故障注入法的思想，将节点 2 布置的数据采集单元 BC000004 的空气温湿度传感器单元 f6 的供电电源线与数据采集单元 +、− 端子断开，使土壤温度传感器供配电电源 DC 5V 断开 3min，智能网关上的监测系统运行的实时环境监测界面、SQLite 数据库表中传感器参数数值表如图 5.37 所示。在监测系统的实时环境监测界面上的空气温度 f61、空气湿度 f62 实时环境参数采集值跳转至 −20℃和 0%RH，即为模拟量采集区间初始值，监测系统发生传感器供电不足故障，触发传感器故障诊断机制，得到如图 5.37(a) 所示的传感器供电不足实时故障诊断和数据重构。

实时故障诊断

传感器节点故障:

编号	节点	DRU_ID	名称	SN_ID	监测值	融合值	故障类型	故障时间	是否瞬间故障
16	节点2	BC000004	空气湿度62	f62	0.0%RH	31.6%RH	断电	201702191106	长期故障
15	节点2	BC000004	空气温度61	f61	-20.0℃	24.3℃	断电	201702191106	长期故障
14	节点2	BC000004	空气温度61	f61	-20.0℃	24.3℃	断电	201702191105	长期故障
13	节点2	BC000004	空气湿度62	f62	0.0%RH	31.8%RH	断电	201702191105	长期故障

网络故障诊断:

(a) 实时故障诊断界面

f42	f51	f52	f61	f62	f71	f72	f81	f82	f91	f92	c1	c2	e1	a11	a12	a13	a14	a15	a16	a17	a18	b1	b2	b3	b4	b5	b6	date	selecttim
47.4	13.	96.	23.8	32.6	17.3	87.6	11.	49.4	14.	81.6	443.0	0	38.5	344	8.0	57	10.5	39	155	65.3	0	11.5	10.8	11.2	13.6	11.4	13.7	2017年2月19日11时1分36秒	2191101
48.8	14.	97.	23.8	31.0	17.4	87.6	11.	46.8	14.	79.8	442.0	0	39.2	348	7.2	56	8.5	39	156	65.5	0	12.4	11.1	10.9	12.5	11.8	15.9	2017年2月19日11时2分36秒	2191102
46.6	13.	95.	23.7	31.6	17.9	85.4	10.	46.2	14.	80.0	443.0	0	39.0	19	7.6	57	6.5	39	156	65.0	0	11.6	11.2	11.1	12.5	10.4	15.1	2017年2月19日11时3分36秒	2191103
47.6	14.	99.	-20.	0.0	17.3	83.8	11.	47.6	14.	81.0	441.0	0	39.5	0	8.3	57	7.8	39	158	65.6	0	11.4	10.8	10.9	12.5	10.9	13.7	2017年2月19日11时4分36秒	2191104
46.0	13.	97.	-20.	0.0	16.0	85.2	10.	46.6	14.	81.4	445.0	0	39.8	14	7.5	56	7.5	39	159	65.7	0	10.4	10.7	11.1	13.8	11.6	15.1	2017年2月19日11时5分36秒	2191105
46.0	14.	98.	-20.	0.0	17.0	87.6	11.	49.4	14.	84.8	449.0	0	40.0	21	7.6	57	6.0	39	159	65.1	0	12.4	10.8	11.6	13.3	11.9	15.4	2017年2月19日11时6分36秒	2191106
48.2	14.	97.	24.3	31.8	16.8	87.6	12.	51.0	14.	82.4	445.0	0	40.3	346	7.6	57	6.8	39	159	65.4	0	12.7	11.2	11.1	12.8	11.9	13.1	2017年2月19日11时7分36秒	2191107
46.4	13.	95.	24.5	31.0	16.5	87.0	12.	47.8	14.	84.4	446.0	0	40.7	354	8.0	56	7.2	39	160	65.9	0	12.6	10.6	11.0	13.8	11.7	13.1	2017年2月19日11时8分36秒	2191108
45.8	13.	93.	25.0	31.0	16.3	86.8	11.	49.6	14.	84.0	446.0	0	40.8	345	7.6	56	9.0	39	160	65.7	0	11.9	11.1	11.8	14.2	11.8	13.1	2017年2月19日11时9分36秒	2191109
47.0	13.	96.	25.1	31.0	16.3	86.8	12.	46.8	14.	79.0	442.0	0	41.3	0	7.6	57	3.8	39	161	65.9	0	11.2	11.2	11.5	14.2	12.1	13.7	2017年2月19日11时10分36秒	2191110
46.8	13.	95.	24.8	30.8	16.5	85.4	12.	46.2	14.	77.2	444.0	0	41.8	12	7.6	57	6.2	39	162	65.9	0	11.6	11.0	11.8	12.4	11.7	13.6	2017年2月19日11时11分36秒	2191111
46.6	13.	96.	25.0	31.0	17.9	86.0	12.	46.0	14.	75.0	448.0	0	42.3	21	7.4	55	7.8	39	163	66.0	0	11.9	10.7	11.6	13.0	11.7	13.8	2017年2月19日11时12分36秒	2191112

(b) 传感器参数数值表 sensorvalue0

f31	f32	f41	f42	f51	f52	f61	f62	f71	f72	f81	f82	f91	f92	c1	c2	e1	a11	a12	a13	a14	a15	a16	a17	a18	b1	b2	b3	b4	b5	b6	date	selecttir
17.	42.	14.	49.	13.	97.	23.7	34.2	17.	86.	11.	49.	13.	84.	44	0	38.	53	8.0	58	7.2	39	15	65.	0	12.	10.	11.	13.	11.	18.	2017年2月19日10时59分36秒	219105
17.	41.	13.	48.	13.	98.	23.7	33.4	16.	87.	11.	49.	14.	85.	44	0	37.	35	8.5	58	8.0	39	15	65.	0	11.	10.	11.	12.	11.	20.	2017年2月19日11时0分36秒	219110
17.	40.	14.	47.	13.	96.	23.8	32.6	18.	87.	11.	49.	14.	81.	44	0	38.	34	8.0	57	10.	39	15	65.	0	11.	10.	11.	13.	11.	13.	2017年2月19日11时1分36秒	219110
17.	40.	15.	48.	14.	97.	23.8	31.0	17.	87.	11.	46.	14.	79.	44	0	39.	34	7.2	56	8.5	39	15	65.	0	12.	11.	10.	12.	11.	15.	2017年2月19日11时2分36秒	219110
17.	41.	14.	46.	13.	95.	23.7	31.6	17.	85.	10.	46.	14.	80.	44	0	39.	19	7.6	57	6.5	39	15	65.	0	11.	11.	11.	12.	10.	15.	2017年2月19日11时3分36秒	219110
17.	42.	14.	47.	14.	99.	24.3	32.6	17.	83.	11.	47.	14.	81.	44	0	39.	0	8.3	57	7.8	39	15	65.	0	11.	10.	10.	12.	10.	13.	2017年2月19日11时4分36秒	219110
17.	42.	14.	46.	13.	97.	24.3	31.8	16.	85.	10.	46.	14.	81.	44	0	39.	14	7.5	56	7.5	39	15	65.	0	10.	10.	11.	13.	11.	15.	2017年2月19日11时5分36秒	219110
17.	43.	14.	46.	14.	98.	24.3	31.6	17.	87.	11.	49.	14.	84.	44	0	40.	21	7.6	57	6.0	39	15	65.	0	12.	10.	11.	13.	11.	15.	2017年2月19日11时6分36秒	219110
17.	41.	15.	48.	14.	97.	24.3	31.8	16.	87.	12.	51.	14.	82.	44	0	40.	34	7.6	57	6.8	39	15	65.	0	12.	11.	11.	12.	11.	13.	2017年2月19日11时7分36秒	219110
17.	42.	14.	46.	13.	95.	24.5	31.0	16.	87.	12.	47.	14.	84.	44	0	40.	35	8.0	56	7.2	39	16	65.	0	12.	10.	11.	13.	11.	13.	2017年2月19日11时8分36秒	219110
17.	41.	14.	45.	13.	93.	25.0	31.0	16.	86.	11.	49.	14.	84.	44	0	40.	34	7.6	56	9.0	39	16	65.	0	11.	11.	11.	14.	11.	13.	2017年2月19日11时9分36秒	219110
17.	41.	15.	47.	13.	96.	25.1	31.0	16.	86.	12.	46.	14.	79.	44	0	41.	0	7.6	57	3.8	39	16	65.	0	11.	11.	11.	14.	12.	13.	2017年2月19日11时10分36秒	219111

(c) 传感器参数数值表 sensorvalue1

图 5.37 传感器供电不足故障诊断

由于故障时间较长，数据缺失故障状态由瞬时故障变更为长时间故障，并且故障重构值为图 5.37(c) 中数据库表 sensorvalue1 中同一节点时间序列上的历史数据与不同节点在空间上节点数据的数据融合值，可以发现传感器故障点的基于数据融合的多传感器信息重构值均能够有效地反映传感器环境参数的变化趋势。

3. 环境感知节点数据跳变故障诊断

对传感器产生数据跳变的原因进行分析，发现数据跳变产生的原因主要由电磁干扰等导致，是传感器故障中最易发生的故障类型。如图 5.38(b) 所示，在监测系统的实时环境监测界面上的节点 3 中 Zigbee 节点 BC000002 中空气湿度 f82 的实时环境参数采集值分别跳转为 50.1%RH，而当前时刻的前一组数值分别为 47.2、47.6、48.6%RH，诊断系统检测出当前监测系统发生数据跳变。在监测系统的实时环境监测界面上的节点 1 中空气湿度 f12 的实时环境参数采集值分别跳转为 50.6%RH，而当前时刻的前一组数值分别为 46.8、45.8、46.4%RH，诊断系统检测出当前监测系统发生数据跳变。

当系统触发传感器故障诊断机制，得到如图 5.38(b) 所示的传感器数据跳变实时故障诊断。在实时故障诊断界面，环境感知节点数据跳变故障得到诊断识别和数

实时故障诊断

传感器节点故障:

编号	节点	DRU_ID	名称	SN_ID	监测值	融合值	故障类型	故障时间	是否瞬间故障
18	节点1	f1	空气湿度12	f12	50.6%RH	46.3%RH	跳变	201702191126	瞬时故障
17	节点3	BC000002	空气湿度82	f82	50.1%RH	47.7%RH	跳变	201702191120	瞬时故障
16	节点2	BC000004	空气湿度62	f62	0.0%RH	31.6%RH	断电	201702191106	长期故障
15	节点2	BC000004	空气温度61	f61	-20.0℃	24.3℃	断电	201702191106	长期故障

网络故障诊断:

(a)实时故障诊断界面

id	▼	f12	f21	f22	f31	f32	f41	f42	f51	f52	f61	f62	f71	f72	f81	f82	f91	f92	c1	c2	e1	a11	a12	a13	a14	a15	a16	a17	a18	b1	b2	b3	b4	b5	b6	date	sele
316	15.	47.9	21.	36.	17.	41.	14.	46.	14.	95.	25.	29.	16.	86.	13.	47.4	14.	79.	44	0	43.	53	7.6	56	3.0	39	16	64.	0	12.	10.	11.	14.	12.	14.	2017年2月19日11时17分36秒	219
316	15.	47.9	21.	36.	17.	42.	14.	46.	13.	92.	25.	28.	17.	83.	13.	47.6	14.	79.	44	0	44.	76	7.6	57	6.0	39	16	64.	0	12.	11.	11.	13.	11.	13.	2017年2月19日11时18分36秒	219
316	15.	48.5	21.	36.	17.	43.	15.	48.	13.	89.	24.	29.	17.	83.	13.	48.2	14.	73.	44	0	44.	40	8.5	57	4.8	39	16	64.	0	12.	10.	11.	14.	12.	13.	2017年2月19日11时19分36秒	219
316	15.	48.1	21.	38.	17.	43.	14.	47.	13.	91.	24.	28.	16.	84.	14.	50.1	14.	75.	44	0	45.	35	8.8	58	3.5	39	16	64.	0	12.	11.	11.	14.	12.	19.	2017年2月19日11时20分36秒	219
316	15.	47.2	21.	36.	17.	43.	14.	46.	13.	91.	25.	28.	17.	83.	14.	48.6	14.	75.	44	0	46.	78	7.8	57	3.0	39	16	64.	0	11.	11.	11.	14.	12.	14.	2017年2月19日11时21分36秒	219
316	15.	46.9	21.	37.	17.	41.	14.	46.	13.	91.	25.	28.	17.	82.	15.	46.8	14.	74.	44	0	49.	17	7.6	55	7.2	39	16	64.	0	11.	11.	11.	14.	11.	15.	2017年2月19日11时22分36秒	219
316	16.	46.8	21.	36.	17.	42.	14.	45.	13.	90.	25.	28.	16.	81.	15.	44.4	14.	78.	44	0	50.	34	8.1	56	7.2	39	16	64.	0	12.	11.	12.	14.	12.	16.	2017年2月19日11时23分36秒	219
316	16.	45.8	21.	35.	17.	42.	14.	47.	14.	93.	25.	28.	15.	82.	15.	41.2	14.	72.	44	0	52.	28	7.8	55	5.0	39	16	64.	0	10.	11.	11.	13.	12.	12.	2017年2月19日11时24分36秒	219
316	16.	46.4	21.	37.	17.	42.	14.	46.	14.	92.	25.	28.	15.	82.	15.	41.0	15.	81.	44	0	55.	40	8.2	56	3.8	39	16	64.	0	11.	11.	11.	13.	12.	17.	2017年2月19日11时25分36秒	219
316	16.	50.6	21.	36.	17.	42.	14.	46.	13.	93.	25.	28.	18.	82.	15.	41.2	15.	80.	45	0	57.	22	7.9	55	5.8	39	16	65.	0	11.	11.	11.	13.	12.	14.	2017年2月19日11时26分36秒	219
316	16.	46.1	21.	33.	17.	40.	14.	45.	14.	93.	25.	29.	17.	82.	14.	40.2	15.	78.	45	0	60.	41	7.6	55	3.8	39	17	65.	0	13.	11.	12.	13.	12.	20.	2017年2月19日11时27分36秒	219
316	16.	46.6	21.	33.	17.	40.	14.	44.	14.	93.	25.	29.	16.	81.	15.	39.8	15.	76.	45	0	57.	34	7.6	54	4.8	39	17	64.	0	11.	11.	12.	13.	12.	17.	2017年2月19日11时28分36秒	219

(b)传感器参数数值表sensorvalue0

f11	f12	f21	f22	f31	f32	f41	f42	f51	f52	f61	f62	f71	f72	f81	f82	f91	f92	c1	c2	e1	a11	a12	a13	a14	a15	a16	a17	a18	b1	b2	b3	b4	b5	b6	date	selecttime
15.	47.9	21.	36.	17.	41.	14.	46.	14.	95.	25.	29.	16.	86.	13.	47.4	14.	79.	44	0	43.	53	7.6	56	3.0	39	16	64.	0	12.	10.	11.	14.	12.	14.	2017年2月19日11时17分36秒	219111736
15.	47.9	21.	36.	17.	42.	14.	46.	13.	92.	25.	28.	17.	83.	13.	47.6	14.	79.	44	0	44.	76	7.6	57	6.0	39	16	64.	0	12.	11.	11.	13.	11.	13.	2017年2月19日11时18分36秒	219111836
15.	48.5	21.	36.	17.	43.	15.	48.	13.	89.	24.	29.	17.	83.	13.	48.2	14.	73.	44	0	44.	40	8.5	57	4.8	39	16	64.	0	12.	10.	11.	14.	12.	13.	2017年2月19日11时19分36秒	219111936
15.	48.1	21.	38.	17.	43.	14.	47.	13.	91.	24.	28.	16.	84.	14.	47.7	14.	75.	44	0	45.	35	8.8	58	3.5	39	16	64.	0	12.	11.	11.	14.	12.	19.	2017年2月19日11时20分36秒	219112036
15.	47.2	21.	36.	17.	43.	14.	46.	13.	91.	25.	28.	17.	83.	14.	48.6	14.	75.	44	0	46.	78	7.8	57	3.0	39	16	64.	0	11.	11.	11.	14.	12.	14.	2017年2月19日11时21分36秒	219112136
15.	46.9	21.	37.	17.	41.	14.	46.	13.	91.	25.	28.	17.	82.	15.	46.8	14.	74.	44	0	49.	17	7.6	55	7.2	39	16	64.	0	11.	11.	11.	14.	11.	15.	2017年2月19日11时22分36秒	219112236
16.	46.8	21.	36.	17.	42.	14.	45.	13.	90.	25.	28.	16.	81.	15.	44.4	14.	78.	44	0	50.	34	8.1	56	7.2	39	16	64.	0	12.	11.	12.	14.	12.	16.	2017年2月19日11时23分36秒	219112336
16.	45.8	21.	35.	17.	42.	14.	47.	14.	93.	25.	28.	15.	82.	15.	41.2	14.	72.	44	0	52.	28	7.8	55	5.0	39	16	64.	0	10.	11.	11.	13.	12.	12.	2017年2月19日11时24分36秒	219112436
16.	46.4	21.	37.	17.	42.	14.	46.	14.	92.	25.	28.	15.	82.	15.	41.0	15.	81.	44	0	55.	40	8.2	56	3.8	39	16	64.	0	11.	11.	11.	13.	12.	17.	2017年2月19日11时25分36秒	219112536
16.	46.3	21.	36.	17.	42.	14.	46.	13.	93.	25.	28.	18.	82.	15.	41.2	15.	80.	45	0	57.	22	7.9	55	5.8	39	16	65.	0	11.	11.	11.	13.	12.	14.	2017年2月19日11时26分36秒	219112636
16.	46.1	21.	33.	17.	40.	14.	45.	14.	93.	25.	29.	17.	82.	14.	40.2	15.	78.	45	0	60.	41	7.6	55	3.8	39	17	65.	0	13.	11.	12.	13.	12.	20.	2017年2月19日11时27分36秒	219112736
16.	46.6	21.	33.	17.	40.	14.	44.	14.	93.	25.	29.	16.	81.	15.	39.8	15.	76.	45	0	57.	34	7.6	54	4.8	39	17	64.	0	11.	11.	12.	13.	12.	17.	2017年2月19日11时28分36秒	219112836

(c)传感器参数数值表sensorvalue1

图 5.38 环境感知节点数据跳变实时故障诊断

据重构。故障重构值为图 5.38(c) 中数据库表 sensorvalue1 中同一节点时间序列上的历史数据与不同节点在空间上节点数据的数据融合值，发现传感器故障节点的基于数据融合的数据重构值 47.7%RH 与 46.3%RH，其能够有效地反映传感器环境参数的变化趋势。

5.4.3.2 数据传输网络故障诊断实验

在数据传输过程中，主要从温室现场的智能网关角度展开网络故障研究。按照网络故障诊断的内容可以将网络故障诊断分为：数据采集节点与智能网关的数据异步、网关时间异步、智能网关与服务器的数据异步。网络故障诊断如图 5.39 所示，数据传输过程网络故障实现对时间异步、数据异步的诊断，实现网络故障类型的判断、故障值的校正、故障时间长短的判断。

网络故障诊断:

编号	故障类型	故障值	校正值	故障时间	是否瞬时故障
19	f22数据异步	0.0%RH	37.1%RH	201702191045	长期故障
18	f21数据异步	0.0℃	20.7℃	201702191045	长期故障
17	f22数据异步	0.0%RH	36.9%RH	201702191044	长期故障
16	f21数据异步	0.0℃	20.6℃	201702191044	长期故障

简介 信息配置 实时数据 实时故障诊断 实时控制

图 5.39 网络故障诊断与修复

5.4.3.3 系统试运行效果分析

利用各个传感器采集的环境参数数值故障诊断前后的数据稳定性、可靠性进行统计分析。

1. 数据稳定性分析

数据稳定性主要针对监测系统网络故障诊断数据异步与时间异步研究故障处理前后环境参数数据开展统计，数据异步的数据到达率 r、时间异步处理结果准确度的统计结果如表 5.15 所示。开展的数据异步诊断研究进行数据同步处理和实现时间异步的同步处理，能够有效地提高系统的稳定性。

表 5.15 数据稳定性分析

	故障处理前	故障处理后
数据采集单元与智能网关间	98.47%	98.97%
智能网关与服务器间	97.19%	98.17%
时间协调性	X	83.34%

注：“X” 表示无对应测试项。

2. 数据可靠性分析

数据可靠性主要针对监测系统的传感器故障诊断研究开展统计，数据准确性统计结果如表 5.16 所示。开展的传感器故障诊断研究进行的故障处理与数据重构能够有效地提高温室环境无线监测系统的数据可靠性。

表 5.16 数据可靠性分析

环境参数	故障诊断前			故障诊断后		
	RMSE	CDR	FAR	RMSE	CDR	FAR
温度/℃	5.08	X	X	4.25	97.23	2.76
湿度/%RH	13.95	X	X	13.81	90.59	9.63
光照/klux	6.00	X	X	5.77	90.36	10.65

注：“X” 表示无对应测试项。

参 考 文 献

Bellifemine F, Caire G, Greenwood D. 2013. 基于 JADE 的多 Agent 系统开发. 程志锋, 张蕾, 陈佳俊, 等译. 北京: 国防工业出版社.

鲍军民. 2007. 基于 ZigBee 技术的分布式温室监控系统的设计. 工业控制计算机, 20(10): 9-10, 12.

鲍连承, 赵景波, 赵海军. 2007. 基于模糊遗传神经网络的信息融合故障诊断技术及其应用. 电气传动自动化, 29(1): 20-22.

仓晨阳. 2013. 车载 MOST 网络异步数据通信的研究与应用. 长春: 吉林大学.

曹建英. 2011. 基于 WEB 的远程智能温室多媒体数据采集系统设计. 计算机与数字工程, 39(4): 77-79.

陈国辉, 郭艳玲. 2005. 基于 PLC 的日光温室控制系统软硬件方案研究. 林业机械与木工设备, 33(3): 17-19.

陈海生, 洪添胜, 吴伟斌, 等. 2005. 温室温湿度的远程监控系统. 农机化研究, (4): 124-127.

陈欢欢. 2014. 无线传感器网络分层式故障诊断方法研究. 重庆: 重庆大学.

陈辉. 2013. 基于 ZigBee 与 GPRS 的温室番茄远程智能灌溉系统的研究与实现. 杭州: 浙江大学.

陈建恩, 王立人. 2003. 基于以太网的温室测控系统架构方案. 农机化研究, (4): 49-51.

陈建恩, 王立人, 苗香雯. 2003. 温室数据采集系统远程通信接口设计研究. 农业工程学报, 19(4): 259-263.

陈静, 张晓敏. 2006. 无线传感器网络簇头优化分簇算法及其性能仿真. 计算机应用, 26(12): 2787-2788.

陈磊, 赵保华. 2009. 低能耗自适应分簇的面向数据融合的路由协议. 北京邮电大学学报, 32(5): 71-74.

陈凌, 王建东. 2009. 基于 GWT 技术开发 Ajax 应用的分析和研究. 计算机技术与发展, 19(11): 222-225.

陈美镇. 2015. 基于物联网的温室环境测控通用系统开发. 镇江: 江苏大学.

陈美镇, 王纪章, 李萍萍, 等. 2015. 基于 Android 系统的温室异构网络环境监测智能网关开发. 农业工程学报, 31(5): 218-225.

陈琦, 韩冰, 秦伟俊, 等. 2011. 基于 Zigbee/GPRS 物联网网关系统的设计与实现. 计算机研究与发展, 48(s2): 367-372.

陈庆文, 田作华, 刘山. 2005. 基于 Profibus 的温室控制信息管理系统. 微计算机信息, (21): 109-110, 143.

陈晓, 吴海洪, 严海. 2008. 基于 Web Service 的温室远程监控系统设计. 机电工程, 25(8):

8-10.

陈晓栋, 郭平毅, 兰艳亭. 2014. 基于 780 MHz 频段的温室无线传感器网络的设计及试验. 农业工程学报, 30(1): 113-120.

崔绍荣, 姚庆祥. 1986. 水培温室环境微机控制方法的探讨. 农业工程学报, 2(4): 12-23.

崔文顺, 张芷怡, 袁力哲, 等. 2015. 基于云计算的日光温室群物联网服务平台. 计算机工程, 41(6): 294-299.

崔作龙, 杜晓东, 吕小云, 等. 2003. 工控机在温室监控系统中的应用. 甘肃科学学报, 15(4): 67-70.

Dewsbury R. 2008. Google Web Toolkit 应用程序开发. 秦绪文, 李松峰, 译. 北京: 机械工业出版社.

戴建国, 王克如, 李少昆, 等. 2012. 基于 REST 架构和 XML 的农情数据共享研究. 中国农业科学, 45(20): 4156-4165.

邓绯. 2013. 多用户多任务并发的海量数据异步网络通信参考模型研究. 计算机应用与软件, 30(6): 127-131.

丁飞, 张西良, 宋光明, 等. 2010. 面向设施环境的无线分布式监控系统. 计算机工程, 36(3): 234-236.

丁炀超, 牛寅, 张侃谕. 2013. 基于 STM32 的单体大棚温室群控系统的设计. 自动化与仪表, 28(3): 25-27,31.

董乔雪, 王一鸣. 2002. 温室计算机分布式自动控制系统的开发. 农业工程学报, 18(4): 94-97.

董学枢. 2014. 基于 WEB 的温室环境无线监控系统设计. 信息化研究, (6): 61-64.

杜尚丰, 赵兴炳, 李迎霞. 2003. 基于 RS-485 总线的温室环境控制系统研制. 微计算机信息, 19(9): 23-24.

方维维, 钱德沛, 褚天舒, 等. 2009. 分簇无线传感器网络可靠高效的数据传输方案. 西安交通大学学报, 43(8): 28-32.

冯磊, 王一鸣, 杨卫中, 等. 2006. 基于工控机的日光温室灌溉自动控制系统的开发. 农机化研究, (5): 122-124, 127.

冯毅, 吴必瑞. 2015. 基于组态王和 PLC 的蔬菜温室温湿度监控系统. 中国农机化学报, 36(1): 132-135.

付占稳, 刘建业, 张平平, 等. 2006. 基于 RS-485 通信网络的分布式测控结构在温室群集散控制系统中的应用. 河北科技大学学报, 27(2): 173-176.

干开峰, 王俊, 张大敏. 2014. 6LoWPAN 无线传感网络温室监测系统的设计. 江苏农业科学, 42(9): 371-374.

关键, 丁昊, 黄勇, 等. 2012. 实测海杂波数据空间相关性研究. 电波科学学报, (5): 93-103,212.

郭东平, 赵媛. 2016. 基于 MCGS 组态技术的温室环境监控系统设计. 电气自动化, 38(4): 97-99, 105.

郭改枝, 春英, 刘志国. 2003. 温室设施种植业微机控制管理系统设计. 内蒙古师范大学学报. 自然科学 (汉文版), 32(4): 360-362.

郭红霞. 2010. 相关系数及其应用. 武警工程大学学报, (2): 3-5.

郭徽东, 章新华, 宋元, 等. 2006. 多传感器异步数据融合算法. 电子与信息学报, 28(9): 1546-1549.

郭茂龙, 徐学华. 2003. EDM128128 液晶显示模块在单片机系统中的应用. 电子元器件应用, 5(2): 12-14,32.

郭文川, 程寒杰, 李瑞明, 等. 2010. 基于无线传感器网络的温室环境信息监测系统. 农业机械学报, 41(7): 181-185.

郭秀明, 赵春江, 杨信廷, 等. 2012. 苹果园中 2.4GHz 无线信道在不同高度的传播特性. 农业工程学报, 28(12): 195-200.

句荣辉, 沈佐锐. 2004. 基于短信息的温室生态健康呼叫系统. 农业工程学报, 20(3): 226-228.

韩华峰, 杜克明, 孙忠富, 等. 2009. 基于 ZigBee 网络的温室环境远程监控系统设计与应用. 农业工程学报, (7): 158-163.

韩慧. 2012. 基于 RS-485 总线的温室环境监测系统. 仪表技术与传感器, (3): 60-61.

韩义波, 宋莉, 宋俊杰. 2009. Ajax 技术结合 XML 或 JSON 的使用比较. 电脑知识与技术, 5(1): 101-103.

何鹏, 孙立君. 2008. 基于 Lonworks 总线技术的温室智能控制器设计. 农机化研究, (9): 84-86.

何世钧, 韩宇辉, 张驰, 等. 2004. 基于 CAN 总线的设施农业嵌入式测控系统. 农业机械学报, 35(4): 106-109.

何世钧, 张路, 张弛, 等. 2000. 智能温室自动控制系统的设计与应用. 河南农业大学学报, 34(4): 399-401.

贺婷婷, 白皓然, 尚书旗, 等. 2013. 基于 WEB 农业温室远程监控系统设计与实现. 农机化研究, 35(10): 158-161.

胡玉成. 2011. 基于统计特征提取的故障诊断方法研究. 杭州: 杭州电子科技大学.

扈罗全, 陆全荣. 2008. 一种新的无线电波传播路径损耗模型. 中国电子科学研究院学报, 3(1): 40-43.

黄冬梅, 施黎莉, 王振华, 等. 2015. 一种基于空间相关性的海洋环境监测数据优化抽样方法. 海洋环境科学, 34(4): 553-557.

纪建伟. 2001. 微型计算机温室环境监控系统的研究. 沈阳农业大学学报, 32(2): 54-56.

冀红举, 段朝伟, 张孟超. 2012. 基于 RS-485 总线的温室远程监控系统. 微计算机信息, 28(4): 43-45.

姜新华, 张丽娜. 2011. 基于 ZigBee 与 Wifi 相结合的温室环境监测系统设计. 内蒙古大学学报 (自然科学版), 42(6): 699-702.

蒋辉, 王会强, 赵建国, 等. 2008. XML 和 WEB 服务在农业专家系统集成中的应用. 农机化研究, (7): 187-190.

蒋鹏, 何志业, 王浙明. 2010. 面向水环境监测的 WSN 网关设计. 计算机工程, 36(16): 213-215.

焦洋. 2016. 基于 4G 网络的温室环境监测系统的设计与实现. 长春: 吉林农业大学.

焦哲勇, 程友联. 2007. 基于 ARM 的农业温室多点温度采集系统的设计. 农业开发与装备,

(5): 19-21.

康东, 严海磊, 彭焕荣, 等. 2009. 远程温室大棚控制系统设计. 控制工程, (S4): 8-10.

雷霖, 代传龙, 王厚军. 2007. 基于 Rough set 理论的无线传感器网络节点故障诊断. 北京邮电大学学报, 30(4): 69-73.

黎贞发, 王铁, 宫志宏, 等. 2013. 基于物联网的日光温室低温灾害监测预警技术及应用. 农业工程学报, 29(4): 229-236.

李成法, 陈贵海, 叶懋, 等. 2007. 一种基于非均匀分簇的无线传感器网络路由协议. 计算机学报, 30(1): 27-36.

李方敏, 韩屏, 罗婷. 2009. 无线传感器网络中结合丢包率和 RSSI 的自适应区域定位算法. 通信学报, 30(9): 15-23.

李凤保, 扬黎明, 张华, 等. 2002. 基于解析冗余的传感器故障检测、分离与辨识. 传感器与微系统, 21(5): 33-35.

李宏, 于宏毅, 刘阿娜. 2007. 一种基于树的无线传感器网络数据收集方法. 电子与信息学报, 29(7): 1633-1637.

李慧, 刘星桥, 李景, 等. 2013. 基于物联网 Android 平台的水产养殖远程监控系统. 农业工程学报, 29(13): 175-181.

李俊, 杜尚丰. 2006. 智能温室控制器的开发. 微计算机信息, 22(14): 65-66,211.

李俊, 毛罕平. 2003. 多机通信技术的研究及其在分布式温室监控系统中的应用. 计算机工程, 29(16): 148-150.

李莉, 李海霞, 刘卉. 2009. 基于无线传感器网络的温室环境监测系统. 农业机械学报, 40(s1): 228-231.

李莉, 刘刚. 2006. 基于蓝牙技术的温室环境监测系统设计. 农业机械学报, 37(10): 97-100.

李民赞, 孔德秀, 张俊宁, 等. 2008. 基于蓝牙与 PDA 的便携式土壤电导率测试仪开发. 江苏大学学报 (自然科学版), 29(2): 93-96.

李墨雪, 王库, 部向阳. 2006. nRF401 在温室环境参数采集系统中的应用. 仪表技术, (3): 27-28.

李鹏飞, 汪小旵, 李永博. 2012. 无线嵌入式温室监测系统设计与实现. 机械与电子, (7): 55-57.

李萍萍, 陈美镇, 王纪章, 等. 2015. 温室物联网测控管理系统开发与数据同步研究. 农业机械学报, 46(8): 224-231.

李萍萍, 李冬生. 2011. 温室生态经济系统分析. 北京: 科学出版社.

李萍萍, 王纪章. 2014. 温室环境信息智能化管理研究进展. 农业机械学报, 45(4): 236-243.

李霜, 杨晓京, 郭志伟. 2008. 基于 CAN 总线的温室远程监控系统的设计. 微计算机信息, 24(29): 50-52.

李偲钰, 高红菊, 姜建钊. 2009. 小麦田中天线高度对 2.4GHz 无线信道传播特性的影响. 农业工程学报, 25(s2): 184-189.

李文仲, 段朝玉. 2007. ZigBee 无线网络技术入门与实战. 北京: 北京航空航天大学出版社.

李喜武, 栾文辉, 赵洪光, 等. 2007. 节能型日光温室控制器的研制. 吉林农业大学学报, 29(6): 705-709.

李晓静, 张侃谕. 2010. 基于 CAN 总线的温室群控系统设计与实现. 计算机工程, 36(1): 245-247.

李星恕. 2003. 温室环境智能监控系统的开发与研究. 杨凌: 西北农林科技大学.

李震, 洪添胜, Ning Wang, 等. 2010. 基于神经网络预测的无线传感器网络田间射频信号路径损耗. 农业工程学报, 26(12): 178-181.

李志宇, 史浩山. 2009. 基于最小 Steiner 树的无线传感器网络数据融合算法. 西北工业大学学报, 27(4): 558-564.

梁春英, 孙裔鑫, 王熙. 2010. 基于 RS-485 总线的分布式温室环境温湿度监测系统设计. 沈阳工程学院学报 (自然科学版), 6(3): 238-240.

梁居宝, 杜克明, 孙忠富. 2011. 基于 3G 和 VPN 的温室远程监控系统的设计与实现. 中国农学通报, 27(29): 139-144.

廖建尚. 2016. 基于物联网的温室大棚环境监控系统设计方法. 农业工程学报, 32(11): 233-243.

林蔚, 祝启龙. 2011. 无线传感器网络节能型数据融合算法. 哈尔滨工程大学学报, 32(10): 1386-1390.

刘宝钏, 张晴晖, 李俊萩, 等. 2014. 基于 ARM11 温室环境监控系统的研究. 林业机械与木工设备, 42(1): 42-45.

刘卉, 汪懋华, 孟志军, 等. 2010. 农田环境中短程无线电传播性能试验. 江苏大学学报 (自然科学版), 31(1): 1-5.

刘锦, 张岩, 张荣辉. 2013. 基于物联网架构的温室环境监测系统. 河北农业大学学报, 36(3): 115-119.

刘军, 张侃谕. 2002. CAN 总线技术在温室计算机控制系统中的应用. 自动化与仪表, 23(11): 25-29.

刘佩勋. 2013. 基于 3G 网络的设施蔬菜智能测控系统的设计与研究. 长春: 吉林农业大学.

刘青. 2016. 基于 Android 的温室智能视频监控系统研究. 物联网技术, 6(6): 19-20.

刘士敏, 杨顺. 2013. 基于无线传感器网络的农村温室大棚监控系统. 单片机与嵌入式系统应用, 13(8): 48-51.

刘思峰, 谢乃明. 2008. 灰色系统理论及其应用. 4 版. 北京: 科学出版社.

刘亚红. 2014. 基于节点信息比较的无线传感故障诊断算法. 西安: 西安电子科技大学.

刘洋, 张钢, 韩璐. 2013. 基于物联网与云计算服务的农业温室智能化平台研究与应用. 计算机应用研究, 30(11): 3331-3335.

刘义飞, 程瑞锋, 杨其长. 2015. 基于 Labview 的温室番茄雾培控制系统设计. 农机化研究, (1): 90-95.

刘永华, 吴玉娟, 熊迎军, 等. 2014. 基于 WEB 的智能温室信息管理系统的设计. 江苏农业科学, 42(11): 421-424.

刘云, 刘传菊. 2010. 一种基于 WEB 的温室远程控制系统. 微计算机信息, 26(23): 56-58.

刘忠超, 何东健, 范灵燕. 2006. 基于嵌入式 Web 服务器的温室远程监控的研究. 微计算机信息, 22(29): 141-142, 130.

刘准钆, 程咏梅, 潘泉, 等. 2009. 多传感器冲突信息的加权融合算法. 传感技术学报, 22(3): 366-370.

刘准钆, 程咏梅, 潘泉, 等. 2010. 证据冲突下自适应融合目标识别算法. 航空学报, 31(7): 1426-1432.

柳桂国, 应义斌. 2003. 蓝牙技术在温室环境检测与控制系统中的应用. 浙江大学学报 (农业与生命科学版), 29(3): 329-334.

卢昭. 2016. 无线传感器网络中基于时空相关性的数据预测技术研究. 邯郸: 河北工程大学.

马浚诚, 李鑫星, 温皓杰, 等. 2015. 面向叶类蔬菜病害识别的温室监控视频采集系统. 农业机械学报, 46(3): 282-287.

马农乐, 赵中极. 2006. 基于层次分析法及其改进对确定权重系数的分析. 水利科技与经济, 12(11): 732-733.

马相芬. 2015. XML 和 JSON 数据格式在 Ajax 中的对比分析. 电脑编程技巧与维护, (10): 34,53.

马增炜, 马锦儒, 李亚敏. 2011. 基于 WIFI 的智能温室监控系统设计. 农机化研究, 33(2): 154-157.

毛罕平, 李萍萍. 1996. 工厂化蔬菜生产成套装备及自动控制系统的研究. 农业机械学报, 27(s1): 111-114.

毛瑞霞, 王莉, 冯秀芳, 等. 2006. 基于 SOAP/KQML 的 Web Services 的知识通信研究. 电脑开发与应用, 19(4): 7-9.

苗凤娟, 王喆, 陶佰睿, 等. 2015. 基于 ARM 的温室环境数据采集与控制系统设计. 农机化研究, (3): 138-141.

苗连强, 胡会萍. 2010. 基于 ZigBee 技术的温室环境远程监测系统设计. 仪表技术与传感器, (10): 108-110.

潘金珠, 王兴元, 肖云龙, 等. 2014. 基于物联网的温室大棚系统设计. 传感器与微系统, 33(10): 51-53.

潘立强, 李建中. 2009. 传感器网络中一种基于多元回归模型的缺失值估计算法. 计算机研究与发展, 46(12): 2101-2110.

彭桂兰, 张学军, 张新东. 2002. 温室环境计算机测控技术的研究现状和发展趋势. 现代化农业, (5): 9-11.

戚山豹. 2015. 温室分布式无线传感与控制系统设计与实现. 合肥: 中国科学技术大学.

齐文新, 周学文. 2004. 分布式智能型温室计算机控制系统的一种设计与实现. 农业工程学报, 20(1): 246-249.

祁睿, 秦琳琳, 薛美盛, 等. 2005. 基于 CAN 总线的温室监控系统设计与应用. 工业仪表与自动化装置, (3): 17-20.

钱朋朋. 2013. 基于多方法结合的传感器故障诊断方法研究. 沈阳: 沈阳理工大学.

钱朋朋, 刘金国, 张伟, 等. 2011. 基于多尺度主元分析的传感器故障诊断. 仪器仪表学报, 32(S2): 291-295.

乔俊, 汪春, 王熙, 等. 2008. 基于 GSM 无线传输的温室环境数据采集系统. 农机化研究, (4):

174-177.

乔雷, 雷斌, 杜剑英. 2012. 基于 Android 平台的物联网网关方案设计. 电子元器件应用, 14(11): 5-9.

秦琳琳, 陆林箭, 石春, 等. 2015. 基于物联网的温室智能监控系统设计. 农业机械学报, 46(3): 261-267.

邱爽, 吴巍. 2008. 无线传感器网络数据融合算法研究. 武汉理工大学学报, 30(7): 119-122.

裘正军, 宋慧芝, 何勇, 等. 2002. 温室环境微机测控系统的研制. 浙江大学学报 (农业与生命科学版), 28(5): 547-550.

屈展, 李婵. 2011. Json 在 Ajax 数据交换中的应用研究. 西安石油大学学报 (自然科学版), 26(1): 95-98.

任玉灿, 张灿果, 梁建明, 等. 2012. 虚拟仪器技术在温室环境因子监控系统中的应用研究. 农机化研究, 34(11): 206-209.

任振辉, 张青, 范永海, 等. 2001. 便携式温室环境参数测量仪的研制. 河北农业大学学报, 24(3): 72-75.

善挺壁, 汪懋华. 2007. 一种面向温室应用的嵌入式采集终端设计方案. 中国农业大学学报, 12(2): 80-83.

盛平, 郭洋洋, 李萍萍. 2012. 基于 ZigBee 和 3G 技术的设施农业智能测控系统. 农业机械学报, 43(12): 229-233.

盛占石, 吴玑琪. 2014. 基于 WEB 的温室大棚远程监测系统. 电子器件, (5): 923-926.

施国杰. 2013. 基于 B/S 架构的分布式温室远程管理调控系统设计与实现. 南京: 南京农业大学.

宋健. 2004. PLC 与 PC 机通讯在温室环境测控系统中的应用. 农机化研究, (2): 224-225.

孙健. 2014. 基于 3G 网络的农业大棚环境数据采集及自动控制系统设计与实现. 长春: 吉林大学.

孙利民. 2005. 无线传感网络. 北京: 清华大学出版社.

孙凌逸, 黄先祥, 蔡伟, 等. 2011. 基于神经网络的无线传感器网络数据融合算法. 传感技术学报, 24(1): 122-127.

孙茂泽. 2016. 基于 ZigBee 和 GPRS 的分布式温室群环境远程监控系统设计. 新乡: 河南师范大学.

孙智国. 2015. 一种支持度函数的改进及其 WSN 数据融合应用研究. 重庆: 重庆大学.

孙忠富, 曹洪太, 李洪亮, 等. 2006. 基于 GPRS 和 WEB 的温室环境信息采集系统的实现. 农业工程学报, 22(6): 131-134.

索瑞霞, 王福林. 2010. 组合预测模型在能源消费预测中的应用. 数学的实践与认识, 40(18): 80-85.

汤泽锋, 盛强, 陆波. 2017. 基于 Modbus-RTU 通信的温室环境智能监控系统设计. 工业控制计算机, 30(2): 75-76.

滕光辉, 李长缨. 2002. 分布式网络控制 —— 实现温室环境调控自动化的一种新方案. 农业工程学报, 18(5): 118-122.

滕华强, 韩之文, 牛庆良. 2008. 基于工控机的温室栽培精准调控管理软件系统设计. 仪表技术, (6): 41-42, 45.
汪声远. 1995. 卡尔曼滤波器用于发动机传感器故障检测. 控制与决策, (4): 381-384.
汪小旵, 丁为民. 2001. 温室环境计算机控制系统设计. 农机化研究, (4): 49-51.
王斌, 吴锴, 李志伟. 2012. 基于 GPRS 技术日光温室综合环境集散控制系统的研究与设计. 山西农业大学学报 (自然科学版), 32(1): 92-96.
王定成, 方廷健, 马永军. 2002. 现场总线与温室智能控制的设计方案. 农业工程学报, 18(6): 115-117.
王芳. 2008. 基于智能控制和现场总线技术的温室环境控制系统研究. 苏州: 苏州大学.
王海涛, 刘倩, 陈桂香, 等. 2013. 粮情监控系统中传感器故障诊断和数据恢复. 中国粮油学报, 28(11): 86-90.
王纪章. 2013. 基于物联网的温室环境智能管理系统研究. 镇江: 江苏大学.
王纪章, 李萍萍, 彭玉礼. 2012. 基于无线网络的温室环境监控系统. 江苏农业科学, 40(12): 373-375.
王立舒, 曲贵超, 郭奕杉, 等. 2014. 寒地塑料大棚环境信息采集终端设计. 农机化研究, (9): 153-155.
王韧. 2003. 基于 Max6613 和 Ih3605 的温湿度监控系统. 今日电子, (11): 83-85.
王汝传, 孙力娟, 沙超, 等. 2010. 无线传感器网络中间件技术. 南京邮电大学学报 (自然科学版), 30(4): 36-40.
王石磊, 郭艳玲, 付志刚. 2008. 基于 ARM 的温室环境控制系统研究. 林业机械与木工设备, 36(4): 19-21.
王书志, 冯全, 王书文. 2006. 基于无线 RF 技术的日光温室群分布式控制系统的设计和研究. 中国农机化, (3): 72-75.
王婉. 2014. 基于 PCA 的空调水系统的传感器故障检测与诊断研究. 长沙: 湖南大学.
王卫星, 钟荣敏, 姜晟. 2010. 基于茶园旱情监测系统的 WSN 网关设计. 现代电子技术, 33(10): 165-167.
王文娣, 唐娟, 吕长飞, 等. 2007. 利用虚拟仪器设计的网络化温室测控系统. 微计算机信息, 23(19): 186-187.
王亚哲. 2006. 基于以太网的温室智能节点开发与控制策略研究. 上海: 上海大学.
王遗宝, 郁美娣, 钱永祥, 等. 1986. 水稻育秧工厂的微型计算机控制器. 上海农业学报, (3): 75-80.
王簃, 周杰. 2008. 基于 GSM 远程温室环境监控系统的设计和实现. 现代电子技术, 31(22): 151-154.
王银玲, 孙涛. 2011. 温室环境监测中无线传感器网络节点设计. 农机化研究, 33(3): 113-116.
王应明. 1995. 判断矩阵排序方法综述. 管理科学学报, (3): 101-114.
王志国, 齐铁, 王伟, 等. 2013. 基于 PLC 的智能温室环境控制系统设计. 哈尔滨师范大学自然科学学报, 29(3): 76-78.
魏翠萍, 章志敏. 2000. 一种改进判断矩阵一致性的算法. 系统工程理论与实践, 20(8): 62-66.

魏巨巍. 2011. 面向无线传感器网络的高效异常检测算法研究. 南京: 东南大学.
魏丽静, 杨景发, 赵双双, 等. 2013. 温室环境信息智能无线监控系统的设计. 农机化研究, (11): 159-163.
文韬, 洪添胜, 李震, 等. 2010. 橘园无线传感器网络不同节点部署方式下的射频信号传播试验. 农业工程学报, 26(6): 211-215.
吴洪涛. 2006. 温室环境调控自动化系统设计. 森林工程, 22(2): 19-22.
吴华瑞, 赵春江, 尹宝才, 等. 2008. 基于 XML 的农业专题空间数据同步模型. 农业工程学报, 24(s2): 7-12.
吴善财. 2012. Android 开发完全实战宝典. 北京: 机械工业出版社.
吴婷婷, 张海辉, 詹亚威, 等. 2012. 温室环境无线监测预警设备的设计与实现 —— 基于 GSM. 农机化研究, 34(12): 182-185.
吴希军. 2005. 基于主元分析方法的空调系统传感器故障诊断研究. 秦皇岛: 燕山大学.
吴新生. 2013. 基于 3G 和 ZigBee 的蔬菜大棚远程无线监控系统的设计. 计算机与现代化, 1(5): 124-126.
武风波, 强云霄. 2008. 基于 ZigBee 技术的远程无线温湿度测控系统的设计. 西北大学学报: 自然科学版, 38(5): 731-734.
武小平, 胡启平. 2003. 基于 ORDB 的分布式空间数据异步更新模型研究. 计算机应用研究, 20(4): 40-42.
夏于, 孙忠富, 杜克明, 等. 2013. 基于物联网的小麦苗情诊断管理系统设计与实现. 农业工程学报, 29(5): 117-124.
项鹏. 2012. 农田作物信息远程传输和管理系统构建. 南京: 南京农业大学.
肖绍章, 严云洋, 胡荣林. 2012. 基于 TD-SCDMA 的物联网网关的研究. 计算机与数字工程, 40(10): 143-145.
肖应旺. 2007. 基于 PCA 的流程工业性能监控与故障诊断研究. 无锡: 江南大学.
谢守勇, 李锡文, 杨叔子, 等. 2007. 基于 PLC 的模糊控制灌溉系统的研制. 农业工程学报, 23(6): 208-210.
谢向花. 2009. 基于 PLC 的智能温室控制系统的设计. 机电信息, (24): 129,140.
熊迎军, 沈明霞, 刘永华, 等. 2012a. 混合架构智能温室信息管理系统的设计. 农业工程学报, 28(s1): 181-185.
熊迎军, 沈明霞, 陆明洲, 等. 2012b. 温室无线传感器网络系统实时数据融合算法. 农业工程学报, 28(23): 160-166.
徐津, 杜尚丰, 赵兴炳, 等. 2004. 基于 CAN 总线的温室智能控制节点的开发. 仪器仪表学报, 25(z1): 522-523.
徐世武, 王平. 2012. 数据融合技术在无线传感器网络中的应用. 计算机系统应用, 21(1): 118-135.
徐小龙, 耿卫建, 杨庚, 等. 2012. 分布式无线传感器网络故障检测算法综述. 计算机应用研究, 29(12): 4420-4425.
徐哲壮. 2008. 中等规模无线传感器网络的动态分簇协议研究. 镇江: 江苏大学.

许树柏. 1988. 实用决策方法: 层次分析法原理. 天津: 天津大学出版社.

许童羽, 王建东, 须晖, 等. 2016. 基于 ZigBee 与 Wifi 的北方日光温室群监控系统设计. 中国农机化学报, 37(1): 59-64.

薛明军. 2000. 集成湿度传感器 ih3605 及其应用. 电子设计工程, (1): 9-10.

薛文英, 傅平, 张馨, 等. 2011. 基于组态平台的日光温室群监控系统软件设计与应用. 北方园艺, (9): 53-56.

阎晓婷, 宋佳. 2007. AJAX 中数据传输的新技术——JSON. 福建电脑, (10): 62,22.

阎晓军, 王维瑞, 梁建平. 2012. 北京市设施农业物联网应用模式构建. 农业工程学报, 28(4): 149-154.

杨亮. 2015. 物联网模式识别与匹配技术研究. 哈尔滨: 哈尔滨理工大学.

杨思吉, 吴保国. 2014. 森林资源时空数据异步更新与回溯算法研究. 地理与地理信息科学, 30(3): 37-41.

杨玮, 李民赞. 2011. 基于 ZigBee、3G 网络的温室远程监测系统. 中国农业工程学会 2011 年学术年会.

杨玮, 李民赞, 王秀. 2008. 农田信息传输方式现状及研究进展. 农业工程学报, 24(5): 297-301.

杨信廷, 吴滔, 孙传恒, 等. 2013. 基于 WMSN 的作物环境与长势远程监测系统. 农业机械学报, 44(1): 167-173.

姚琦, 赖忠喜. 2015. 基于 ZigBee 和 PLC 的温室监控系统的设计. 电子设计工程, 23(16): 105-108.

尹彦霖. 2013. 基于物联网的嵌入式智能网关的研究与实现. 北京: 北京工业大学.

应新永. 2006. 现代设施农业环境分布式无线调节系统研究. 长春: 吉林大学.

尤著宏, 孔令成, 李帅, 等. 2008. 一种 WSN 网关节点的设计与实现. 自动化与仪表, 23(2): 16-19.

于卫红. 2011. 基于 JADE 平台的多 Agent 系统开发技术. 北京: 国防工业出版社.

于卫红, 陈燕. 2013. 轻量级嵌入式 Agent 在 Android 平台上的实现. 计算机工程, 39(7): 298-301.

于足恩, 卢金满. 2005. 力控组态软件在现代农业上的应用. 工业控制计算机, 18(9): 82-83.

俞立, 张文安. 2012. 网络化控制系统分析与设计 —— 切换系统处理方法. 北京: 科学出版社.

袁爱进, 曹立明, 王小平. 2003. 一种基于 FIPA ACL 和 XML 的 Agnet 通信语言. 微型电脑应用, 19(7): 46-47.

原瑾. 2011. 室内 WSN 性能分析与故障诊断研究. 镇江: 江苏大学.

詹晶晶, 倪子伟. 2006. 基于 Ajax 引擎的数据异步传输模型的构建和实现. 咸阳师范学院学报, 21(6): 37-40.

张传帅, 张天蛟, 张漫, 等. 2014. 基于 WSN 的温室环境信息远程监测系统. 中国农业大学学报, 19(5): 168-173.

张伏, 王唯, 张亚坤, 等. 2014. PLC 和 MCGS 组态软件在温室控制中的应用. 农机化研究, (10): 205-208.

曾欢, 刘毅. 2008. 嵌入式 Wifi 技术在温室环境监测系统中的应用. 林业机械与木工设备, 36(2): 49-51.

张海辉, 朱江涛, 吴华瑞, 等. 2012. 通用农业环境信息监控系统 REGA 网关设计. 农业工程学报, 28(3)：135-141.

张教. 2015. 基于 P-NET 现场总线的分布式测控网络系统的研究. 合肥: 合肥工业大学.

张劼, 景博, 张宗麟, 等. 2007. 无线传感器网络中基于比较的簇节点故障诊断算法. 传感技术学报, 20(8): 1860-1864.

张杰, 阳宪惠. 2000. 多变量统计过程控制. 北京: 化学工业出版社.

张梦麟, 李念强. 2007. 基于 LabWindows/CVI 的温室环境控制系统设计. 工业控制计算机, 20(6): 57-58, 69.

张强, 卢潇, 崔晓臣. 2010. 基于分簇的无线传感器网络数据聚合方案研究. 传感技术学报, 23(12): 1778-1782.

张荣标, 白斌, 李克伟, 等. 2009a. 基于时空双序列分析的温室 WSN 故障诊断. 农业机械学报, 40(2): 155-158.

张荣标, 谷国栋, 冯友兵, 等. 2008. 基于 IEEE802.15.4 的温室无线监控系统的通信实现. 农业机械学报, (8): 119-122.

张荣标, 李克伟, 白斌, 等. 2009b. 网络传输丢包率对温室 WSN 测控系统的影响. 江苏大学学报 (自然科学版), 30(4): 383-386.

张为. 2010. 基于虚拟仪器技术的温室环境监测系统设计. 科技信息, (32): 1-2.

张西良, 丁飞, 张世庆. 2007a. 现代温室分布式无线数据采集系统的设计. 仪表技术与传感器, (4): 40-41, 49.

张西良, 丁飞, 张世庆. 2007b. 温室环境无线数据采集系统的研究. 中国农村水利水电, (2): 8-10, 13.

张西良, 颜凌波, 李萍萍, 等. 2007c. 环境信息组态监控系统设计. 机械设计与制造, (5): 114-115.

张西良, 张卫华, 李萍萍, 等. 2010. 基于 GSM 的室内无线传感器网络簇头节点. 江苏大学学报 (自然科学版), 31(2): 196-200.

张馨, 郑文刚, 乔晓军, 等. 2010. 基于开放结构设施环境管控一体化平台的开发与应用. 北方园艺, (15): 60-64.

张艳鹏, 张博阳. 2015. 基于嵌入式 Linux 的农业信息化远程监控系统的研究. 自动化与仪器仪表, (12): 10-11.

张志伟, 王新才, 吉爱国, 等. 2011. 基于自适应加权与 LZW 的 WSNS 层次式数据融合算法. 传感技术学报, 27(8): 1193-1196.

张智, 邹志荣. 2006. 基于单片机的日光温室控制系统的设计. 微计算机信息, 22(35): 77-78.

赵春江, 屈利华, 陈明, 等. 2012. 基于 Zigbee 的温室环境监测图像传感器节点设计. 农业机械学报, 43(11): 192-196.

赵海, 邵士亮, 朱剑, 等. 2012. 一种连接 WSN 与 Internet 的多核嵌入式网关设计与实现. 东北大学学报 (自然科学版), 33(1): 65-68.

赵继军, 刘云飞, 赵欣. 2009. 无线传感器网络数据融合体系结构综述. 传感器与微系统, 28(10): 1-4.

赵继军, 魏忠诚, 李志华, 等. 2012. 无线传感器网络中多类型数据融合研究综述. 计算机应用研究, 29(8): 2811-2816.

赵立燕, 许亮. 2009. 基于 GSM 短消息的温室环境监测系统. 电子设计工程, 17(7): 29-31.

郑瑾, 苏广毅, 贾维嘉, 等. 2010. 能量有效的无线传感器网络数据收集协议. 计算机工程, 36(8): 102-104.

钟丽媛. 2005. 基于 Lonworks 的模糊控制在温室系统中的应用. 上海: 上海交通大学.

钟章队. 2001. GPRS 通用分组无线业务. 北京: 人民邮电出版社.

仲伟波, 李忠梅, 石婕, 等. 2014. 一种用于设施农业的 ZigBee-Wifi 网关研制. 计算机科学, 41(s1): 484-486.

周东华. 1995. 一种非线性系统的传感器故障检测与诊断新方法. 自动化学报, 21(3): 362-365.

周增产, 胡晓斌, 齐文新, 等. 2002. 分布式智能型温室计算机控制系统的一种设计与实现. 农业网络信息, 17(8): 5-8.

周祖德. 2004. 基于网络环境的智能控制. 北京: 国防工业出版社.

朱道远, 郑胜, 曾祥云, 等. 2015. 基于 Json 的 Ajax 数据交换技术及应用. 电脑编程技巧与维护, (16): 14-15.

朱伟兴, 毛罕平, 李萍萍, 等. 1999. 智能温室群集散控制系统设计研究. 农业工程学报, 15(4): 162-166.

Abhfeeth K A, Ezhilarasi D. 2013. Monitoring and control of agriculture parameters in a greenhouse through internet. Sensors & Transducers, 150(3): 106-111.

Alouani A T, Rice T R. 1998. On optimal synchronous and asynchronous track fusion. Optical Engineering, 37(2): 427-433.

Andrade-Sanchez P, Pierce F J, Elliott T V. 2007. Performance assessment of wireless sensor networks in agricultural settings// 2007 ASABE Annual International Meeting. American Society of Agricultural and Biological Engineers.

Andrzej P, Luis G J, Francisco R, et al. 2009. Simulation of greenhouse climate monitoring and control with wireless sensor network and event-based control. Sensors, 9(1), 232-252.

Bagci H, Yazici A. 2013. An energy aware fuzzy approach to unequal clustering in wireless sensor networks. Applied Soft Computing, 13(4): 1741-1749.

Batista G E A P A, Monard M C. 2003. An analysis of four missing data treatment methods for supervised learning. Applied Artificial Intelligence, 17(5-6): 519-533.

Belle P, Fussel D, Hecker O. 1997. Detection and isolation of sensor faults on nonlinear processes based on local linear models// Proceedings of the 1997 American Control Conference, 1: 468-472.

Blair W D, Rice T R, Mcdole B S, et al. 1992. Least-squares approach to asynchronous data fusion. Proceedings of SPIE - The International Society for Optical Engineering, 1697: 130-141.

Borgne Y A L, Santini S, Bontempi G. 2007. Adaptive model selection for time series prediction in wireless sensor networks. Signal Processing, 87(12): 3010-3020.

Caicedo-Ortiz J G, De-La-Hoz-Franco E, Ortega R M, et al. 2018. Monitoring system for agronomic variables based in wsn technology on cassava crops. Computers and Electronics in Agriculture, 145: 275-281.

Chatzigiannakis V, Papavassiliou S. 2007. Diagnosing anomalies and identifying faulty nodes in sensor networks. IEEE Sensors Journal, 7(5): 637-645.

Chaudhary D D, Nayse S P, Waghmare L M. 2011. Application of wireless sensor networks for greenhouse parameter control in precision agriculture. International Journal of Wireless & Mobile Networks, 3(1):140-149.

Chen H, Mineno H, Mizuno T. 2008. Adaptive data aggregation scheme in clustered wireless sensor networks. Computer Communications, 31(15): 3579-3585.

Chessa S, Santi P. 2001. Comparison-based system-level fault diagnosis in Ad-Hoc networks. IEEE Symposium on Reliable Distributed Systems: 257-266.

Dunia R, Qin S J. 1998. A unified geometric approach to process and sensor fault identification and reconstruction : the unidimensional fault case. Computers & Chemical Engineering, 22(7–8): 927-943.

Foughali K, Fathallah K, Frihida A. 2018. Using cloud iot for disease prevention in precision agriculture. Procedia Computer Science, 130: 575-582.

Ganeriwal S, Kumar R, Srivastava M B. 2003. Timing-sync protocol for sensor networks// Proceedings of the 1st International Conference on Embedded Networked Sensor Systems: 138-149.

Gao J, Du H. 2011. Design of greenhouse surveillance system based on embedded Web server technology. Procedia Engineering, 23: 374-379.

Gedik B, Liu L, Philip S Y. 2007. ASAP: An adaptive sampling approach to data collection in sensor networks. IEEE Transactions on Parallel and Distributed Systems, 18(12): 1766-1783.

Heinzelman W R, Chandrakasan A, Balakrishnan H. 2000. Energy-efficient communication protocol for wireless microsensor networks. Proceedings of the 33rd Annual Hawaii International Conference on System Sciences.

Heinzelman W B, Chandrakasan A P, Balakrishnan H. 2002. An application-specific protocol architecture for wireless microsensor networks. IEEE Transactions on wireless communications, 1(4): 660-670.

Hoshi T, Hayashi Y, Uchino H. 2004. Development of a decentralized, autonomous greenhouse environment control system in a ubiquitous computing and Internet environment// Proc. of 2004 AFITA/WCCA Joint Congress on IT in Agriculture, Bangkok,

Thailand.

Hu A S, Servetto S D. 2006. On the scalability of cooperative time synchronization in pulse-connected networks. IEEE Transactions on Information Theory, 52(6): 2725-2748.

Hu X, Qian S. 2012. IOT application system with crop growth models in facility agriculture. International Conference on Computer Sciences and Convergence Information Technology: 129-133.

Jahnavi V S, Ahamed S F. 2015. Smart wireless sensor network for automated greenhouse. IETE Journal of Research, 61(2): 180-185.

Jang U, Lee S, Yoo S. 2012. Optimal wake-up scheduling of data gathering trees for wireless sensor networks. Journal of Parallel and Distributed Computing, 72(4): 536-546.

Kalaivani T, Allirani A, Priya P. 2011. A survey on Zigbee based wireless sensor networks in agriculture// International Conference on Trendz in Information Sciences and Computing: 85-89.

Kim K I, Park S H, Kim H J. 2001. Kernel principal component analysis for texture classification. Signal Processing Letters IEEE, 8(2): 39-41.

Kodali R K, Jain V, Karagwal S. 2016. IoT based smart greenhouse. Humanitarian Technology Conference: 1-6.

Krishnamachari B, Iyengar S. 2004. Distributed Bayesian algorithms for fault-tolerant event region detection in wireless sensor networks. IEEE Computer Society.

Kubicek P, Kozel J, Stampach R, et al. 2013. Prototyping the visualization of geographic and sensor data for agriculture. Computers and Electronics in Agriculture, 97(97): 83-91.

Liao M S, Chen S F, Chou C Y, et al. 2017. On precisely relating the growth of phalaenopsis, leaves to greenhouse environmental factors by using an iot-based monitoring system. Computers and Electronics in Agriculture, 136(C): 125-139.

Luo D Y, Zhang Y. 2006. Research of spatial-temporal architecture model and the algorithm for multisensor information fusion. Frontiers of Electrical & Electronic Engineering in China, 1(1): 115-119.

Ma J, Du K, Zhang L, et al. 2017. A segmentation method for greenhouse vegetable foliar disease spots images using color information and region growing. Computers and Electronics in Agriculture, 142(142): 110-117.

Ma J, Li X, Wen H, et al. 2015. A key frame extraction method for processing greenhouse vegetables production monitoring video. Computers and Electronics in Agriculture, 111(C): 92-102.

Manjeshwar A, Agrawal D P. 2001. TEEN: a protocol for enhanced efficiency in wireless sensor networks. Proc Ipdps Workshops: 2009-2015.

Manjhi V K, Sawla A, Gupta M, et al. 2016. Remote Monitoring and control of Green House Using Zigbee Wireless Sensor Network// International Research Journal of Engineering and Technology (IRJET), 3(6): 2713-2717.

Menke T E, Maybeck P S. 1995. Sensor/actuator failure detection in the Vista F-16 by multiple model adaptive estimation. IEEE Transactions on Aerospace and Electronic Systems, 31(4): 1218-1229.

Merrett G V, Harris N R, Al-Hashimi B M, et al. 2008. Energy managed reporting for wireless sensor networks. Sensors & Actuators A Physical, 142(1): 379-389.

Metrolho J C, Serodio C M J A, Couto C A C M. 1999. CAN based actuation system for greenhouse control. IEEE International Symposium on Industrial Electronics, 2: 945-950.

Montoya F G, Gómez J, Cama A, et al. 2013. A monitoring system for intensive agriculture based on mesh networks and the android system. Computers and Electronics in Agriculture, 99: 14-20.

Morais R, Fernandes M A, Matos S G, et al. 2008. A zigbee multi-powered wireless acquisition device for remote sensing applications in precision viticulture. Computers and Electronics in Agriculture, 62(2): 94-106.

Naidu S R, Zafiriou E, McAvoy T J. 1990. Use of neural networks for sensor failure detection in a control system. IEEE Control Systems Magazine, 10(3): 49-55.

Nakamura E F, Figueiredo C M S, Loureiro A A F. 2005. Information fusion for data dissemination in self-organizing wireless sensor networks// International Conference on Networking. Berlin, Heidelberg: Springer : 585-593.

Nguyen X T, Kowalczyk R. 2007. WS2JADE: Integrating web service with jade agents.// International Workshop on Service-Oriented Computing: Agents, Semantics, and Engineering. Berlin, Heidelberg: Springer: 147-159.

Nikkilä R, Wiebensohn J, Nash E, et al. 2012. A service infrastructure for the representation, discovery, distribution and evaluation of agricultural production standards for automated compliance control. Computers and electronics in agriculture, 80: 80-88.

Ojha T, Misra S, Raghuwanshi N S. 2015. Wireless sensor networks for agriculture: the state-of-the-art in practice and future challenges. Computers and Electronics in Agriculture, 118(3): 66-84.

Pallavi S, Mallapur J D, Bendigeri K Y. 2017. Remote sensing and controlling of greenhouse agriculture parameters based on IoT. International Conference on Big Data, Iot and Data Science: 44-48.

Pantazis N A, Vergados D D. 2007. A survey on power control issues in wireless sensor networks. IEEE Communications Surveys & Tutorials, 9(4): 86-107.

Park D H, Kang B J, Cho K R, et al. 2011. A study on greenhouse automatic control system based on wireless sensor network. Wireless Personal Communications, 56(1): 117-130.

Pesko M, Smolnikar M, Vučnik M, et al. 2014. Smartphone with augmented gateway functionality as opportunistic wsn gateway device. Wireless Personal Communications, 78(3): 1811-1826.

Phaebua K, Suwalak R, Phongcharoenpanich C, et al. 2008. Statistical characteristic measurements of propagation in Durian Orchard for Sensor Network at 5.8 GHz. International Symposium on Communications and Information Technologies: 520-523.

Ping S. 2003. Delay measurement time synchronization for wireless sensor networks. IRB.

Puri S B, Nayse S P. 2013. Green house parameters monitoring using CAN bus and system on chip. International Journal of Advances in Engineering Research & Technology, 2(5): 1975–1978.

Rentala P, Musunuri R, Shashidhar G, et al. 2001. Survey on Sensor Networks. Intl. Conf. on Mobile Computing & Networking, 8: 43-49.

Rodríguez S, Gualotuña T, Grilo C. 2017. A system for the monitoring and predicting of data in precision agriculture in a rose greenhouse based on wireless sensor networks. Procedia Computer Science, 121: 306-313.

Ruiz-Garcia L, Lunadei L, Barreiro P, et al. 2009. A review of wireless sensor technologies and applications in agriculture and food industry: state of the art and current trends. Sensors, 9(6): 4728-4750.

Saaty R W. 1987. The analytic hierarchy process-what it is and how it is used. Mathematical Modelling, 1987, 9(3):161-176.

Sakthipriya N. 2014. An effective method for crop monitoring using wireless sensor network. Middle-East Journal of Scientific Research, 20(9): 1127-1132.

Salleh A, Ismail M K, Mohamad N R, et al. 2013. Development of greenhouse monitoring using wireless sensor network through ZigBee technology. International Journal of Engineering Science Invention, 2(7): 6-12.

Saraiva, A M, Cugnasca, C E, Hirakawa, A R, et al. 2007. An infrastructure for the development of distributed service-oriented information systems for precision agriculture. Computers and Electronics in Agriculture, 58(1): 37-48.

Santamouris M, Lefas C C. 1986. Thermal analysis and computer control of hybrid greenhouses with subsurface heat storage. Energy in Agriculture, 5(2): 161-173.

Schölkopf B, Smola A, Müller K R. 1997. Kernel principal component analysis. Artificial Neural Networks — ICANN'97, Berlin Heidelberg: Springer .

Schuster E W, Lee H G, Ehsani R, et al. 2011. Machine-to-machine communication for agricultural systems: An XML-based auxiliary language to enhance semantic interoperability. Computers and electronics in agriculture, 78(2): 150-161.

Sharaf M A, Beaver J, Labrinidis A, et al. 2003. TiNA:a scheme for temporal coherency-aware in-network aggregation. ACM International Workshop on Data Engineering for Wireless and Mobile Access: 69-76.

Sheth A, Hartung C, Han R. 2005. A decentralized fault diagnosis system for wireless sensor networks. IEEE International Conference on Mobile Adhoc and Sensor Systems Conference, 3: 194.

Singh S, Jha R, Ranjan P, et al. 2016. Software Aspects of WSN for Monitoring in an Indian Greenhouse. International Conference on Computational Intelligence and Communication Networks: 168-172.

Sørensen J C, Jørgensen B N, Klein M, et al. 2011. An agent-based extensible climate control system for sustainable greenhouse production// International Conference on Principles and Practice of Multi-Agent Systems. Berlin, Heidelberg: Springer: 218-233.

Ssu K F, Chou C H, Jiau H C, et al. 2006. Detection and diagnosis of data inconsistency failures in wireless sensor networks. Computer Networks, 50(9): 1247-1260.

Stipanièev D, Èiæ M, Marasoviæ J. 2003. Networked embedded greenhouse monitoring and control// Proceedings of 2003 IEEE Conference on Control Applications, 2: 1350-1355.

Sudha M N, Valarmathi M L, Babu A S. 2011. Energy efficient data transmission in automatic irrigation system using wireless sensor networks. Computers and Electronics in Agriculture, 78(2): 215-221.

Talavera J M, Tobón L E, Gómez J A, et al. 2017. Review of iot applications in agro-industrial and environmental fields. Computers and Electronics in Agriculture, 142(Part A): 283-297.

Tan G. 2010. JNI light: an operational model for the core JNI. Asian Conference on Programming Languages and Systems, Springer-Verlag. 25: 114-130.

Rappaport T S. 2006. 无线通信原理与应用. 2 版. 周文安, 付秀花, 王志辉, 等, 译. 北京: 电子工业出版社.

Tzounis A, Katsoulas N, Bartzanas T, et al. 2017. Internet of things in agriculture, recent advances and future challenges. Biosystems Engineering, 164: 31-48.

Vatari S, Bakshi A, Thakur T. 2017. Green house by using IOT and cloud computing. IEEE International Conference on Recent Trends// Electronics, Information & Communication Technology: 246-250.

Vimal P V, Shivaprakasha K S. 2016. IOT based greenhouse environment monitoring and controlling system using Arduino platform// Intelligent Computing, Instrumentation and Control Technologies (ICICICT): 1514-1519.

Vincent P J. 2007. Energy conservation in wireless sensor networks. Monterey California Naval Postgraduate School.

Vougioukas S, Anastassiu H T, Regen C, et al. 2013. Influence of foliage on radio path losses (PLs) for wireless sensor network (WSN) planning in orchards. Biosystems Engineering, 114(4): 454-465.

Vuran M C, Akan Ö B , Akyildiz I F. 2004. Spatio-temporal correlation: theory and applications for wireless sensor networks. Computer Networks, 45(3): 245-259.

Wang J, Niu X, Zheng L, et al. 2016. Wireless mid-infrared spectroscopy sensor network for automatic carbon dioxide fertilization in a greenhouse environment. Sensors, 16(11): 1941.

Wei G, Ling Y, Guo B, et al. 2011. Prediction-based data aggregation in wireless sensor networks: combining grey model and kalman filter. Computer Communications, 34(6): 793-802.

Wolfert J, Verdouw C N, Verloop C M, et al. 2010. Organizing information integration in agri-food—a method based on a service-oriented architecture and living lab approach. Computers and Electronics in Agriculture, 70(2): 389-405.

Xu Y, Bien S, Mori Y, et al. 2003. Topology control protocols to conserve energy in wireless ad hoc networks. IEEE Transactions on Mobile Computing: 1-18.

Xue W, Ma J J, Sheng W, et al. 2007. Time series forecasting for energy-efficient organization of wireless sensor networks. Sensors, 7(9): 1766-1792.

Yager R R. 2001. The power average operator. IEEE Transactions on Systems, Man, and Cybernetics, Part A: Systems & Humans, 31(6): 724-731.

Yan X Z, Xie H, Wan T, et al. 2010. A data predicting method based on ls-svr in wireless sensor network// Proceedings of 2010 International Conference on Broadcast Technology and Multimedia Communication: 75-78.

Zhang Q, Yang X L, Zhou Y M, et al. 2007. A wireless solution for greenhouse monitoring and control system based on Zigbee technology. Journal of Zhejiang University-Science A, 8(10): 1584-1587.

Zhang X, Zhang W, Zhang X. 2008a. Optimized deployment of cluster head nodes in wireless network for the greenhouse// 2008 4th International Conference on Wireless Communications, Networking and Mobile Computing: 1-5.

Zhang X L, Zhang W H, Zhang X R, et al. 2008b. Hierarchy optimization of wireless sensor network in greenhouse. International Conference on Informational Technology and Environmental: 259-263.

Zheng J, Guo S J, Qu Y G, et al. 2007. Energy equalizing routing for fast data gathering in wireless sensor networks. The Journal of China Universities of Posts and Telecommunications, 14(4): 13-21.

Zheng S, Wang W, Sun B, et al. 2014. Design of a gateway based on directional antenna WSN in paddy field. Journal of Networks, 9(8): 2169.

索引

X

Y

Z

其　他